수학이 쉬워지는
완벽한 솔루션

개념 라이트

공통수학 2

발행일 2023년 11월 3일
펴낸곳 메가스터디(주)
펴낸이 손은진
개발 책임 배경윤
개발 김민, 신상희, 성기은, 오성한
디자인 이정숙, 신은지
마케팅 엄재욱, 김세정
제작 이성재, 장병미
주소 서울시 서초구 효령로 304(서초동) 국제전자센터 24층
대표전화 1661.5431(내용 문의 02-6984-6901 / 구입 문의 02-6984-6868,9)
홈페이지 http://www.megastudybooks.com
출판사 신고 번호 제 2015-000159호
출간제안/원고투고 writer@megastudy.net

메가스터디BOOKS
'메가스터디북스'는 메가스터디㈜의 출판 전문 브랜드입니다.
유아/초등 학습서, 중고등 수능/내신 참고서는 물론, 지식, 교양, 인문 분야에서 다양한 도서를 출간하고 있습니다.

수학 기본기를 강화하는

완쏠 개념 라이트는 이렇게 만들었습니다!

새 교육과정에 충실한
중요 개념 선별 & 수록

최신 **내신 기출**과
수능, 평가원, 교육청 기출문제의
분석과 수록

정확한 답과 설명을
건너뛰지 않는 **친절한 해설**

개념을 빠르게
점검하는 단원 정리

교과서 수준에 철저히 맞춘
필수 예제와 유제 수록

이 책의 짜임새

STEP 1

필수 개념 + 개념 확인하기

단원별로 꼭 알아야 하는 필수 개념과
그 개념을 확인하는 문제로 개념을 쉽게 이해할 수 있다.

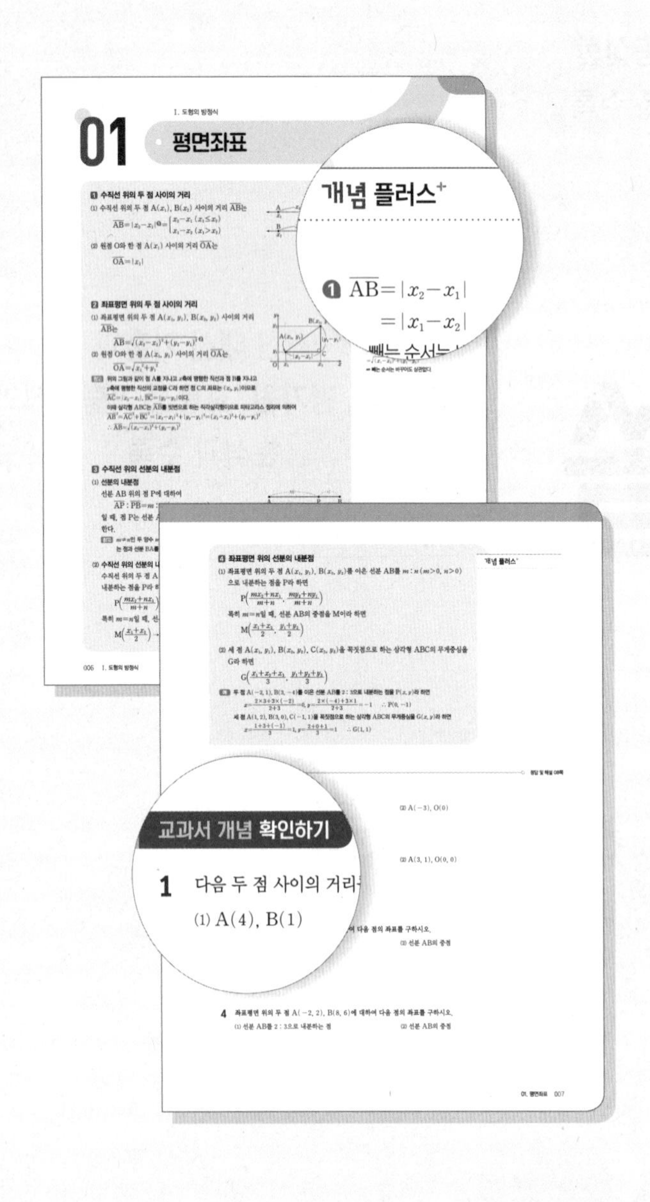

STEP 2

교과서 예제로 개념 익히기

개념별로 교과서에 빠지지 않고 수록되는 예제들을
필수 예제로 선정했고, 필수 예제와 같은 유형의 문제를
한번 더 풀어 보며 기본기를 다질 수 있다.

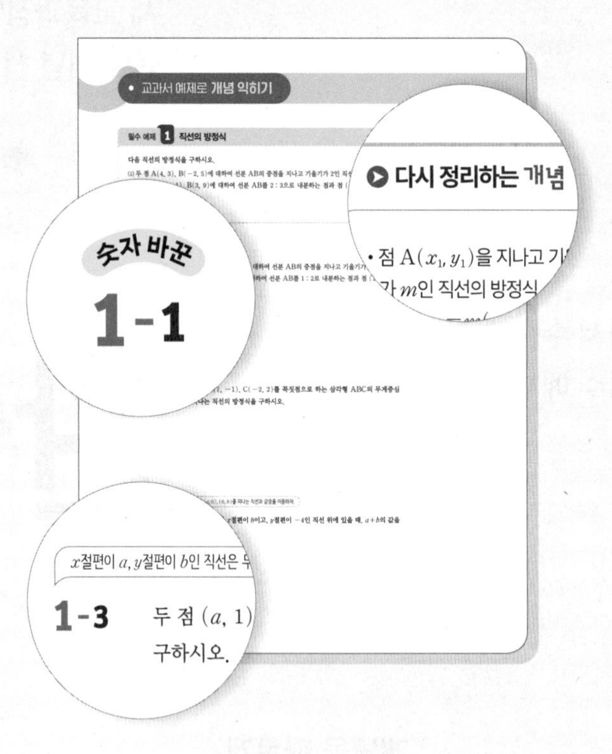

수학이 쉬워지는 완벽한 솔루션

완쏠 개념 라이트

STEP 3

실전 문제로 단원 마무리

단원 전체의 내용을 점검하는 다양한 난이도의 실전 문제로
내신 대비를 탄탄하게 할 수 있고,
수능·평가원·교육청 기출로 수능적 감각을 키울 수 있다.

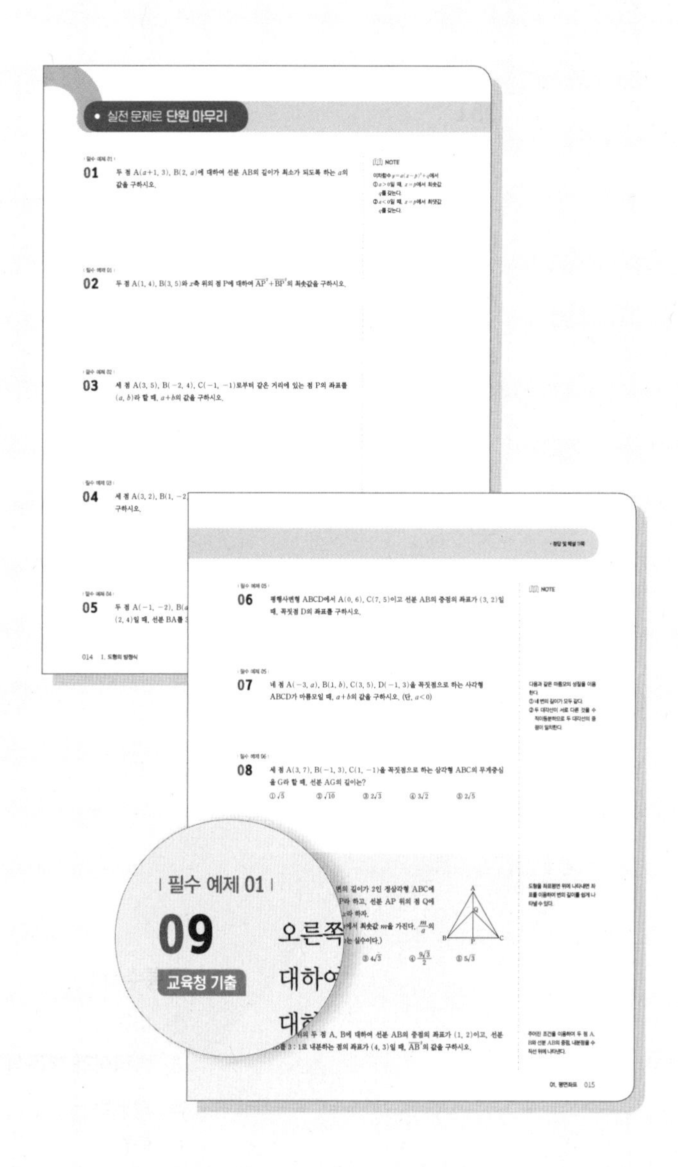

개념으로 단원 마무리

빈칸&○× 문제로 단원 마무리

개념을 제대로 이해했는지 빈칸 문제로 확인한 후,
○× 문제로 개념에 대한 이해도를 다시 한번
점검할 수 있다.

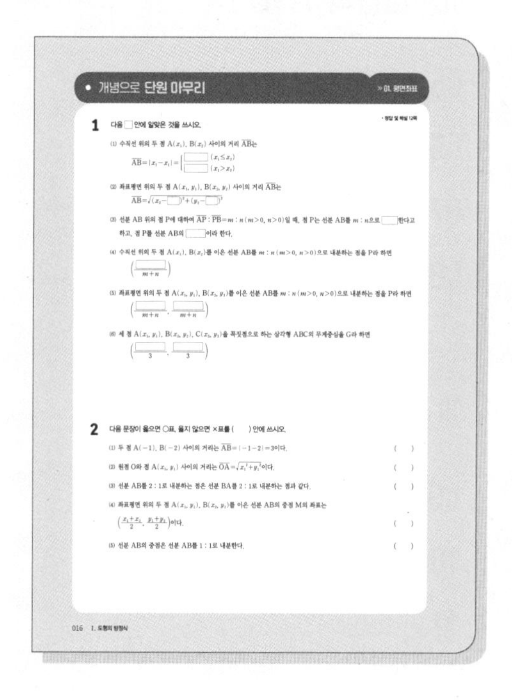

이 책의 차례

수학이 쉬워지는 완벽한 솔루션
완쏠 개념 라이트

Ⅰ. 도형의 방정식

01 평면좌표 005
02 직선의 방정식 017
03 원의 방정식 029
04 도형의 이동 041

Ⅱ. 집합과 명제

05 집합의 뜻과 표현 051
06 집합의 연산 061
07 명제 073
08 명제의 증명 085

Ⅲ. 함수

09 함수 095
10 유리함수 107
11 무리함수 117

공통수학1

Ⅰ. 다항식
Ⅱ. 방정식과 부등식
Ⅲ. 경우의 수
Ⅳ. 행렬

Ⅰ. 도형의 방정식

01

평면좌표

필수 예제 1 두 점 사이의 거리

필수 예제 2 같은 거리에 있는 점

필수 예제 3 삼각형의 모양 판단

필수 예제 4 선분의 내분점

필수 예제 5 선분의 중점의 사각형에의 활용

필수 예제 6 삼각형의 무게중심

01 평면좌표

1 수직선 위의 두 점 사이의 거리

(1) 수직선 위의 두 점 $A(x_1)$, $B(x_2)$ 사이의 거리 $\overline{AB}$는

$$\overline{AB}=|x_2-x_1|^{❶}=\begin{cases}x_2-x_1 & (x_1\le x_2)\\ x_1-x_2 & (x_1>x_2)\end{cases}$$

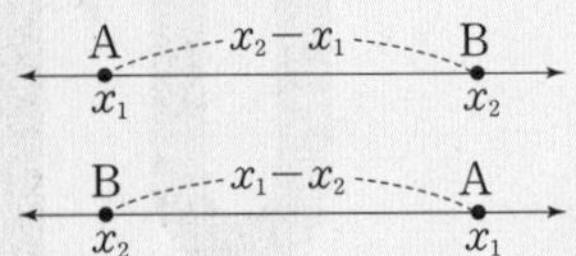

(2) 원점 O와 한 점 $A(x_1)$ 사이의 거리 $\overline{OA}$는

$$\overline{OA}=|x_1|$$

2 좌표평면 위의 두 점 사이의 거리

(1) 좌표평면 위의 두 점 $A(x_1, y_1)$, $B(x_2, y_2)$ 사이의 거리 $\overline{AB}$는

$$\overline{AB}=\sqrt{(x_2-x_1)^2+(y_2-y_1)^2}^{❷}$$

(2) 원점 O와 한 점 $A(x_1, y_1)$ 사이의 거리 $\overline{OA}$는

$$\overline{OA}=\sqrt{x_1^2+y_1^2}$$

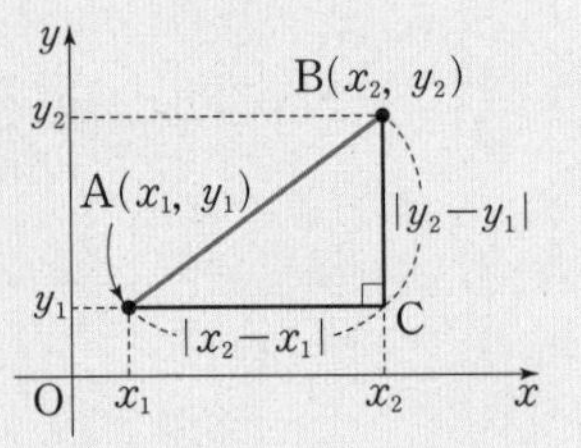

참고 위의 그림과 같이 점 A를 지나고 x축에 평행한 직선과 점 B를 지나고 y축에 평행한 직선의 교점을 C라 하면 점 C의 좌표는 (x_2, y_1)이므로
$\overline{AC}=|x_2-x_1|$, $\overline{BC}=|y_2-y_1|$이다.
이때 삼각형 ABC는 $\overline{AB}$를 빗변으로 하는 직각삼각형이므로 피타고라스 정리에 의하여
$\overline{AB}^2=\overline{AC}^2+\overline{BC}^2=|x_2-x_1|^2+|y_2-y_1|^2=(x_2-x_1)^2+(y_2-y_1)^2$
$\therefore \overline{AB}=\sqrt{(x_2-x_1)^2+(y_2-y_1)^2}$

3 수직선 위의 선분의 내분점

(1) 선분의 내분점

선분 AB 위의 점 P에 대하여

$$\overline{AP}:\overline{PB}=m:n\ (m>0,\ n>0)$$

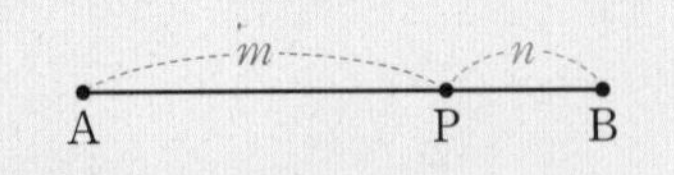

일 때, 점 P는 선분 AB를 $m:n$으로 **내분**한다고 하고, 점 P를 선분 AB의 내분점이라 한다.

참고 $m\ne n$인 두 양수 m, n에 대하여 선분 AB를 $m:n$으로 내분하는 점과 선분 BA를 $m:n$으로 내분하는 점은 다르다.

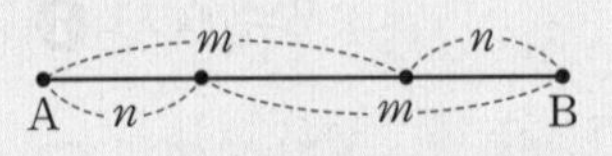

(2) 수직선 위의 선분의 내분점

수직선 위의 두 점 $A(x_1)$, $B(x_2)$를 이은 선분 AB를 $m:n\,(m>0,\ n>0)$으로 내분하는 점을 P라 하면

$$P\left(\frac{mx_2+nx_1}{m+n}\right)^{❸}$$

특히 $m=n$일 때, 선분 AB의 중점을 M이라 하면

$$M\left(\frac{x_1+x_2}{2}\right)$$ → 선분 AB의 중점은 선분 AB를 1 : 1로 내분하는 점이다.

개념 플러스⁺

❶ $\overline{AB}=|x_2-x_1|$
$=|x_1-x_2|$
➡ 빼는 순서는 바꾸어도 상관없다.

❷ $\overline{AB}$
$=\sqrt{(x_2-x_1)^2+(y_2-y_1)^2}$
$=\sqrt{(x_1-x_2)^2+(y_1-y_2)^2}$
➡ 빼는 순서는 바꾸어도 상관없다.

❸ 선분 AB를 $m:n$으로 내분하는 점 P는 다음과 같이 엇갈리게 곱하여 더하는 것으로 기억하면 편리하다.
$m : n$
$A(x_1)\ B(x_2)$
➡ $P\left(\frac{mx_2+nx_1}{m+n}\right)$
엇갈리게 곱하여 더한다.

4 좌표평면 위의 선분의 내분점

(1) 좌표평면 위의 두 점 $A(x_1, y_1)$, $B(x_2, y_2)$를 이은 선분 AB를 $m : n\,(m>0,\ n>0)$으로 내분하는 점을 P라 하면

$$P\left(\frac{mx_2+nx_1}{m+n},\ \frac{my_2+ny_1}{m+n}\right)$$

특히 $m=n$일 때, 선분 AB의 중점을 M이라 하면

$$M\left(\frac{x_1+x_2}{2},\ \frac{y_1+y_2}{2}\right)$$

(2) 세 점 $A(x_1, y_1)$, $B(x_2, y_2)$, $C(x_3, y_3)$을 꼭짓점으로 하는 삼각형 ABC의 무게중심을 G라 하면

$$G\left(\frac{x_1+x_2+x_3}{3},\ \frac{y_1+y_2+y_3}{3}\right)$$

예 두 점 $A(-2, 1)$, $B(3, -4)$를 이은 선분 AB를 $2 : 3$으로 내분하는 점을 $P(x, y)$라 하면

$$x=\frac{2\times3+3\times(-2)}{2+3}=0,\ y=\frac{2\times(-4)+3\times1}{2+3}=-1 \qquad \therefore P(0, -1)$$

세 점 $A(1, 2)$, $B(3, 0)$, $C(-1, 1)$을 꼭짓점으로 하는 삼각형 ABC의 무게중심을 $G(x, y)$라 하면

$$x=\frac{1+3+(-1)}{3}=1,\ y=\frac{2+0+1}{3}=1 \qquad \therefore G(1, 1)$$

개념 플러스+

교과서 개념 확인하기

정답 및 해설 08쪽

1 다음 두 점 사이의 거리를 구하시오.

(1) $A(4)$, $B(1)$

(2) $A(-3)$, $O(0)$

2 다음 두 점 사이의 거리를 구하시오.

(1) $A(1, 2)$, $B(-1, 1)$

(2) $A(3, 1)$, $O(0, 0)$

3 수직선 위의 두 점 $A(-2)$, $B(6)$에 대하여 다음 점의 좌표를 구하시오.

(1) 선분 AB를 $3 : 1$로 내분하는 점

(2) 선분 AB의 중점

4 좌표평면 위의 두 점 $A(-2, 2)$, $B(8, 6)$에 대하여 다음 점의 좌표를 구하시오.

(1) 선분 AB를 $2 : 3$으로 내분하는 점

(2) 선분 AB의 중점

• 교과서 예제로 **개념 익히기**

필수 예제 1 두 점 사이의 거리

두 점 A$(2,\ -1)$, B$(-4,\ a)$ 사이의 거리가 $2\sqrt{13}$일 때, 모든 a의 값의 합을 구하시오.

▶ 다시 정리하는 개념

두 점 A(x_1, y_1), B(x_2, y_2) 사이의 거리 $\overline{\mathrm{AB}}$는
$\overline{\mathrm{AB}}=\sqrt{(x_2-x_1)^2+(y_2-y_1)^2}$

숫자 바꾼

1-1 두 점 A$(2,\ a)$, B$(1,\ -2)$ 사이의 거리가 $\sqrt{10}$일 때, 모든 a의 값의 합을 구하시오.

1-2 세 점 A$(1,\ 3)$, B$(a,\ 1)$, C$(-3,\ -1)$에 대하여 $\overline{\mathrm{AB}}=\overline{\mathrm{BC}}$를 만족시키는 a의 값을 구하시오.

1-3 두 점 A$(k,\ 1)$, B$(3,\ k+1)$ 사이의 거리가 $\sqrt{17}$ 이하가 되도록 하는 모든 정수 k의 값의 합을 구하시오.

필수 예제 2 같은 거리에 있는 점

두 점 $A(-2, 2)$, $B(5, 5)$에서 같은 거리에 있는 다음 점의 좌표를 구하시오.

(1) x축 위의 점　　　　(2) y축 위의 점

▶ 단원 밖의 개념

좌표축 위의 점 P의 좌표는 미지수를 이용하여 나타낸다.
① x축 위의 점 ➡ $P(a, 0)$
② y축 위의 점 ➡ $P(0, b)$

숫자 바꾼

2-1 두 점 $A(3, 4)$, $B(4, -1)$에서 같은 거리에 있는 다음 점의 좌표를 구하시오.

(1) x축 위의 점　　　　(2) y축 위의 점

2-2 두 점 $A(2, -1)$, $B(6, 3)$에서 같은 거리에 있는 x축 위의 점을 P, y축 위의 점을 Q라 할 때, 선분 PQ의 길이를 구하시오.

직선 $y=mx+n$ 위에 있는 점 A의 좌표는 $(a, ma+n)$으로 놓을 수 있음을 이용하자.

2-3 두 점 $A(1, -3)$, $B(5, 3)$에서 같은 거리에 있는 점 P가 직선 $y=x+3$ 위의 점일 때, 점 P의 좌표를 구하시오.

필수 예제 3 삼각형의 모양 판단

세 점 $A(-1, 3)$, $B(4, -2)$, $C(3, 5)$를 꼭짓점으로 하는 삼각형 ABC는 어떤 삼각형인지 말하시오.

▶ 단원 밖의 개념

삼각형의 세 변의 길이 사이의 관계에 따른 삼각형의 종류는 다음과 같다.
① 세 변의 길이가 같다.
➡ 정삼각형
② 두 변의 길이가 같다.
➡ 이등변삼각형
③ 피타고라스 정리가 성립한다.
➡ 직각삼각형

숫자 바꾼

3-1 세 점 $A(2, 1)$, $B(1, -3)$, $C(-2, 0)$을 꼭짓점으로 하는 삼각형 ABC는 어떤 삼각형인가?

① $\angle A=90°$인 직각삼각형
② $\angle B=90°$인 직각이등변삼각형
③ $\overline{AB}=\overline{CA}$인 이등변삼각형
④ $\overline{BC}=\overline{CA}$인 이등변삼각형
⑤ 정삼각형

3-2 세 점 $A(1, 2)$, $B(-2, -2)$, $C(5, -1)$을 꼭짓점으로 하는 삼각형 ABC는 어떤 삼각형인지 말하시오.

3-3 세 점 $A(a, -2)$, $B(0, 2)$, $C(3, -1)$을 꼭짓점으로 하는 삼각형 ABC가 $\angle C=90°$인 직각삼각형이 되도록 하는 a의 값을 구하시오.

• 정답 및 해설 09쪽

필수 예제 4 선분의 내분점

두 점 A$(-5,\ 2)$, B$(1,\ 5)$를 이은 선분 AB를 $2:1$로 내분하는 점을 P, 선분 AB의 중점을 M이라 할 때, 두 점 P, M 사이의 거리를 구하시오.

다시 정리하는 개념

좌표평면 위의 두 점 A$(x_1,\ y_1)$, B$(x_2,\ y_2)$를 이은 선분 AB를 $m:n\,(m>0,\ n>0)$으로 내분하는 점을 P라 하면

$$\mathrm{P}\left(\frac{mx_2+nx_1}{m+n},\ \frac{my_2+ny_1}{m+n}\right)$$

숫자 바꾼

4-1 두 점 A$(2,\ 1)$, B$(5,\ 4)$를 이은 선분 AB를 $1:2$로 내분하는 점을 P, 선분 AB의 중점을 M이라 할 때, 두 점 P, M 사이의 거리를 구하시오.

4-2 두 점 A$(4,\ 3)$, B$(-2,\ 6)$을 이은 선분 AB를 $2:1$로 내분하는 점을 P, 두 점 C$(8,\ -1)$, D$(3,\ 9)$를 이은 선분 CD를 $2:3$으로 내분하는 점을 Q라 할 때, 선분 PQ의 중점의 좌표를 구하시오.

선분 AB를 삼등분하는 두 점을 선분 AB 위에 나타낸 후, 각 점이 선분 AB를 어떻게 내분하는지를 생각해 보자.

4-3 두 점 A$(-1,\ 5)$, B$(8,\ -4)$에 대하여 선분 AB를 삼등분하는 두 점의 좌표를 구하시오.

필수 예제 5 선분의 중점의 사각형에의 활용

평행사변형 ABCD에서 네 꼭짓점이 각각 A$(0,\ 1)$, B$(a,\ -3)$, C$(5,\ b)$, D$(7,\ 3)$일 때, ab의 값을 구하시오.

▶ 단원 밖의 개념

평행사변형의 두 대각선은 서로 다른 것을 이등분하므로 두 대각선의 중점은 일치한다.

숫자 바꾼

5-1 평행사변형 ABCD에서 네 꼭짓점이 각각 A$(0,\ 0)$, B$(3,\ -1)$, C$(a,\ 4)$, D$(2,\ b)$일 때, $a+b$의 값을 구하시오.

5-2 평행사변형 ABCD에서 세 꼭짓점이 각각 A$(5,\ -1)$, B$(-2,\ -3)$, C$(0,\ 1)$일 때, 꼭짓점 D의 좌표를 구하시오.

5-3 평행사변형 ABCD에서 두 꼭짓점 A, B가 각각 A$(0,\ 2)$, B$(-3,\ -1)$이고, 두 대각선 AC, BD의 교점의 좌표가 $(5,\ 0)$일 때, 두 꼭짓점 C, D의 좌표를 차례로 구하시오.

• 정답 및 해설 10쪽

필수 예제 6 삼각형의 무게중심

세 점 A$(2, -1)$, B$(a, 2)$, C$(-5, b)$를 꼭짓점으로 하는 삼각형 ABC의 무게중심의 좌표가 $(-2, 2)$일 때, $a+b$의 값을 구하시오.

다시 정리하는 개념

세 점 A(x_1, y_1), B(x_2, y_2), C(x_3, y_3)을 꼭짓점으로 하는 삼각형 ABC의 무게중심의 좌표는

$$\left(\frac{x_1+x_2+x_3}{3}, \frac{y_1+y_2+y_3}{3}\right)$$

숫자 바꾼

6-1 세 점 A(a, b), B$(-2, 3)$, C$(4, -1)$을 꼭짓점으로 하는 삼각형 ABC의 무게중심의 좌표가 $(-1, 2)$일 때, ab의 값을 구하시오.

6-2 세 점 A$(2, 6)$, B$(a, a+4)$, C$(a+5, 3a)$를 꼭짓점으로 하는 삼각형 ABC의 무게중심이 직선 $y=x-1$ 위에 있을 때, a의 값을 구하시오.

6-3 세 점 O$(0, 0)$, A(a, b), B(c, d)에 대하여 삼각형 OAB의 무게중심의 좌표가 $(2, 6)$일 때, 선분 AB의 중점의 좌표를 구하시오.

실전 문제로 단원 마무리

| 필수 예제 01 |

01 두 점 $A(a+1, 3)$, $B(2, a)$에 대하여 선분 AB의 길이가 최소가 되도록 하는 a의 값을 구하시오.

| 필수 예제 01 |

02 두 점 $A(1, 4)$, $B(3, 5)$와 x축 위의 점 P에 대하여 $\overline{AP}^2+\overline{BP}^2$의 최솟값을 구하시오.

| 필수 예제 02 |

03 세 점 $A(3, 5)$, $B(-2, 4)$, $C(-1, -1)$로부터 같은 거리에 있는 점 P의 좌표를 (a, b)라 할 때, $a+b$의 값을 구하시오.

| 필수 예제 03 |

04 세 점 $A(3, 2)$, $B(1, -2)$, $C(-1, -1)$을 꼭짓점으로 하는 삼각형 ABC의 넓이를 구하시오.

| 필수 예제 04 |

05 두 점 $A(-1, -2)$, $B(a, b)$에 대하여 선분 AB를 $3:1$로 내분하는 점의 좌표가 $(2, 4)$일 때, 선분 BA를 $3:1$로 내분하는 점의 좌표를 구하시오.

NOTE

이차함수 $y=a(x-p)^2+q$에서
① $a>0$일 때, $x=p$에서 최솟값 q를 갖는다.
② $a<0$일 때, $x=p$에서 최댓값 q를 갖는다.

| 필수 예제 05 |

06 평행사변형 ABCD에서 A(0, 6), C(7, 5)이고 선분 AB의 중점의 좌표가 (3, 2)일 때, 꼭짓점 D의 좌표를 구하시오.

NOTE

| 필수 예제 05 |

07 네 점 A$(-3,\ a)$, B$(1,\ b)$, C(3, 5), D$(-1,\ 3)$을 꼭짓점으로 하는 사각형 ABCD가 마름모일 때, $a+b$의 값을 구하시오. (단, $a<0$)

다음과 같은 마름모의 성질을 이용한다.
① 네 변의 길이가 모두 같다.
② 두 대각선이 서로 다른 것을 수직이등분하므로 두 대각선의 중점이 일치한다.

| 필수 예제 06 |

08 세 점 A(3, 7), B$(-1,\ 3)$, C$(1,\ -1)$을 꼭짓점으로 하는 삼각형 ABC의 무게중심을 G라 할 때, 선분 AG의 길이는?

① $\sqrt{5}$　② $\sqrt{10}$　③ $2\sqrt{3}$　④ $3\sqrt{2}$　⑤ $2\sqrt{5}$

| 필수 예제 01 |

09 교육청 기출

오른쪽 그림과 같이 한 변의 길이가 2인 정삼각형 ABC에 대하여 변 BC의 중점을 P라 하고, 선분 AP 위의 점 Q에 대하여 선분 PQ의 길이를 x라 하자.
$\overline{AQ}^2+\overline{BQ}^2+\overline{CQ}^2$은 $x=a$에서 최솟값 m을 가진다. $\frac{m}{a}$의 값은? (단, $0<x<\sqrt{3}$이고, a는 실수이다.)

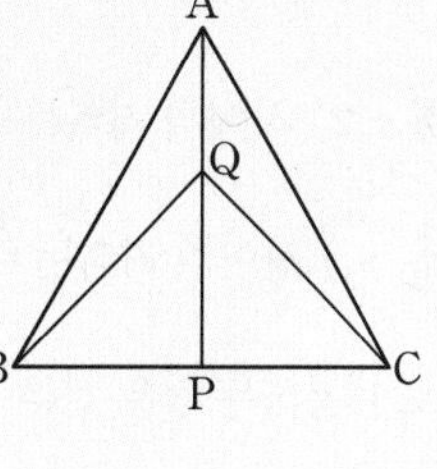

① $3\sqrt{3}$　② $\frac{7\sqrt{3}}{2}$　③ $4\sqrt{3}$　④ $\frac{9\sqrt{3}}{2}$　⑤ $5\sqrt{3}$

도형을 좌표평면 위에 나타내면 좌표를 이용하여 변의 길이를 쉽게 나타낼 수 있다.

| 필수 예제 04 |

10 교육청 기출

좌표평면 위의 두 점 A, B에 대하여 선분 AB의 중점의 좌표가 (1, 2)이고, 선분 AB를 3 : 1로 내분하는 점의 좌표가 (4, 3)일 때, $\overline{AB}^2$의 값을 구하시오.

주어진 조건을 이용하여 두 점 A, B와 선분 AB의 중점, 내분점을 수직선 위에 나타낸다.

• 정답 및 해설 12쪽

1 다음 □ 안에 알맞은 것을 쓰시오.

(1) 수직선 위의 두 점 $\mathrm{A}(x_1)$, $\mathrm{B}(x_2)$ 사이의 거리 $\overline{\mathrm{AB}}$는

$$\overline{\mathrm{AB}}=|x_2-x_1|=\begin{cases}\square & (x_1\le x_2)\\ \square & (x_1>x_2)\end{cases}$$

(2) 좌표평면 위의 두 점 $\mathrm{A}(x_1, y_1)$, $\mathrm{B}(x_2, y_2)$ 사이의 거리 $\overline{\mathrm{AB}}$는

$$\overline{\mathrm{AB}}=\sqrt{(x_2-\square)^2+(y_2-\square)^2}$$

(3) 선분 AB 위의 점 P에 대하여 $\overline{\mathrm{AP}}:\overline{\mathrm{PB}}=m:n\,(m>0,\ n>0)$일 때, 점 P는 선분 AB를 $m:n$으로 □한다고 하고, 점 P를 선분 AB의 □이라 한다.

(4) 수직선 위의 두 점 $\mathrm{A}(x_1)$, $\mathrm{B}(x_2)$를 이은 선분 AB를 $m:n\,(m>0,\ n>0)$으로 내분하는 점을 P라 하면

$$\left(\frac{\square}{m+n}\right)$$

(5) 좌표평면 위의 두 점 $\mathrm{A}(x_1, y_1)$, $\mathrm{B}(x_2, y_2)$를 이은 선분 AB를 $m:n\,(m>0,\ n>0)$으로 내분하는 점을 P라 하면

$$\left(\frac{\square}{m+n},\ \frac{\square}{m+n}\right)$$

(6) 세 점 $\mathrm{A}(x_1, y_1)$, $\mathrm{B}(x_2, y_2)$, $\mathrm{C}(x_3, y_3)$을 꼭짓점으로 하는 삼각형 ABC의 무게중심을 G라 하면

$$\left(\frac{\square}{3},\ \frac{\square}{3}\right)$$

2 다음 문장이 옳으면 ○표, 옳지 않으면 ×표를 ( ) 안에 쓰시오.

(1) 두 점 $\mathrm{A}(-1)$, $\mathrm{B}(-2)$ 사이의 거리는 $\overline{\mathrm{AB}}=|-1-2|=3$이다. ( )

(2) 원점 O와 점 $\mathrm{A}(x_1, y_1)$ 사이의 거리는 $\overline{\mathrm{OA}}=\sqrt{x_1^2+y_1^2}$이다. ( )

(3) 선분 AB를 $2:1$로 내분하는 점은 선분 BA를 $2:1$로 내분하는 점과 같다. ( )

(4) 좌표평면 위의 두 점 $\mathrm{A}(x_1, y_1)$, $\mathrm{B}(x_2, y_2)$를 이은 선분 AB의 중점 M의 좌표는 $\left(\frac{x_1+x_2}{2},\ \frac{y_1+y_2}{2}\right)$이다. ( )

(5) 선분 AB의 중점은 선분 AB를 $1:1$로 내분한다. ( )

Ⅰ. 도형의 방정식

02

직선의 방정식

필수 예제 ① 직선의 방정식

필수 예제 ② $ax+by+c=0$ 꼴의 직선의 방정식

필수 예제 ③ 정점을 지나는 직선의 방정식

필수 예제 ④ 두 직선의 평행과 수직; $y=mx+n$ 꼴

필수 예제 ⑤ 두 직선의 평행과 수직; $ax+by+c=0$ 꼴

필수 예제 ⑥ 점과 직선 사이의 거리

필수 예제 ⑦ 세 꼭짓점의 좌표가 주어진 삼각형의 넓이

02 직선의 방정식

1 여러 가지 직선의 방정식

(1) **한 점과 기울기가 주어진 직선의 방정식**

점 $A(x_1, y_1)$을 지나고 기울기가 m인 직선의 방정식은

$y-y_1=m(x-x_1)$

(2) **두 점을 지나는 직선의 방정식**

두 점 $A(x_1, y_1)$, $B(x_2, y_2)$를 지나는 직선의 방정식은

① $x_1 \neq x_2$일 때, $y-y_1=\frac{y_2-y_1}{x_2-x_1}(x-x_1)$ ❶

② $x_1=x_2$일 때, $x=x_1$ ❷

2 일차방정식 $ax+by+c=0$이 나타내는 도형

x, y에 대한 일차방정식 $ax+by+c=0$ ($a\neq0$ 또는 $b\neq0$)은 a, b의 값에 따라 다음과 같으므로 직선의 방정식이다.

(1) $a\neq0$, $b\neq0$일 때, $y=-\frac{a}{b}x-\frac{c}{b}$

(2) $a\neq0$, $b=0$일 때, $x=-\frac{c}{a}$

(3) $a=0$, $b\neq0$일 때, $y=-\frac{c}{b}$

3 두 직선의 평행과 수직; $y=mx+n$ 꼴

두 직선 $y=mx+n$, $y=m'x+n'$에 대하여

(1) **두 직선의 평행 조건**

① 두 직선이 서로 평행하면 $m=m'$, $n\neq n'$이다.

② $m=m'$, $n\neq n'$이면 두 직선은 서로 평행하다. ❸

(2) **두 직선의 수직 조건**

① 두 직선이 서로 수직이면 $mm'=-1$이다.

② $mm'=-1$이면 두 직선은 서로 수직이다.

4 두 직선의 평행과 수직; $ax+by+c=0$ 꼴

(1) **두 직선의 평행 조건**

두 직선 $ax+by+c=0$, $a'x+b'y+c'=0$ ($abc\neq0$, $a'b'c'\neq0$)에 대하여

① 두 직선이 서로 평행하면 $\frac{a}{a'}=\frac{b}{b'}\neq\frac{c}{c'}$이다.

② $\frac{a}{a'}=\frac{b}{b'}\neq\frac{c}{c'}$이면 두 직선은 서로 평행하다.

개념 플러스⁺

직선의 방정식의 표준형

기울기가 m이고 y절편이 n인 직선의 방정식은 $y=mx+n$이고, 이를 직선의 방정식의 표준형이라 한다.

❶ 두 점 $A(x_1, y_1)$, $B(x_2, y_2)$를 지나는 직선의 기울기 m은

$m=\frac{y_2-y_1}{x_2-x_1}=\frac{y_1-y_2}{x_1-x_2}$

❷ 점 $A(x_1, y_1)$을 지나고 y축에 평행한 (x축에 수직인) 직선의 방정식은

$x=x_1$

직선의 방정식의 일반형

x, y에 대한 일차방정식

$ax+by+c=0$ ($a\neq0$ 또는 $b\neq0$)

을 직선의 방정식의 일반형이라 한다.

두 직선의 평행과 수직

- 두 직선이 평행하면 두 직선의 기울기는 같고, y절편은 다르다.
- 두 직선이 수직이면 두 직선의 기울기의 곱은 -1이다.

❸ 두 직선 $y=mx+n$, $y=m'x+n'$이

① 일치하면 $m=m'$, $n=n'$이다.

② 한 점에서 만나면 $m\neq m'$이다.

(2) **두 직선의 수직 조건**

두 직선 $ax+by+c=0$, $a'x+b'y+c'=0$ $(abc\neq0,\ a'b'c'\neq0)$에 대하여

① 두 직선이 서로 수직이면 $aa'+bb'=0$이다.

② $aa'+bb'=0$이면 두 직선은 서로 수직이다.

5 점과 직선 사이의 거리

점 $P(x_1, y_1)$과 점 P를 지나지 않는 직선 $ax+by+c=0$ $(a\neq0$ 또는 $b\neq0)$ 사이의 거리는

$$\frac{|ax_1+by_1+c|}{\sqrt{a^2+b^2}}$$ ❹

개념 플러스+

❹ 원점 O와 직선 $ax+by+c=0$ 사이의 거리는

$$\frac{|c|}{\sqrt{a^2+b^2}}$$

교과서 개념 확인하기

정답 및 해설 13쪽

1 다음 직선의 방정식을 구하시오.

(1) 점 $(-2, 1)$을 지나고 기울기가 -1인 직선

(2) 점 $(2, -2)$를 지나고 기울기가 2인 직선

2 다음 두 점을 지나는 직선의 방정식을 구하시오.

(1) $(-2, 0)$, $(2, 4)$

(2) $(4, -5)$, $(-1, 5)$

(3) $(2, -1)$, $(2, 7)$

(4) $(-1, -3)$, $(-1, 7)$

3 다음 | **보기** | 중 직선을 나타내는 방정식을 모두 고르시오.

| **보기** |

ㄱ. $2x+y-3=0$　　ㄴ. $4x-3=0$　　ㄷ. $xy=3$

ㄹ. $5y+2=0$　　ㅁ. $y=\frac{1}{x}$

4 다음 | **보기** | 중 두 직선의 위치 관계가 평행인 것과 수직인 것을 각각 고르시오.

| **보기** |

ㄱ. $y=3x-1$, $y=3x+2$　　ㄴ. $y=-2x+2$, $y=\frac{1}{2}x+1$

ㄷ. $2x+4y-7=0$, $x+2y-1=0$　　ㄷ. $4x+y-1=0$, $x-4y+8=0$

5 다음 점과 직선 $x+2y-2=0$ 사이의 거리를 구하시오.

(1) $(1, -2)$

(2) $(0, 0)$

교과서 예제로 개념 익히기

필수 예제 1 직선의 방정식

다음 직선의 방정식을 구하시오.

(1) 두 점 $A(4,\ 3)$, $B(-2,\ 5)$에 대하여 선분 AB의 중점을 지나고 기울기가 2인 직선

(2) 두 점 $A(8,\ -1)$, $B(3,\ 9)$에 대하여 선분 AB를 $2:3$으로 내분하는 점과 점 $(4,\ 1)$을 지나는 직선

다시 정리하는 개념

- 점 $A(x_1, y_1)$을 지나고 기울기가 m인 직선의 방정식
  ➡ $y-y_1=m(x-x_1)$
- 두 점 $A(x_1, y_1)$, $B(x_2, y_2)$를 지나는 직선의 방정식
  ➡ $y-y_1=\frac{y_2-y_1}{x_2-x_1}(x-x_1)$

숫자 바꾼

1-1 다음 직선의 방정식을 구하시오.

(1) 두 점 $A(1,\ -2)$, $B(7,\ 10)$에 대하여 선분 AB의 중점을 지나고 기울기가 -2인 직선

(2) 두 점 $A(5,\ 3)$, $B(2,\ -3)$에 대하여 선분 AB를 $1:2$로 내분하는 점과 점 $(1,\ -5)$를 지나는 직선

1-2 세 점 $A(4,\ 2)$, $B(7,\ -1)$, $C(-2,\ 2)$를 꼭짓점으로 하는 삼각형 ABC의 무게중심과 점 B를 지나는 직선의 방정식을 구하시오.

x절편이 a, y절편이 b인 직선은 두 점 $(a, 0)$, $(0, b)$를 지나는 직선과 같음을 이용하자.

1-3 두 점 $(a,\ 1)$, $(4,\ b)$가 x절편이 8이고, y절편이 -4인 직선 위에 있을 때, $a+b$의 값을 구하시오.

필수 예제 2 $ax+by+c=0$ 꼴의 직선의 방정식

$a>0$, $b>0$, $c>0$일 때, 직선 $ax+by+c=0$이 지나는 사분면을 모두 구하시오.

문제 해결 tip

주어진 직선의 방정식 $ax+by+c=0$을 $y=-\frac{a}{b}x-\frac{c}{b}$ 꼴로 변형한 후 주어진 조건을 이용하여 직선의 기울기와 y절편의 부호를 알아본다.

숫자 바꾼

2-1 $ab<0$, $bc<0$일 때, 직선 $ax+by+c=0$이 지나는 사분면을 모두 구하시오.

2-2 $ab>0$, $bc=0$일 때, 직선 $ax+by+c=0$이 지나지 않는 사분면을 모두 구하시오.

필수 예제 3 정점을 지나는 직선의 방정식

방정식 $(1+k)x+(2k-1)y+5k-1=0$이 나타내는 직선이 실수 k의 값에 관계없이 항상 지나는 점의 좌표를 구하시오.

문제 해결 tip

k의 값에 관계없이 항상 지나는 점의 좌표는 주어진 직선의 방정식을 $A+kB=0$ 꼴로 정리한 후, 항등식의 성질 $A=0$, $B=0$을 이용하여 구한다.

숫자 바꾼

3-1 방정식 $(3k+5)x+2(k+2)y-k+3=0$이 나타내는 직선이 실수 k의 값에 관계없이 항상 지나는 점의 좌표를 구하시오.

3-2 직선 $(2+k)x+(k-2)y-ak=0$이 실수 k의 값에 관계없이 항상 점 $(b, 2)$를 지날 때, $a+b$의 값을 구하시오. (단, a는 상수이다.)

필수 예제 4 두 직선의 평행과 수직; $y=mx+n$ 꼴

다음 직선의 방정식을 구하시오.

(1) 점 $(2,\ -3)$을 지나고 직선 $y=x+4$에 평행한 직선

(2) 점 $(-1,\ 4)$를 지나고 직선 $y=-3x-1$에 수직인 직선

▶ 다시 정리하는 개념

두 직선 $y=mx+n$, $y=m'x+n'$이

① 평행하면 $m=m'$, $n\neq n'$이다.

② 수직이면 $mm'=-1$이다.

숫자 바꾼

4-1

다음 직선의 방정식을 구하시오.

(1) 점 $(-1,\ 5)$를 지나고 직선 $y=5x+4$에 평행한 직선

(2) 원점을 지나고 직선 $y=-\frac{2}{5}x-\frac{1}{5}$에 수직인 직선

4-2

두 점 $(2,\ 5)$, $(3,\ 8)$을 지나는 직선과 평행하고 점 $(-1,\ -1)$을 지나는 직선의 방정식을 구하시오.

4-3

두 점 $\mathrm{A}(3,\ 2)$, $\mathrm{B}(-3,\ 5)$에 대하여 선분 AB를 $1:2$로 내분하는 점을 지나고 직선 $y=-\frac{3}{2}x+\frac{3}{2}$에 수직인 직선의 방정식을 구하시오.

• 정답 및 해설 14쪽

필수 예제 5 두 직선의 평행과 수직; $ax+by+c=0$ 꼴

두 직선 $ax+2y-3=0$, $x+(a+1)y-3=0$이 다음 조건을 만족시킬 때, 상수 a의 값을 각각 구하시오.

(1) 서로 평행하다.

(2) 서로 수직이다.

다시 정리하는 개념

두 직선
$ax+by+c=0\,(abc\neq0)$,
$a'x+b'y+c'=0\,(a'b'c'\neq0)$이

① 평행하면 $\frac{a}{a'}=\frac{b}{b'}\neq\frac{c}{c'}$이다.

② 수직이면 $aa'+bb'=0$이다.

숫자 바꾼

5-1 두 직선 $(k-2)x-3y-3=0$, $x-ky+1=0$이 다음 조건을 만족시킬 때, 상수 k의 값을 각각 구하시오.

(1) 서로 평행하다.

(2) 서로 수직이다.

5-2 직선 $3x-(a-5)y+1=0$이 직선 $ax+2y+2=0$과 수직이고, 직선 $3x+by+9=0$과 평행하다. 두 상수 a, b에 대하여 $b-a$의 값을 구하시오.

5-3 두 직선 $x-ay-4=0$, $2x-by-c=0$이 서로 수직이고, 두 직선의 교점의 좌표가 $(3,\ 1)$일 때, 세 상수 a, b, c에 대하여 $a+b-c$의 값을 구하시오.

필수 예제 6 점과 직선 사이의 거리

점 $(-1,\ a)$와 직선 $3x-4y+1=0$ 사이의 거리가 2일 때, 양수 a의 값을 구하시오.

다시 정리하는 개념

점 $\mathrm{P}(x_1,\ y_1)$과 직선 $ax+by+c=0$ 사이의 거리는 $\dfrac{|ax_1+by_1+c|}{\sqrt{a^2+b^2}}$

숫자 바꾼

6-1 점 $(a,\ 2)$와 직선 $2x+y-5=0$ 사이의 거리가 $\sqrt{5}$일 때, 양수 a의 값을 구하시오.

6-2 점 $(a,\ 3)$과 두 직선 $2x-y+1=0$, $x+2y-1=0$ 사이의 거리가 같을 때, 양수 a의 값을 구하시오.

두 직선 사이의 거리는 한 직선 위의 점과 다른 직선 사이의 거리와 같음을 이용해 보자.

6-3 두 직선 $2x-y-1=0$과 $2x-y+a=0$ 사이의 거리가 $2\sqrt{5}$일 때, 모든 상수 a의 값의 합을 구하시오.

• 정답 및 해설 15쪽

필수 예제 7 세 꼭짓점의 좌표가 주어진 삼각형의 넓이

세 점 A$(4, 7)$, B$(1, 1)$, C$(8, 5)$를 꼭짓점으로 하는 삼각형 ABC에 대하여 다음을 구하시오.

(1) 선분 BC의 길이

(2) 직선 BC의 방정식

(3) 점 A와 직선 BC 사이의 거리

(4) 삼각형 ABC의 넓이

▶ 문제 해결 tip

세 점 A, B, C를 꼭짓점으로 하는 삼각형의 넓이는 다음과 같은 순서로 구한다.

❶ 선분 BC의 길이를 구한다.

❷ 직선 BC의 방정식을 구한다.

❸ 점 A와 직선 BC 사이의 거리를 구한다.

❹ ❶, ❸을 이용하여 삼각형 ABC의 넓이를 구한다.

숫자 바꾼

7-1 세 점 A$(1, 6)$, B$(-2, 0)$, C$(6, 4)$를 꼭짓점으로 하는 삼각형 ABC의 넓이를 구하시오.

7-2 세 점 O$(0, 0)$, A$(2, 4)$, B$(4, 2)$를 꼭짓점으로 하는 삼각형 OAB의 넓이를 구하시오.

7-3 세 점 A$(2, 3)$, B$(-2, -1)$, C$(a, -3)$을 꼭짓점으로 하는 삼각형 ABC의 넓이가 16일 때, 양수 a의 값을 구하시오.

실전 문제로 단원 마무리

| 필수 예제 01 |

01 점 $(3,\ -2)$를 지나고 기울기가 -2인 직선이 점 $(1,\ a)$를 지날 때, a의 값은?

① 1 ② 2 ③ 3 ④ 4 ⑤ 5

| 필수 예제 02 |

02 $ab<0$, $bc=0$일 때, 직선 $ax-by-c=0$이 지나는 사분면을 모두 구하시오.

| 필수 예제 03 |

03 직선 $(2k+1)x-(k-1)y-5k-4=0$이 실수 k에 관계없이 항상 일정한 점 P를 지날 때, 점 P와 원점을 지나는 직선의 기울기를 구하시오.

| 필수 예제 04 |

04 두 점 $A(-1,\ 1)$, $B(3,\ -2)$에 대하여 선분 AB를 $2:1$로 내분하는 점을 지나고, 직선 $y=-x+4$와 평행인 직선의 방정식을 구하시오.

| 필수 예제 04 |

05 두 점 $A(-4,\ 7)$, $B(2,\ 1)$에 대하여 선분 AB의 수직이등분선의 방정식을 구하시오.

| 필수 예제 05 |

06 두 직선 $(k-3)x+y+1=0$, $kx+2y-5=0$이 서로 평행하도록 하는 상수 k의 값을 a, 서로 수직이 되도록 하는 상수 k의 값을 b라 할 때, $a+b$의 값을 구하시오.

(단, $b>1$)

NOTE

직선 l이 선분 AB의 수직이등분선이면
① 직선 l은 선분 AB의 중점을 지난다.
② 직선 l의 기울기와 직선 AB의 기울기의 곱은 -1이다.

NOTE

| 필수 예제 06 |

07

직선 $4x-3y+2=0$과 평행하고 원점에서의 거리가 1인 직선의 방정식을 모두 구하시오.

| 필수 예제 07 |

08

직선 $x-y+4=0$이 x축, y축과 만나는 두 점 A, B와 점 C$(-3,\ a)$를 꼭짓점으로 하는 삼각형 ABC의 넓이가 14일 때, a의 값을 구하시오. (단, $a>0$)

| 필수 예제 04 |

09

교육청 기출

오른쪽 그림과 같이 좌표평면에서 직선 $y=-x+10$과 y축의 교점을 A, 직선 $y=3x-6$과 x축의 교점을 B, 두 직선 $y=-x+10$, $y=3x-6$의 교점을 C라 하자. x축 위의 점 D$(a,\ 0)$ $(a>2)$에 대하여 삼각형 ABD의 넓이가 삼각형 ABC의 넓이와 같도록 하는 a의 값은?

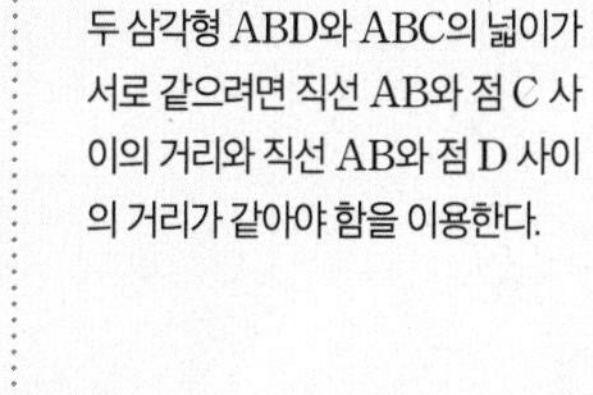

두 삼각형 ABD와 ABC의 넓이가 서로 같으려면 직선 AB와 점 C 사이의 거리와 직선 AB와 점 D 사이의 거리가 같아야 함을 이용한다.

① 5 ② $\frac{26}{5}$ ③ $\frac{27}{5}$

④ $\frac{28}{5}$ ⑤ $\frac{29}{5}$

| 필수 예제 05 |

10

교육청 기출

두 직선 l: $ax-y+a+2=0$, m: $4x+ay+3a+8=0$에 대하여 | **보기** |에서 옳은 것을 모두 고르시오. (단, a는 실수이다.)

| **보기** |

ㄱ. $a=0$일 때 두 직선 l과 m은 서로 수직이다.

ㄴ. 직선 l은 a의 값에 관계없이 항상 점 $(1,\ 2)$를 지난다.

ㄷ. 두 직선 l과 m이 평행이 되기 위한 a의 값은 존재하지 않는다.

• 정답 및 해설 18쪽

1 다음 □ 안에 알맞은 것을 쓰고, ◯ 안에는 =, ≠ 중 알맞은 것을 쓰시오.

(1) 두 점 $A(x_1, y_1)$, $B(x_2, y_2)$ $(x_1 \neq x_2)$를 지나는 직선의 방정식은

$$y-y_1=\frac{\square}{\square}(x-x_1)$$

(2) 일차방정식 $ax+by+c=0$ ($a\neq0$ 또는 $b\neq0$)이 나타내는 도형은 항상 □이다.

(3) 두 직선 $y=mx+n$, $y=m'x+n'$이 서로 평행하면

$m=\square$, $n\neq\square$

(4) 두 직선 $ax+by+c=0$, $a'x+b'y+c'=0$ ($abc\neq0$, $a'b'c'\neq0$)이 서로 평행하면

$$\frac{a}{a'} \bigcirc \frac{b}{b'} \bigcirc \frac{c}{c'}$$

(5) 두 직선 $ax+by+c=0$, $a'x+b'y+c'=0$ ($abc\neq0$, $a'b'c'\neq0$)이 서로 수직이면

$aa'+bb'=\square$

(6) 점 $P(x_1, y_1)$과 점 P를 지나지 않는 직선 $ax+by+c=0$ ($a\neq0$ 또는 $b\neq0$) 사이의 거리는

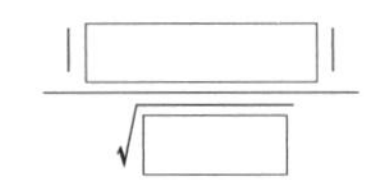

2 다음 문장이 옳으면 ○표, 옳지 않으면 ×표를 (   ) 안에 쓰시오.

(1) 직선의 방정식은 일차방정식 $ax+by+c=0$ ($a\neq0$ 또는 $b\neq0$) 꼴로 나타낼 수 있다. (   )

(2) 점 $A(x_1, y_1)$을 지나고 기울기가 m인 직선의 방정식은 $y-y_1=m(x-x_1)$이다. (   )

(3) 두 직선 $x+y-1=0$, $x+y=-1$은 $\frac{1}{1}=\frac{1}{1}=\frac{-1}{-1}$이므로 두 직선은 일치한다. (   )

(4) 두 직선 $y=mx+n$, $y=m'x+n'$이 서로 수직이면 $mm'=0$이다. (   )

(5) 두 직선 $y=mx+n$, $y=m'x+n'$이 일치하면 $m=m'$, $n\neq n'$이다. (   )

(6) 원점 O와 직선 $ax+by+c=0$ 사이의 거리는 $\frac{|c|}{\sqrt{a^2+b^2}}$이다. (   )

03

원의 방정식

필수 예제 1 원의 방정식

필수 예제 2 좌표축에 접하는 원의 방정식

필수 예제 3 $x^2+y^2+Ax+By+C=0$ 꼴의 원의 방정식

필수 예제 4 원과 직선의 위치 관계

필수 예제 5 현의 길이

필수 예제 6 기울기가 주어진 원의 접선의 방정식

필수 예제 7 원 위의 한 점에서의 접선의 방정식

필수 예제 8 원 밖의 한 점에서 원에 그은 접선의 방정식

03 원의 방정식

1 원의 방정식

(1) 중심이 C(a, b)이고 반지름의 길이가 r인 원의 방정식은

$$(x-a)^2+(y-b)^2=r^2$$ ❶

(2) 중심이 원점이고 반지름의 길이가 r인 원의 방정식은

$$x^2+y^2=r^2$$

2 좌표축에 접하는 원의 방정식

(1) **x축에 접하는 원의 방정식**

(반지름의 길이)$=|$(중심의 y좌표)$|=|b|$이므로

$$(x-a)^2+(y-b)^2=b^2$$

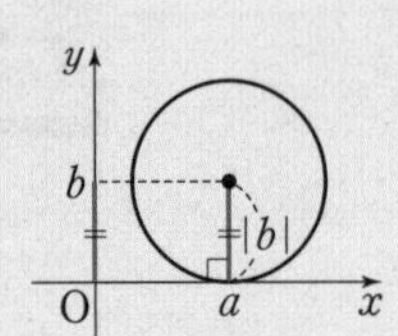

(2) **y축에 접하는 원의 방정식**

(반지름의 길이)$=|$(중심의 x좌표)$|=|a|$이므로

$$(x-a)^2+(y-b)^2=a^2$$

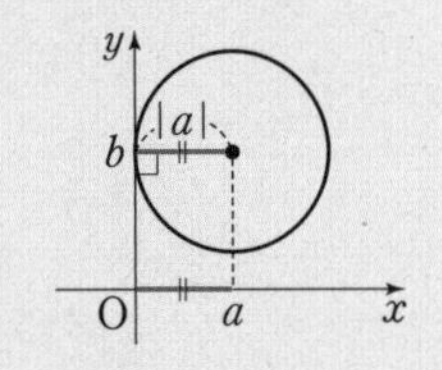

(3) **x축과 y축에 동시에 접하는 원의 방정식**

(반지름의 길이)$=|$(중심의 x좌표)$|$

$=|$(중심의 y좌표)$|=r$

이므로 원의 중심의 위치가

① 제1사분면 ➡ $(x-r)^2+(y-r)^2=r^2$

② 제2사분면 ➡ $(x+r)^2+(y-r)^2=r^2$

③ 제3사분면 ➡ $(x+r)^2+(y+r)^2=r^2$

④ 제4사분면 ➡ $(x-r)^2+(y+r)^2=r^2$

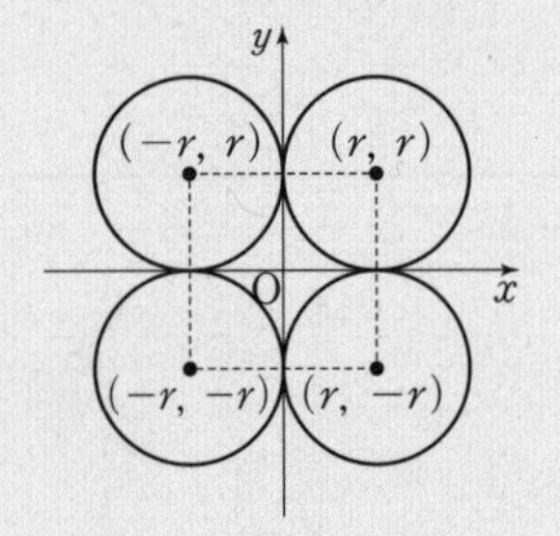

3 이차방정식 $x^2+y^2+Ax+By+C=0$❷이 나타내는 도형

x, y에 대한 이차방정식 $x^2+y^2+Ax+By+C=0$ $(A^2+B^2-4C>0)$❸은

중심이 점 $\left(-\dfrac{A}{2}, -\dfrac{B}{2}\right)$, 반지름의 길이가 $\dfrac{\sqrt{A^2+B^2-4C}}{2}$인 원을 나타낸다.

4 원과 직선의 위치 관계

(1) **판별식 이용**

원의 방정식과 직선의 방정식을 연립하여 얻은 이차방정식의 판별식을 D라 할 때

① $D>0$이면 서로 다른 두 점에서 만난다.

② $D=0$이면 한 점에서 만난다.(접한다.)

③ $D<0$이면 만나지 않는다.

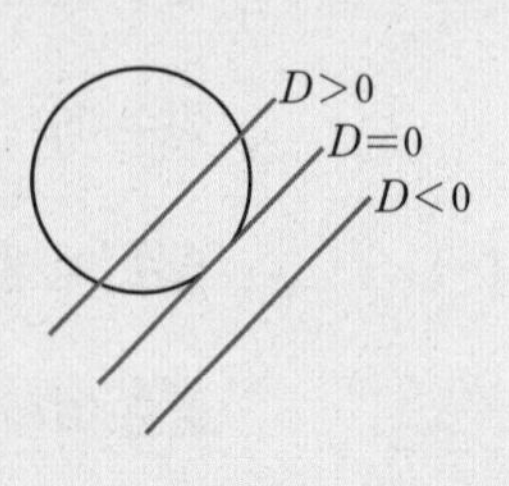

개념 플러스⁺

원의 정의

평면 위의 한 점 C에서 일정한 거리에 있는 모든 점으로 이루어진 도형을 원이라 한다. 이때 점 C를 원의 중심, 일정한 거리를 원의 반지름의 길이라 한다.

❶ $(x-a)^2+(y-b)^2=r^2$ 꼴의 방정식을 원의 방정식의 표준형이라 한다.

❷ 원의 방정식은 x^2과 y^2의 계수가 같고, xy항이 없는 x, y에 대한 이차방정식이다.

❸ $x^2+y^2+Ax+By+C=0$ 꼴의 방정식을 원의 방정식의 일반형이라 한다.

(2) **점과 직선 사이의 거리 이용**

반지름의 길이가 r인 원의 중심과 직선 사이의 거리를 d라 할 때

① $d<r$이면 서로 다른 두 점에서 만난다.

② $d=r$이면 한 점에서 만난다.(접한다.)

③ $d>r$이면 만나지 않는다.

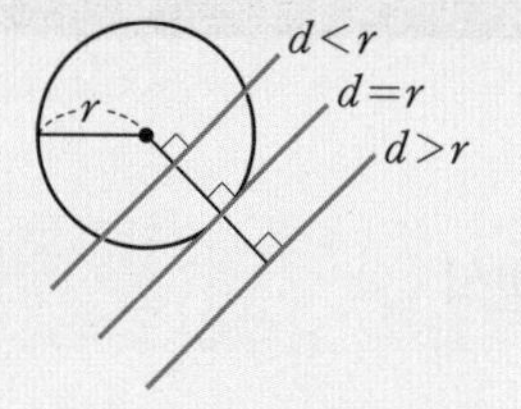

5 원의 접선의 방정식❹

(1) 원 $x^2+y^2=r^2$에 접하고 기울기가 m인 접선의 방정식은

$y=mx\pm r\sqrt{m^2+1}$ ← 기울기가 주어진 원의 접선의 방정식

(2) 원 $x^2+y^2=r^2$ 위의 점 (x_1, y_1)에서의 접선의 방정식은

$x_1x+y_1y=r^2$ ← 원 위의 한 점에서의 접선의 방정식

(3) 원 밖의 한 점에서 원에 그은 접선의 방정식은 다음과 같은 방법으로 구한다.

[방법 1] 원 위의 점에서의 접선이 원 밖의 한 점을 지남을 이용

[방법 2] 원의 중심과 접선 사이의 거리가 반지름의 길이와 같음을 이용

[방법 3] 원 밖의 한 점을 지나는 접선의 방정식과 원의 방정식을 연립하여 얻은 이차방정식의 판별식을 D라 하면 $D=0$임을 이용

개념 플러스⁺

❹ 원의 접선

① 한 원에 대하여 기울기가 같은 접선은 2개이다.

② 원 위의 한 점에서의 접선은 1개이다.

③ 원 밖의 한 점에서 원에 그을 수 있는 접선은 2개이다.

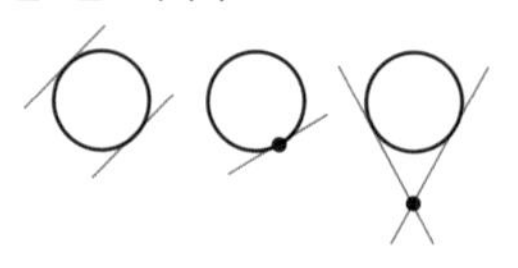

교과서 개념 확인하기

정답 및 해설 18쪽

1 다음 원의 방정식을 구하시오.

(1) 중심이 점 $(1, 2)$이고 반지름의 길이가 4인 원

(2) 중심이 원점이고 반지름의 길이가 6인 원

2 다음 원의 방정식을 구하시오.

(1) 중심이 점 $(2, 5)$이고 x축에 접하는 원

(2) 중심이 점 $(-3, 1)$이고 y축에 접하는 원

(3) 중심이 점 $(-4, -4)$이고 x축과 y축에 동시에 접하는 원

3 원 $x^2+y^2=4$와 다음 직선의 위치 관계를 말하시오.

(1) $x+y-1=0$

(2) $x-y-2\sqrt{2}=0$

(3) $2x-y-5=0$

4 원 $x^2+y^2=1$에 접하고 기울기가 다음과 같은 접선의 방정식을 구하시오.

(1) 1

(2) -3

5 원 $x^2+y^2=9$ 위의 다음 점에서의 접선의 방정식을 구하시오.

(1) $(-1, 2\sqrt{2})$

(2) $(\sqrt{5}, -2)$

• 교과서 예제로 **개념 익히기**

필수 예제 1 원의 방정식

다음 원의 방정식을 구하시오.

(1) 중심이 점 $(-1, -2)$이고 점 $(-2, -3)$을 지나는 원

(2) 두 점 $(-2, 2)$, $(-3, 1)$을 지름의 양 끝 점으로 하는 원

문제 해결 tip

두 점 A, B를 지름의 양 끝 점으로 하는 원의 방정식은

(원의 중심)$=$($\overline{\mathrm{AB}}$의 중점),

(반지름의 길이)$=\frac{1}{2}\overline{\mathrm{AB}}$

임을 이용하여 구한다.

숫자 바꾼

1-1 다음 원의 방정식을 구하시오.

(1) 중심이 점 $(4, 1)$이고 점 $(3, 1)$을 지나는 원

(2) 두 점 $(-1, 2)$, $(5, 4)$를 지름의 양 끝 점으로 하는 원

1-2 두 점 $\mathrm{A}(-3, -1)$, $\mathrm{B}(1, 5)$를 지름의 양 끝 점으로 하는 원이 점 $(k, 0)$을 지날 때, 모든 k의 값의 합을 구하시오.

필수 예제 2 좌표축에 접하는 원의 방정식

두 점 $(4, 2)$, $(2, 0)$을 지나고 y축에 접하는 두 원의 중심의 좌표를 각각 구하시오.

다시 정리하는 개념

① x축에 접하는 원

➡ (반지름의 길이)

$=$|(중심의 y좌표)|

② y축에 접하는 원

➡ (반지름의 길이)

$=$|(중심의 x좌표)|

숫자 바꾼

2-1 두 점 $(0, 2)$, $(-1, 1)$을 지나고 x축에 접하는 원의 방정식을 모두 구하시오.

2-2 중심이 점 $(a, 1)$이고 x축에 접하는 원이 점 $(3, 1)$을 지날 때, 모든 a의 값의 곱을 구하시오.

필수 예제 3 $x^2+y^2+Ax+By+C=0$ 꼴의 원의 방정식

원 $x^2+y^2+2x-ay-6=0$의 중심의 좌표가 $(b, -1)$이고 반지름의 길이가 r일 때, 세 상수 a, b, r에 대하여 $a+b+r$의 값을 구하시오.

▶ 다시 정리하는 개념

원의 방정식
$(x-a)^2+(y-b)^2=c$에서
① 원의 중심의 좌표는 (a, b)
② 반지름의 길이는
$\sqrt{c}\,(c>0)$

숫자 바꾼

3-1 원 $x^2+y^2+ax-6y+9=0$의 중심의 좌표가 $(-2, b)$이고 반지름의 길이가 r일 때, 세 상수 a, b, r에 대하여 abr의 값을 구하시오.

3-2 원 $x^2+y^2-2ax+6ay+5a-10=0$의 넓이가 40π일 때, 양수 a의 값을 구하시오.

3-3 방정식 $x^2+y^2+4x-2my+2m^2-5=0$이 나타내는 도형이 원이 되도록 하는 실수 m의 값의 범위를 구하시오.

필수 예제 4 원과 직선의 위치 관계

원 $x^2+y^2=1$과 직선 $y=2x+k$의 위치 관계가 다음과 같을 때, 실수 k의 값 또는 범위를 구하시오.

(1) 서로 다른 두 점에서 만난다.
(2) 한 점에서 만난다.
(3) 만나지 않는다.

문제 해결 tip

원과 직선의 위치 관계는
(i) 두 방정식을 연립한 이차방정식의 판별식
(ii) 원의 중심과 직선 사이의 거리
를 이용하여 알아본다.

숫자 바꿈

4-1 원 $x^2+y^2=9$와 직선 $y=\sqrt{3}x+k$의 위치 관계가 다음과 같을 때, 실수 k의 값 또는 범위를 구하시오.

(1) 서로 다른 두 점에서 만난다.
(2) 한 점에서 만난다.
(3) 만나지 않는다.

4-2 원 $(x+1)^2+(y-2)^2=5$와 직선 $y=2x+k$가 서로 다른 두 점에서 만나도록 하는 정수 k의 개수를 구하시오.

필수 예제 5 현의 길이

원 $x^2+y^2=25$와 직선 $x-y+6=0$이 만나서 생기는 현의 길이를 구하시오.

단원 밖의 개념

원과 직선이 만나서 생기는 현의 길이 l은 $l=2\sqrt{r^2-d^2}$이다.

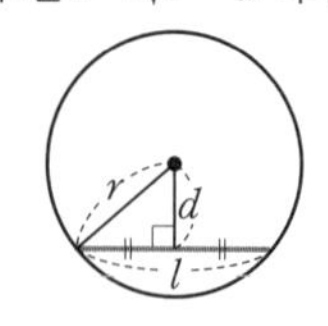

숫자 바꿈

5-1 원 $(x-1)^2+(y-3)^2=25$와 직선 $3x+4y+5=0$이 만나서 생기는 현의 길이를 구하시오.

5-2 원 $x^2+y^2=100$과 직선 $y=2x+k$가 두 점 A, B에서 만날 때, $\overline{AB}=16$이다. 양수 k의 값을 구하시오.

• 정답 및 해설 21쪽

필수 예제 6 기울기가 주어진 원의 접선의 방정식

원 $x^2+y^2=4$에 접하고 직선 $2x-y+1=0$에 평행한 직선의 방정식을 구하시오.

문제 해결 tip

기울기가 주어진 원의 접선의 방정식은
(ⅰ) 공식
(ⅱ) 두 방정식을 연립하여 얻은 이차방정식의 판별식의 값 확인
(ⅲ) 원의 중심과 직선 사이의 거리와 원의 반지름의 길이 비교
를 이용하여 구한다.

숫자 바꾼

6-1 원 $x^2+y^2=2$에 접하고, 직선 $y=x+5$에 수직인 직선의 방정식을 구하시오.

6-2 원 $(x-1)^2+(y+2)^2=20$에 접하고 기울기가 $\frac{1}{2}$인 두 직선의 y절편의 합을 구하시오.

6-3 두 점 $(-1,\ 7)$, $(3,\ 3)$을 지나는 직선과 평행하고, 제1사분면에서 원 $x^2+y^2=8$에 접하는 직선이 x축, y축과 만나는 점을 각각 A, B라 할 때, 삼각형 OAB의 넓이를 구하시오. (단, O는 원점이다.)

필수 예제 7 원 위의 한 점에서의 접선의 방정식

원 $x^2+y^2=5$ 위의 점 $(a, 2)$에서의 접선이 점 $(1, b)$를 지날 때, $a+b$의 값을 구하시오.
(단, $a<0$)

▶ 문제 해결 tip

원 위의 한 점에서의 접선의 방정식은
(i) 공식
(ii) 원 위의 점과 중심을 이은 직선이 접선과 수직
을 이용하여 구한다.

숫자 바꿈

7-1 원 $x^2+y^2=10$ 위의 점 $(3, a)$에서의 접선이 점 $(b, 1)$을 지날 때, ab의 값을 구하시오. (단, $a>0$)

7-2 원 $(x-1)^2+(y-2)^2=8$ 위의 점 $(3, 4)$에서의 접선의 방정식은 $ax+y+b=0$이다. 두 상수 a, b에 대하여 $a+b$의 값을 구하시오.

7-3 원 $x^2+y^2=25$ 위의 점 $(-3, 4)$에서의 접선이 원 $x^2+y^2-8x-6y+k=0$에 접할 때, 실수 k의 값을 구하시오.

• 정답 및 해설 23쪽

필수 예제 8 원 밖의 한 점에서 원에 그은 접선의 방정식

점 $(4,\ -2)$에서 원 $x^2+y^2=10$에 그은 접선의 방정식을 구하시오.

다시 정리하는 개념

원 밖의 한 점에서 원에 그은 접선의 방정식은
(i) 원 위의 점에서의 접선의 방정식
(ii) 두 방정식을 연립하여 얻은 이차방정식의 판별식의 값 확인
(iii) 원의 중심과 직선 사이의 거리와 원의 반지름의 길이 비교
를 이용하여 구한다.

숫자 바꾼

8-1 점 $(0,\ 2)$에서 원 $x^2+y^2=1$에 그은 모든 접선의 기울기의 곱을 구하시오.

8-2 점 $(-1,\ -3)$에서 원 $(x-2)^2+(y+2)^2=5$에 그은 접선의 방정식을 구하시오.

원의 넓이를 이등분하는 직선은 원의 지름을 포함해야 하므로 이 직선은 원의 중심을 지남을 이용하여 생각해 보자.

8-3 직선 l이 원 $(x-1)^2+(y-3)^2=2$에 접하면서 원 $(x-4)^2+(y-2)^2=1$의 넓이를 이등분할 때, 직선 l의 방정식을 구하시오.

실전 문제로 단원 마무리

| 필수 예제 01 |

01 두 점 A$(-2, -2)$, B$(4, 6)$을 지름의 양 끝 점으로 하는 원의 중심을 점 (a, b), 반지름의 길이를 r라 할 때, $a+b+r$의 값을 구하시오.

| 필수 예제 02 |

02 점 $(2, 1)$을 지나고 x축과 y축에 동시에 접하는 두 원의 중심 사이의 거리를 구하시오.

| 필수 예제 03 |

03 원점 및 두 점 $(0, 2)$, $(-2, 4)$를 지나는 원의 넓이를 구하시오.

| 필수 예제 04 |

04 원 $x^2+y^2=1$과 직선 $y=-mx+2$가 만나지 않도록 하는 정수 m의 최댓값을 구하시오.

| 필수 예제 05 |

05 원 $x^2+y^2=25$와 직선 $x-y-4=0$의 두 교점을 지나는 원 중에서 넓이가 최소인 원의 넓이를 구하시오.

| 필수 예제 06 |

06 원 $x^2+y^2=4$에 접하고, 두 점 $(1, -4)$, $(5, 4)$를 지나는 직선과 수직인 접선의 방정식을 구하시오.

NOTE

원의 중심이 위치한 사분면을 알아본 후, 사분면에 맞게 원의 중심의 x좌표, y좌표를 나타낸다.

서로 다른 세 점을 지나는 원의 방정식은 방정식을 $x^2+y^2+Ax+By+C=0$라 하고, 세 점의 좌표를 대입하여 A, B, C의 값을 구한다.

• 정답 및 해설 25쪽

| 필수 예제 07 |

07 원 $x^2+y^2=5$ 위의 점 $A(2, 1)$에서의 접선과 점 $B(-1, 2)$에서의 접선이 만나는 점을 C라 할 때, 사각형 OACB의 넓이를 구하시오. (단, O는 원점이다.)

NOTE

| 필수 예제 08 |

08 점 $P(5, a)$에서 원 $(x-2)^2+(y-3)^2=4$에 그은 접선의 접점을 T라 하자. $\overline{PT}=\sqrt{21}$일 때, 양수 a의 값을 구하시오.

| 필수 예제 04, 07 |

09 교육청 기출

좌표평면에서 원 $x^2+y^2=25$ 위의 점 $(3, -4)$에서의 접선이 원 $(x-6)^2+(y-8)^2=r^2$과 만나도록 하는 자연수 r의 최솟값을 구하시오.

| 필수 예제 07 |

10 교육청 기출

오른쪽 그림과 같이 좌표평면에 원 $C: x^2+y^2=4$와 점 $A(-2, 0)$이 있다. 원 C 위의 제1사분면 위의 점 P에서의 접선이 x축과 만나는 점을 B, 점 P에서 x축에 내린 수선의 발을 H라 하자. $2\overline{AH}=\overline{HB}$일 때, 삼각형 PAB의 넓이는?

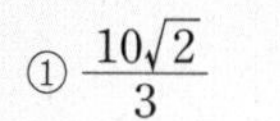

① $\frac{10\sqrt{2}}{3}$ ② $4\sqrt{2}$ ③ $\frac{14\sqrt{2}}{3}$ ④ $\frac{16\sqrt{2}}{3}$ ⑤ $6\sqrt{2}$

접점 P에서의 접선의 방정식과 $2\overline{AH}=\overline{HB}$임을 이용하여 두 점 A, B의 좌표를 구한다.

• 정답 및 해설 27쪽

1 다음 □ 안에 알맞은 것을 쓰고, ◯ 안에는 $>$, $=$, $<$ 중 알맞은 것을 쓰시오.

(1) 중심이 $\mathrm{C}(a, b)$이고 반지름의 길이가 r인 원의 방정식은

$(x-\square)^2+(y-\square)^2=\square$

(2) 중심이 $\mathrm{C}(a, b)$이고, x축에 접하는 원의 방정식은

$(x-a)^2+(y-b)^2=\square$

중심이 $\mathrm{C}(a, b)$이고, y축에 접하는 원의 방정식은

$(x-a)^2+(y-b)^2=\square$

(3) 원의 방정식과 직선의 방정식을 연립하여 얻은 이차방정식의 판별식을 D라 할 때, 원과 직선은

① D◯0이면 서로 다른 두 점에서 만난다.

② D◯0이면 한 점에서 만난다.(접한다.)

③ D◯0이면 만나지 않는다.

(4) 원 $x^2+y^2=r^2$에 접하고 기울기가 m인 접선의 방정식은

$y=mx\pm r\sqrt{\square}$

(5) 원 $x^2+y^2=r^2$ 위의 점 (x_1, y_1)에서의 접선의 방정식은

$\square x+\square y=\square$

2 다음 문장이 옳으면 ○표, 옳지 않으면 ×표를 (   ) 안에 쓰시오.

(1) 중심이 원점이고 반지름의 길이가 r인 원의 방정식은 $x^2+y^2=r^2$이다. (   )

(2) 방정식 $(x-a)^2+(y-b)^2=c$가 나타내는 도형이 원이 되도록 하는 조건은 $c<0$이다. (   )

(3) 원의 방정식과 직선의 방정식을 연립하여 얻은 이차방정식의 판별식을 D라 할 때, 원과 직선이 만나기 위한 조건은 $D\geq 0$이다. (   )

(4) 원의 중심과 직선 사이의 거리를 d, 원의 반지름의 길이를 r라 할 때, $d<r$이면 원과 직선은 만나지 않는다. (   )

(5) 원 밖의 한 점에서 원에 그은 접선은 항상 2개이다. (   )

04

도형의 이동

필수 예제 1 점의 평행이동
필수 예제 2 도형의 평행이동
필수 예제 3 점의 대칭이동
필수 예제 4 도형의 대칭이동
필수 예제 5 점에 대한 대칭이동
필수 예제 6 직선에 대한 대칭이동

04 도형의 이동

1 평행이동

어떤 도형을 모양과 크기를 바꾸지 않고 일정한 방향으로 일정한 거리만큼 옮기는 것을 평행이동이라 한다.

(1) 점의 평행이동

점 $\mathrm{P}(x, y)$를 x축의 방향으로 a 만큼, y축의 방향으로 b 만큼 평행이동한 점 P'은

$$\mathrm{P}'(x+a, y+b)$$

참고 x축의 방향으로 a만큼 평행이동한다는 것은 $a>0$이면 양의 방향으로 $|a|$만큼, $a<0$이면 음의 방향으로 $|a|$만큼 평행이동함을 뜻한다.

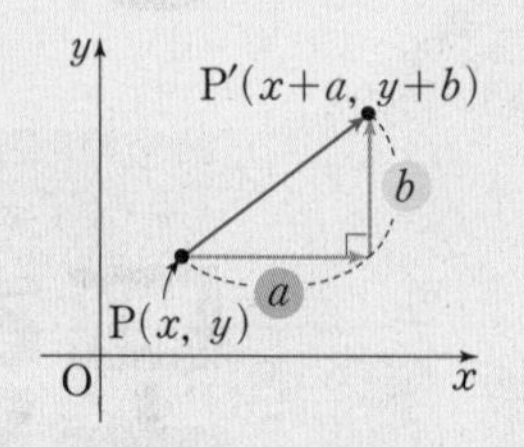

(2) 도형의 평행이동

방정식 $f(x, y)=0$ ❶이 나타내는 도형을 x축의 방향으로 a 만큼, y축의 방향으로 b 만큼 평행이동한 도형의 방정식은

$$f(x-a, y-b)=0$$

참고 x축의 방향으로 a만큼, y축의 방향으로 b만큼 평행이동할 때, 점 (x, y)는 점 $(x+a, y+b)$가 되고, 도형 $f(x, y)=0$은 도형 $f(x-a, y-b)=0$이 된다.

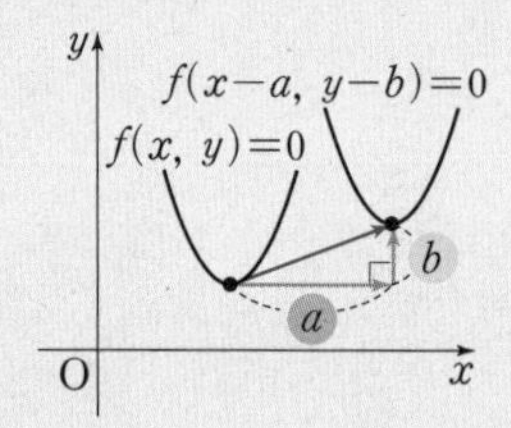

개념 플러스+

❶ 방정식 $ax+by+c=0$은 직선을 나타내고
방정식 $x^2+y^2+Ax+By+C=0$은 원을 나타낸다.
이처럼 방정식 $f(x, y)=0$은 일반적으로 좌표평면 위의 도형을 나타낸다.

2 대칭이동

어떤 도형을 한 직선 또는 한 점에 대하여 대칭인 도형으로 이동하는 것을 **대칭이동**이라 한다.

(1) 점의 대칭이동

좌표평면 위의 점 (x, y)를 x축, y축, 원점, 직선 $y=x$에 대하여 대칭이동한 점의 좌표는 다음과 같다.

① x축에 대한 대칭이동: $(x, y) \longrightarrow (x, -y)$
② y축에 대한 대칭이동: $(x, y) \longrightarrow (-x, y)$
③ 원점에 대한 대칭이동: $(x, y) \longrightarrow (-x, -y)$
④ 직선 $y=x$에 대한 대칭이동: $(x, y) \longrightarrow (y, x)$

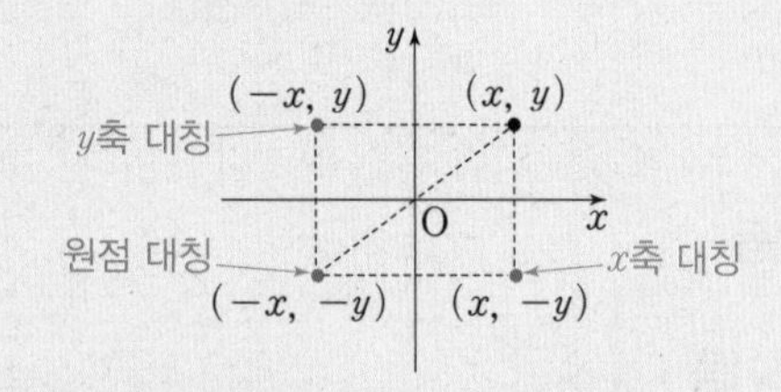

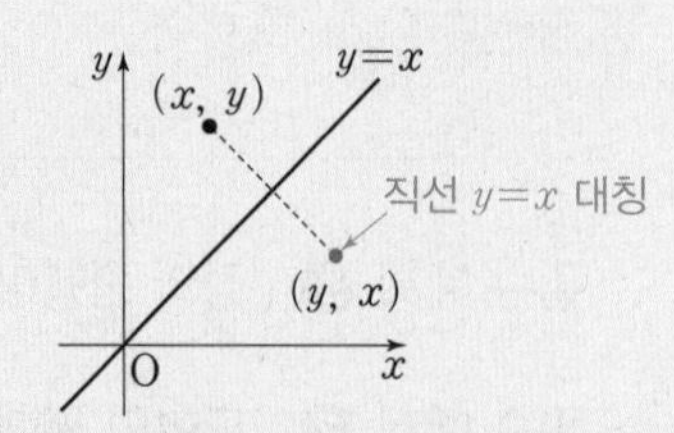

(2) 도형의 대칭이동

방정식 $f(x, y)=0$이 나타내는 도형을 x축, y축, 원점, 직선 $y=x$에 대하여 대칭이동한 도형의 방정식은 다음과 같다.

① x축에 대한 대칭이동: $f(x, y)=0 \longrightarrow f(x, -y)=0$
② y축에 대한 대칭이동: $f(x, y)=0 \longrightarrow f(-x, y)=0$
③ 원점에 대한 대칭이동: $f(x, y)=0 \longrightarrow f(-x, -y)=0$
④ 직선 $y=x$에 대한 대칭이동: $f(x, y)=0 \longrightarrow f(y, x)=0$

3 점과 직선에 대한 대칭이동

(1) **점에 대한 대칭이동** ❷

① 점 (x, y)를 점 (a, b)에 대하여 대칭이동한 점의 좌표는

$(2a-x, 2b-y)$

② 방정식 $f(x, y)=0$이 나타나는 도형을 점 (a, b)에 대하여 대칭이동한 도형의 방정식은

$f(2a-x, 2b-y)=0$

(2) **직선에 대한 대칭이동**

점 A를 직선 l에 대하여 대칭이동한 점을 A′이라 할 때, 점 A′의 좌표는 다음 두 조건을 이용하여 구할 수 있다.

① 직선 l은 선분 AA′의 중점을 지난다.

② 직선 l과 직선 AA′은 수직이다.

즉, 두 직선 l, AA′의 기울기의 곱은 -1이다.

개념 플러스+

❷ 점 A를 점 B에 대하여 대칭이동한 점을 A′이라 하면 점 B는 선분 AA′의 중점이다.

A′(x', y')
B(a, b)
A(x, y)

➡ $\frac{x+x'}{2}=a, \frac{y+y'}{2}=b$

$\therefore x'=2a-x, y'=2b-y$

$\therefore$ A′$(2a-x, 2b-y)$

교과서 개념 확인하기

정답 및 해설 28쪽

1 다음 점을 x축의 방향으로 -4만큼, y축의 방향으로 3만큼 평행이동한 점의 좌표를 구하시오.

(1) $(1, 2)$　　(2) $(3, -4)$

2 다음 방정식이 나타내는 도형을 x축의 방향으로 3만큼, y축의 방향으로 -2만큼 평행이동한 도형의 방정식을 구하시오.

(1) $x-3y+2=0$　　(2) $x^2+y^2=4$

3 점 $(2, 5)$를 다음에 대하여 대칭이동한 점의 좌표를 구하시오.

(1) x축　　(2) y축

(3) 원점　　(4) 직선 $y=x$

4 직선 $x-3y-1=0$을 다음에 대하여 대칭이동한 도형의 방정식을 구하시오.

(1) x축　　(2) y축

(3) 원점　　(4) 직선 $y=x$

교과서 예제로 개념 익히기

필수 예제 1 점의 평행이동

평행이동 $(x, y) \longrightarrow (x-1, y+2)$에 의하여 점 (a, b)가 점 $(-1, -3)$으로 옮겨질 때, $a+b$의 값을 구하시오.

다시 정리하는 개념

점 (x, y)를 x축의 방향으로 a만큼, y축의 방향으로 b만큼 평행이동한 점의 좌표는 다음과 같다.

$(x, y) \longrightarrow (x+a, y+b)$

숫자 바꾼

1-1 평행이동 $(x, y) \longrightarrow (x+2, y-3)$에 의하여 점 (a, b)가 점 $(1, -2)$로 옮겨질 때, $a+b$의 값을 구하시오.

1-2 점 $(3, 1)$을 점 $(1, 3)$으로 옮기는 평행이동에 의하여 점 $(4, 5)$로 옮겨지는 점의 좌표를 (a, b)라 할 때, ab의 값을 구하시오.

필수 예제 2 도형의 평행이동

직선 $2x-5y-k=0$을 x축의 방향으로 1만큼, y축의 방향으로 -1만큼 평행이동하면 원점을 지난다. 이때 상수 k의 값을 구하시오.

다시 정리하는 개념

방정식 $f(x, y)=0$이 나타내는 도형을 x축의 방향으로 a만큼, y축의 방향으로 b만큼 평행이동한 도형의 방정식은 다음과 같다.

$f(x, y)=0$

$\longrightarrow f(x-a, y-b)=0$

숫자 바꾼

2-1 직선 $x-ky+3=0$을 x축의 방향으로 -1만큼, y축의 방향으로 2만큼 평행이동하면 점 $(2, 4)$를 지난다. 이때 상수 k의 값을 구하시오.

원은 평행이동해도 반지름의 길이가 변하지 않으므로 원의 평행이동은 원의 중심의 평행이동으로 바꾸어 생각해 보자.

2-2 점 $(1, 3)$을 점 $(4, -2)$로 옮기는 평행이동에 의하여 원 $(x-a)^2+(y-b)^2=4$는 원 $x^2+(y+2)^2=4$로 옮겨진다. 이때 두 상수 a, b에 대하여 $a+b$의 값을 구하시오.

필수 예제 3 점의 대칭이동

점 P(1, 3)을 x축에 대하여 대칭이동한 점을 Q, 직선 $y=x$에 대하여 대칭이동한 점을 R라 할 때, 선분 QR의 길이를 구하시오.

다시 정리하는 개념

점 (x, y)를
① x축, y축, 원점에 대하여 대칭이동한 점의 좌표는 각각 $(x, -y)$, $(-x, y)$, $(-x, -y)$이다.
② 직선 $y=x$에 대하여 대칭이동한 점의 좌표는 (y, x)이다.

숫자 바꾼

3-1 점 P(2, -4)를 y축에 대하여 대칭이동한 점을 Q, 직선 $y=x$에 대하여 대칭이동한 점을 R라 할 때, 선분 QR의 중점의 좌표를 구하시오.

3-2 점 A(2, 1)을 원점에 대하여 대칭이동한 점을 P, x축에 대하여 대칭이동한 점을 Q라 할 때, 삼각형 APQ의 넓이를 구하시오.

움직이는 점 P가 x축 위에 있으므로 주어진 점 중 하나를 x축에 대하여 대칭이동하여 생각해 보자.

3-3 두 점 A(0, 2), B(6, 4)와 x축 위를 움직이는 점 P에 대하여 $\overline{AP}+\overline{BP}$의 최솟값을 구하시오.

필수 예제 4 도형의 대칭이동

직선 $ax+y-2=0$을 y축에 대하여 대칭이동한 직선이 점 $(4,\ -2)$를 지날 때, 상수 a의 값을 구하시오.

다시 정리하는 개념

방정식 $f(x,\ y)=0$이 나타내는 도형을

① x축, y축, 원점에 대하여 대칭이동한 도형의 방정식은 각각 $f(x,\ -y)=0$, $f(-x,\ y)=0$, $f(-x,\ -y)=0$

② 직선 $y=x$에 대하여 대칭이동한 도형의 방정식은 $f(y,\ x)=0$

숫자 바꾼

4-1 직선 $2x+ay-3=0$을 x축에 대하여 대칭이동한 직선이 점 $(1,\ 3)$을 지날 때, 상수 a의 값을 구하시오.

4-2 원 $(x+3)^2+(y-1)^2=8$을 직선 $y=x$에 대하여 대칭이동한 원의 중심이 직선 $y=ax+b$ 위에 있을 때, 두 상수 $a,\ b$에 대하여 $a+b$의 값을 구하시오.

4-3 직선 $x-2y+3=0$을 직선 $y=x$에 대하여 대칭이동한 후 y축의 방향으로 k만큼 평행이동한 직선이 점 $(3,\ -2)$를 지날 때, k의 값을 구하시오.

필수 예제 5 점에 대한 대칭이동

점 $\mathrm{A}(a, b)$를 점 $\mathrm{B}(2, 3)$에 대하여 대칭이동한 점이 $\mathrm{C}(4, -5)$일 때, $b-a$의 값을 구하시오.

문제 해결 tip

점 P를 점 M에 대하여 대칭이동한 점을 P′이라 하면 점 M은 선분 PP′의 중점임을 이용하여 점 P′의 좌표를 구한다.

숫자 바꾼

5-1 점 $\mathrm{A}(a, b)$를 점 $\mathrm{B}(3, 1)$에 대하여 대칭이동한 점이 $\mathrm{C}(-1, 3)$일 때, $a+b$의 값을 구하시오.

5-2 원 $x^2+y^2-2x+6y+1=0$을 점 $(2, 1)$에 대하여 대칭이동한 원의 방정식을 구하시오.

필수 예제 6 직선에 대한 대칭이동

점 $\mathrm{P}(1, 4)$를 직선 $2x-y-3=0$에 대하여 대칭이동한 점의 좌표를 구하시오.

다시 정리하는 개념

점 P를 직선 l에 대하여 대칭이동한 점을 P′이라 하고
① 선분 PP′의 중점이 직선 l 위의 점
② 직선 PP′과 직선 l은 서로 수직
임을 이용하여 점 P′의 좌표를 구한다.

숫자 바꾼

6-1 점 $\mathrm{P}(2, 5)$를 직선 $y=-2x-1$에 대하여 대칭이동한 점의 좌표가 $\mathrm{Q}(a, b)$일 때, 두 상수 a, b에 대하여 $a+b$의 값을 구하시오.

6-2 점 $\mathrm{A}(2, -3)$을 y축에 대하여 대칭이동한 점을 B, 점 A를 직선 $x+y-3=0$에 대하여 대칭이동한 점을 C라 할 때, 선분 BC의 길이를 구하시오.

실전 문제로 단원 마무리

NOTE

| 필수 예제 01 |

01 점 $\mathrm{P}(-2,\ -1)$을 x축의 방향으로 -2만큼, y축의 방향으로 3만큼 평행이동한 점을 P'이라 할 때, 선분 PP'의 길이를 구하시오.

| 필수 예제 02 |

02 직선 $3x+y-5=0$을 x축의 방향으로 1만큼, y축의 방향으로 n만큼 평행이동하면 직선 $3x+y-1=0$이 될 때, n의 값을 구하시오.

| 필수 예제 02 |

03 포물선 $y=x^2+4x-5$를 x축의 방향으로 -3만큼, y축의 방향으로 1만큼 평행이동한 포물선의 꼭짓점의 좌표를 $(a,\ b)$라 할 때, $a-b$의 값을 구하시오.

포물선은 평행이동해도 폭이 바뀌지 않으므로 포물선의 평행이동은 꼭짓점의 평행이동으로 바꾸어 생각할 수 있다.

| 필수 예제 03 |

04 두 점 $\mathrm{A}(-2,\ 4)$, $\mathrm{B}(3,\ 5)$와 직선 $y=x$ 위를 움직이는 점 P에 대하여 $\overline{\mathrm{AP}}+\overline{\mathrm{BP}}$의 최솟값을 구하시오.

움직이는 점 P가 직선 $y=x$ 위에 있으므로 주어진 점 중 하나를 직선 $y=x$에 대하여 대칭이동한다.

| 필수 예제 03 |

05 점 $\mathrm{A}(2,\ a)$를 x축, y축, 원점에 대하여 대칭이동한 점을 각각 B, C, D라 할 때, 사각형 ACDB의 넓이가 40이다. 이때 양수 a의 값을 구하시오.

NOTE

| 필수 예제 02, 04 |

06 포물선 $y=x^2+1$을 x축에 대하여 대칭이동한 후, y축의 방향으로 k만큼 평행이동하였더니 y축과 점 $(1,\ -3)$에서 만났다. 이때 k의 값을 구하시오.

| 필수 예제 05 |

07 점 $(4,\ -5)$를 중심으로 하고 x축에 접하는 원을 점 $(2,\ 3)$에 대하여 대칭이동한 원의 방정식은 $(x-p)^2+(y-q)^2=R^2$이다. $p+q+R$의 값을 구하시오.

(단, a, b는 상수이고, $R>0$이다.)

x축에 접하는 원은
(반지름의 길이)
$=|$(중심의 y좌표)$|$
임을 이용한다.

| 필수 예제 06 |

08 원 $x^2+y^2-8x+2y-8=0$을 직선 $y=2x+1$에 대하여 대칭이동한 원의 중심의 좌표를 $(a,\ b)$라 할 때, $a+b$의 값을 구하시오.

| 필수 예제 02 |

09 교육청 기출

좌표평면에서 직선 $3x+4y+17=0$을 x축의 방향으로 n만큼 평행이동한 직선이 원 $x^2+y^2=1$에 접할 때, 자연수 n의 값을 구하시오.

직선이 원에 접하면 직선과 원의 중심 사이의 거리와 원의 반지름의 길이가 같음을 이용한다.

| 필수 예제 03 |

10 교육청 기출

좌표평면 위에 두 점 $\mathrm{A}(-3,\ 2)$, $\mathrm{B}(5,\ 4)$가 있다. $\overline{\mathrm{BP}}=3$인 점 P와 x축 위의 점 Q에 대하여 $\overline{\mathrm{AQ}}+\overline{\mathrm{QP}}$의 최솟값을 구하시오.

여러 개의 점을 순서대로 이은 선분의 길이의 합은 여러 개의 점이 모두 일직선 위에 있을 때 최소임을 이용한다.

• 정답 및 해설 32쪽

1 다음 □ 안에 알맞은 것을 쓰고, ◯ 안에는 $+$, $-$ 중 알맞은 것을 쓰시오.

(1) 점 (x, y)를 x축의 방향으로 a만큼, y축의 방향으로 b만큼 평행이동한 점의 좌표는

$(x◯a, y◯b)$

(2) 방정식 $f(x, y)=0$이 나타내는 도형을 x축의 방향으로 a만큼, y축의 방향으로 b만큼 평행이동한 도형의 방정식은

$f(x◯a, y◯b)=0$

(3) 방정식 $f(x, y)=0$이 나타내는 도형을 x축, y축, 원점, 직선 $y=x$에 대하여 대칭이동한 도형의 방정식은 다음과 같다.

① x축에 대한 대칭이동: $f(x, y)=0 \longrightarrow f(x, □)=0$

② y축에 대한 대칭이동: $f(x, y)=0 \longrightarrow f(□, y)=0$

③ 원점에 대한 대칭이동: $f(x, y)=0 \longrightarrow f(□, □)=0$

④ 직선 $y=x$에 대한 대칭이동: $f(x, y)=0 \longrightarrow f(□, □)=0$

(4) 점 A를 직선 l에 대하여 대칭이동한 점을 A′이라 할 때, 점 A′의 좌표는 다음 두 조건을 이용하여 구할 수 있다.

① 직선 l은 선분 AA′의 □을 지난다.

② 직선 l과 직선 AA′은 □으로 만난다.

즉, 두 직선 l, AA′의 기울기의 곱은 □이다.

2 다음 문장이 옳으면 ○표, 옳지 않으면 ×표를 ( ) 안에 쓰시오.

(1) 점 (x, y)를 x축의 방향으로 a만큼 평행이동하면 점 $(x-a, y)$이다. ( )

(2) 직선 $y=x$를 y축의 방향으로 1만큼 평행이동하면 $y=x+1$이다. ( )

(3) 점 (x, y)를 x축에 대하여 대칭이동한 점은 $(x, -y)$이다. ( )

(4) 점 $(1, 1)$을 직선 $y=x$에 대하여 대칭이동한 점의 좌표는 $(-1, -1)$이다. ( )

(5) 원 $x^2+y^2=4$를 x축에 대하여 대칭이동한 도형은 자기 자신이다. ( )

(6) x축 위의 점을 직선 $y=x$에 대하여 대칭이동한 점은 y축 위의 점이 된다. ( )

(7) 좌표평면 위의 점 (x, y)를 직선 $y=x$에 대하여 대칭이동하면 점 (x, y)의 x좌표, y좌표의 부호가 바뀐다. ( )

05

집합의 뜻과 표현

필수 예제 1 집합의 뜻과 표현

필수 예제 2 집합의 원소의 개수

필수 예제 3 기호 ∈, ⊂의 사용

필수 예제 4 집합 사이의 포함 관계의 이용

필수 예제 5 부분집합의 개수

05 집합의 뜻과 표현

1 집합의 뜻과 표현

(1) 집합과 원소

① **집합**: 주어진 조건에 의하여 대상을 분명하게 정할 수 있을 때, 그 대상들의 모임

② **원소**: 집합을 이루는 대상 하나하나

(2) 집합과 원소 사이의 관계

① a가 집합 A의 원소일 때, a는 집합 A에 속한다고 하고, 기호로 $\boldsymbol{a \in A}$와 같이 나타낸다.

② b가 집합 A의 원소가 아닐 때, b는 집합 A에 속하지 않는다고 하고, 기호로 $\boldsymbol{b \notin A}$와 같이 나타낸다.

참고 • 기호 $\in$는 Element(원소)의 첫 글자 E를 기호로 만든 것이다.
• 일반적으로 집합은 알파벳 대문자 $A, B, C, \cdots$로 나타내고, 원소는 알파벳 소문자 $a, b, c, \cdots$로 나타낸다.

(3) 집합의 표현 방법

① 원소나열법: 집합에 속하는 모든 원소를 기호 { } 안에 나열하는 방법❶

② 조건제시법: 집합에 속하는 모든 원소의 공통된 성질을 조건으로 제시하는 방법

③ 벤 다이어그램: 집합에 속하는 모든 원소를 원이나 직사각형 같은 도형 안에 나열하여 그림으로 나타내는 방법

(4) 원소의 개수에 따른 집합의 분류

① 유한집합: 원소가 유한개인 집합

② 무한집합: 원소가 무수히 많은 집합

③ 공집합: 원소가 하나도 없는 집합을 **공집합**이라 하고, 기호로 $\varnothing$과 같이 나타낸다.

④ 유한집합의 원소의 개수: 집합 A가 유한집합일 때, 집합 A의 원소의 개수를 기호로 $\boldsymbol{n(A)}$와 같이 나타낸다.❷

참고 기호 $n(A)$에서 n은 수를 뜻하는 number의 첫 글자이다.

2 집합 사이의 포함 관계

(1) 부분집합

① 두 집합 A, B에 대하여 A의 모든 원소가 B에 속할 때, A를 B의 **부분집합**이라 하고, 기호로 $\boldsymbol{A \subset B}$와 같이 나타낸다.❸
이때 A는 B에 포함된다 또는 B는 A를 포함한다고 한다.

② 집합 A가 집합 B의 부분집합이 아닐 때, 기호로 $\boldsymbol{A \not\subset B}$와 같이 나타낸다.

참고 기호 $\subset$는 포함하다를 뜻하는 Contain의 첫 글자 C를 기호로 만든 것이다.

(2) 서로 같은 집합

① 두 집합 A, B에 대하여 $A \subset B$이고 $B \subset A$일 때, A와 B는 서로 같다고 하고, 기호로 $\boldsymbol{A = B}$와 같이 나타낸다.❹

② 두 집합 A, B가 서로 같지 않을 때, 기호로 $\boldsymbol{A \neq B}$와 같이 나타낸다.

(3) 진부분집합: 집합 A가 집합 B의 부분집합이고, A, B가 서로 같지 않을 때, 즉 $A \subset B$이고 $A \neq B$일 때, A를 B의 **진부분집합**이라 한다.❺

개념 플러스+

❶
• 원소를 나열하는 순서는 관계없다.
• 같은 원소는 중복하여 쓰지 않는다.
• 원소가 많고 일정한 규칙이 있을 때는 '…'을 사용하여 원소의 일부를 생략하여 나타낼 수 있다.

❷
• 공집합 $\varnothing$은 원소가 하나도 없는 집합이므로 원소의 개수는 0이다.
• 집합 $\{\varnothing\}$의 원소는 $\varnothing$이므로 원소의 개수는 1이다.
• 집합 $\{0\}$의 원소는 0이므로 원소의 개수는 1이다.

❸ 집합 A에 대하여
• $A \subset A$
➡ 모든 집합은 자기 자신의 부분집합
• $\varnothing \subset A$
➡ 공집합은 모든 집합의 부분집합

❹ 두 집합이 서로 같으면 두 집합의 모든 원소가 같다.

❺ 진부분집합은 부분집합 중 자기 자신을 제외한 모든 부분집합을 말한다.

3 부분집합의 개수

집합 $A=\{a_1, a_2, a_3, \cdots, a_n\}$에 대하여

(1) 집합 A의 부분집합의 개수: 2^n

(2) 집합 A의 진부분집합의 개수: 2^n-1

(3) 집합 A의 부분집합 중 $k\,(k<n)$개의 특정한 원소를 반드시 갖는(또는 갖지 않는) 부분집합의 개수: 2^{n-k}

예 집합 $A=\{1, 2, 3\}$에 대하여

① 1을 반드시 원소로 갖는 부분집합은 집합 A에서 원소 1을 제외한 집합 $\{2, 3\}$의 부분집합에 원소 1을 넣은 것과 같으므로 그 개수는 $2^{3-1}=2^2=4$

② 1을 원소로 갖지 않는 부분집합은 집합 A에서 원소 1을 제외한 집합 $\{2, 3\}$의 부분집합과 같으므로 그 개수는 $2^{3-1}=2^2=4$

개념 플러스+

교과서 개념 확인하기

정답 및 해설 33쪽

1 다음 집합의 원소를 모두 구하시오.

(1) 3보다 작은 자연수의 집합 (2) 9 이하인 홀수의 집합

2 8의 약수의 집합을 A라 할 때, 다음 □ 안에 기호 $\in$, $\notin$ 중 알맞은 것을 쓰시오.

(1) 1, 2, 4, 8은 집합 A의 원소이므로 $1\in A$, $2\in A$, $4\in A$, 8□A

(2) 3, 5는 집합 A의 원소가 아니므로 $3\notin A$, 5□A

3 6 미만의 자연수의 집합을 A라 할 때, 집합 A를 다음과 같은 방법으로 나타내시오.

(1) 원소나열법 (2) 조건제시법 (3) 벤 다이어그램

4 다음 집합이 유한집합이면 '유'를 무한집합이면 '무'를 (　　) 안에 쓰시오.

(1) $\{1, 3, 5, 7, 9, 11\}$ (　　) (2) $\{x\,|\,x$는 3의 배수$\}$ (　　)

5 다음 집합의 원소의 개수를 기호를 사용하여 나타내시오.

(1) $A=\{1, 2, 3, 4\}$ (2) $B=\{x\,|\,x$는 6의 약수이다.$\}$ (3) $C=\{x\,|\,x$는 $0<x<1$인 자연수이다.$\}$

6 다음 □ 안에 기호 $\subset$, $\not\subset$ 중 알맞은 것을 쓰시오.

(1) $A=\{1, 2, 3\}$, $B=\{1, 2, 3, 4, 5\}$ ➡ A□B, B□A

(2) $A=\{x\,|\,x$는 4의 약수$\}$, $B=\{x\,|\,x$는 $x<3$인 자연수$\}$ ➡ A□B, B□A

7 다음 □ 안에 기호 $=$, $\neq$ 중 알맞은 것을 쓰시오.

(1) $A=\{1, 2, 3\}$, $B=\{x\,|\,x$는 3 이하의 자연수$\}$ ➡ A□B

(2) $A=\{x\,|\,x$는 5 이하의 홀수$\}$, $B=\{1\}$ ➡ A□B

• 교과서 예제로 개념 익히기

필수 예제 1 집합의 뜻과 표현

다음 중 집합인 것을 모두 찾고, 그 집합의 원소를 구하시오.

(1) 9의 약수의 모임

(2) 0에 가까운 수의 모임

(3) 20보다 작은 4의 배수의 모임

(4) 아름다운 꽃의 모임

▶ 다시 정리하는 개념

주어진 조건에 따라 대상을 분명하게 정할 수 있으면 집합이고, 대상을 정하는 기준이 모호하거나 상황에 따라 변할 수 있으면 집합이 아니다.

숫자 바꾼

1-1 다음 중 집합인 것을 모두 찾고, 그 집합의 원소를 구하시오.

(1) 5 이하의 자연수의 모임

(2) 유명한 사람의 모임

(3) 큰 수의 모임

(4) 이차방정식 $x^2-3x+2=0$의 해의 모임

1-2 18의 약수의 집합을 A라 할 때, 다음 중 옳지 않은 것은?

① $1\in A$

② $4\notin A$

③ $6\in A$

④ $10\notin A$

⑤ $18\notin A$

집합 X의 원소를 만드는 과정에서 누락이 없도록 표를 만들어 풀어 보자.

1-3 집합 $A=\{-1, 0, 2\}$일 때, 집합 $X=\{a+b\,|\,a\in A, b\in A\}$를 원소나열법으로 나타내시오.

• 정답 및 해설 33쪽

필수 예제 2 집합의 원소의 개수

다음 중 옳지 않은 것은?

① $n(\varnothing)=0$
② $n(\{3\})=1$
③ $n(\{\varnothing\})=1$
④ $n(\{5, 6, 7\})-n(\{5, 6\})=5$
⑤ $A=\{x|x$는 7 이하의 소수$\}$이면 $n(A)=4$

다시 정리하는 개념

집합 A가 유한집합일 때 집합 A의 원소의 개수를 기호로 $n(A)$와 같이 나타낸다.

숫자 바꾼

2-1 다음 중 옳은 것을 모두 고르면? (정답 2개)

① $n(\{1\}, 3)=2$
② $n(\{\varnothing, 1\})=1$
③ $n(\{0\})=0$
④ $n(\{0\})<n(\{1\})$
⑤ $A=\{1, 2, 3, 4, 5\}$, $B=\{x|x$는 16의 약수$\}$이면 $n(A)=n(B)$

2-2 세 집합

$A=\{x||x|<2, x$는 정수$\}$, $B=\{x|x$는 10보다 작은 두 자리의 자연수$\}$,
$C=\{x|x$는 3의 약수$\}$

에 대하여 $n(A)+n(B)+n(C)$의 값을 구하시오.

2-3 두 집합

$A=\{x|x$는 10보다 작은 소수$\}$, $B=\{x|x$는 a의 약수$\}$

에 대하여 $n(A)=n(B)$일 때, 다음 중 a의 값이 될 수 있는 것은?

① 4　② 7　③ 9
④ 10　⑤ 12

필수 예제 3 기호 $\in$, $\subset$의 사용

집합 $A=\{a, b, c\}$에 대하여 다음 중 옳은 것을 모두 고르면? (정답 2개)

① $d\in A$ ② $a\subset A$ ③ $\{a, b\}\subset A$
④ $\{a, c\}\in A$ ⑤ $\{a, b, c\}\subset A$

▶ 다시 정리하는 개념

a가 집합 A의 원소이면
$a\in A$, $\{a\}\subset A$

숫자 바꿈

3-1 집합 $A=\{0, 1, 2\}$에 대하여 다음 중 옳지 않은 것은?

① $0\in A$ ② $\varnothing\subset A$ ③ $\{0\}\in A$
④ $\{0, 1\}\subset A$ ⑤ $\{0, 1, 2\}\subset A$

3-2 집합 $A=\{\varnothing, 0, 2, \{1, 2\}\}$에 대하여 다음 중 옳지 않은 것을 모두 고르면? (정답 2개)

① $\varnothing\in A$ ② $\{\varnothing\}\subset A$ ③ $\{2\}\in A$
④ $\{1, 2\}\in A$ ⑤ $\{1, 2\}\subset A$

필수 예제 4 집합 사이의 포함 관계의 이용

두 집합

$A=\{2, 2a-1\}$, $B=\{a-3, 4a-6, 9\}$

에 대하여 $A\subset B$가 성립할 때, 상수 a의 값을 구하시오.

▶ 다시 정리하는 개념

$A\subset B$이면 집합 A의 모든 원소가 집합 B에 속한다.

숫자 바꿈

4-1 두 집합 A, B에 대하여 $A=\{3, a+1\}$, $B=\{7, a-2, 2a-9\}$일 때, $A\subset B$를 만족시키는 상수 a의 값을 구하시오.

4-2 두 집합 $A=\{1, 4, a-1\}$, $B=\{3, a-3, b-1\}$에 대하여 $A=B$를 만족시키는 두 상수 a, b에 대하여 $a+b$의 값을 구하시오.

필수 예제 5 부분집합의 개수

집합 $A=\{1, 2, 3, 4, 5, 6\}$에 대하여 1은 반드시 원소로 갖고, 4, 5는 원소로 갖지 않는 집합 A의 부분집합의 개수를 구하시오.

문제 해결 tip

집합 A의 원소 n개 중에서 특정한 k개는 원소로 갖고, l개는 원소로 갖지 않는 부분집합의 개수는
➡ 2^{n-k-l} (단, $k+l<n$)

숫자 바꾼

5-1 집합 $A=\{a, b, c, d, e, f, g\}$에 대하여 a, c는 반드시 원소로 갖고, e, f는 원소로 갖지 않는 집합 A의 부분집합의 개수를 구하시오.

5-2 집합 $S=\{1, 2, 3, 4, 5, 6, 7\}$에 대하여 $1\in A$, $2\notin A$, $5\in A$를 만족시키는 집합 S의 부분집합 A의 개수를 구하시오.

$A\subset X\subset B$를 만족시키는 집합 X의 개수는 집합 B의 부분집합 중에서 집합 A의 모든 원소를 반드시 원소로 갖는 부분집합의 개수와 같음을 이용해 보자.

5-3 두 집합 $A=\{2, 3, 5\}$, $B=\{1, 2, 3, 4, 5\}$에 대하여 $A\subset X\subset B$를 만족시키는 집합 X의 개수를 구하시오.

실전 문제로 단원 마무리

NOTE

| 필수 예제 01 |

01 다음 중 집합이 아닌 것을 모두 고르면? (정답 2개)

① 우리 반에서 착한 학생의 모임
② 태양계 행성의 모임
③ 우리 학교에서 키가 가장 큰 학생의 모임
④ 3보다 큰 자연수의 모임
⑤ 고등학교 1학년 중 아름다운 학생의 모임

| 필수 예제 01 |

02 다음 집합 중 나머지 넷과 다른 하나는?

① $\{1, 2, 3, \cdots, 9\}$
② $\{x | x$는 한 자리의 자연수$\}$
③ $\{x | 0<x<10, x$는 정수$\}$
④ $\{x | x$는 9 이하의 정수$\}$
⑤ $\{x | x$는 10보다 작은 자연수$\}$

| 필수 예제 02 |

03 다음 | 보기 | 중 옳은 것을 모두 고르시오.

| 보기 |

ㄱ. $n(\{0, 1, 2, 3\})=3$
ㄴ. $n(\varnothing)=0$
ㄷ. $n(\{x | x$는 3의 약수$\})=1$
ㄹ. $n(\{1, 2, 3\})-n(\{\varnothing\})=3$
ㅁ. $n(\{0\})=1$

| 필수 예제 02 |

04 세 집합

$A=\{x | x$는 8의 약수$\}$,
$B=\{x | x$는 $1 \le x \le 15$인 소수$\}$,
$C=\{x | x^2-x-6<0, x$는 정수$\}$

에 대하여 $n(A)+n(B)-n(C)$의 값을 구하시오.

| 필수 예제 03 |

05 집합 $A=\{\varnothing, 0, 1, \{1, 2\}, 3\}$에 대하여 다음 중 옳지 않은 것은?

① $\varnothing \in A$
② $\{1, 2\} \in A$
③ $\{\varnothing, 0\} \subset A$
④ $2 \in A$
⑤ $\{\{1, 2\}, 3\} \subset A$

| 필수 예제 04 |

06 두 집합 $A=\{2, a^2-a+2\}$, $B=\{b-1, 4\}$에 대하여 $A\subset B$이고 $B\subset A$일 때, 두 상수 a, b에 대하여 $a+b$의 값을 구하시오. (단, $a>0$)

NOTE
$A\subset B$이고 $B\subset A$이면 $A=B$임을 이용한다.

| 필수 예제 05 |

07 집합 $A=\{x|1\leq x\leq 10, x$는 자연수$\}$의 부분집합 중에서 6의 약수를 원소로 갖는 집합의 개수를 구하시오.

| 필수 예제 05 |

08 두 집합 $A=\{x|x^2-7x+10=0\}$, $B=\{x|x^2-6x\leq 0, x$는 정수$\}$에 대하여 $A\subset X\subset B$를 만족시키는 집합 X의 개수를 구하시오.

| 필수 예제 02 |

09 교육청 기출

집합 $A=\{z|z=i^n, n$은 자연수$\}$에 대하여 집합 $B=\{{z_1}^2+{z_2}^2|z_1\in A, z_2\in A\}$일 때, 집합 B의 원소의 개수를 구하시오. (단, $i=\sqrt{-1}$)

자연수 n에 대하여 i^n의 값은 $i, -1, -i, 1$이 이 순서로 반복되어 나타난다.

| 필수 예제 04 |

10 교육청 기출

자연수 n에 대하여 자연수 전체의 집합의 부분집합 A_n을 다음과 같이 정의하자.

$A_n=\{x|x$는 $\sqrt{n}$ 이하의 홀수$\}$

$A_n\subset A_{25}$를 만족시키는 n의 최댓값을 구하시오.

집합 A_n의 원소 중 가장 큰 원소가 p일 때, $\sqrt{n}$ 이하의 홀수가 p이거나 p보다 작은 경우를 생각한다.

• 정답 및 해설 36쪽

1 다음 □ 안에 알맞은 것을 쓰시오.

(1) 주어진 조건에 의하여 대상을 분명하게 정할 수 있을 때, 그 대상들의 모임을 □이라 하고,
모임을 이루는 대상 하나하나를 □라 한다.

(2) 집합에 속하는 모든 원소를 기호 { } 안에 나열하는 방법을 □이라 하고,
집합에 속하는 원소의 공통된 성질을 조건으로 제시하는 방법을 □이라 한다.

(3) 원소가 하나도 없는 집합을 □이라 하고, 기호로 □과 같이 나타낸다.
또한, 집합 A가 유한집합일 때, 집합 A의 원소의 개수를 기호로 □와 같이 나타낸다.

(4) 두 집합 A, B에 대하여 A의 모든 원소가 B에 속할 때, A를 B의 □이라 하고
기호로 □와 같이 나타낸다.
또한, 두 집합 A, B에 대하여 $A \subset B$이고 $B \subset A$일 때, A와 B는 서로 □고 하고
기호로 □와 같이 나타낸다.

(5) 집합 $A=\{a_1, a_2, a_3, \cdots, a_n\}$에 대하여
① 집합 A의 부분집합의 개수는 □이다.
② 집합 A의 진부분집합의 개수는 □이다.
③ 집합 A의 부분집합 중 $k\,(k<n)$개의 특정한 원소를 반드시 갖는(또는 갖지 않는) 부분집합의 개수는 □이다.

2 다음 문장이 옳으면 ○표, 옳지 않으면 ×표를 ( ) 안에 쓰시오.

(1) 똑똑한 사람들의 모임은 집합이 아니다. ( )

(2) a가 집합 A의 원소일 때, a는 집합 A에 속한다고 하고, 기호로 $a \in A$와 같이 나타낸다. ( )

(3) 원소 1, 2, 5, 10을 집합 $\{x \mid x$는 10의 약수$\}$와 같이 표현하는 방법을 조건제시법이라 한다. ( )

(4) 집합 A가 집합 B의 부분집합이 아닐 때, 기호로 $A \in B$와 같이 나타낸다. ( )

(5) 두 집합 $A=\{1, 2, 3\}$, $B=\{1, 2, 3\}$에서 A는 B의 진부분집합이다. ( )

(6) 두 집합 $A=\{a, b, c\}$, $B=\{c, a, b\}$에서 $A=B$이다. ( )

(7) 집합 $A=\{1, 3, 5, 7\}$의 부분집합의 개수는 2^4이다. ( )

Ⅱ. 집합과 명제

06

집합의 연산

필수 예제 1 합집합과 교집합

필수 예제 2 여집합과 차집합

필수 예제 3 집합의 연산의 성질과 포함 관계

필수 예제 4 집합의 연산 법칙과 드모르간의 법칙

필수 예제 5 집합의 연산 법칙과 포함 관계

필수 예제 6 유한집합의 원소의 개수

06 집합의 연산

1 합집합과 교집합

(1) 합집합

두 집합 A, B에 대하여 A에 속하거나 B에 속하는 모든 원소로 이루어진 집합을 A와 B의 **합집합**이라 하고, 이것을 기호로 $A\cup B$와 같이 나타낸다.

$A\cup B=\{x|x\in A$ 또는 $x\in B\}$ ❶

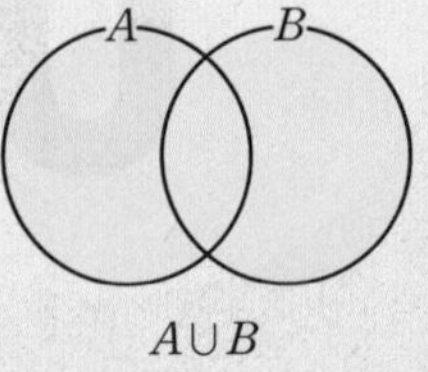

(2) 교집합

두 집합 A, B에 대하여 A에도 속하고 B에도 속하는 모든 원소로 이루어진 집합을 A와 B의 **교집합**이라 하고, 이것을 기호로 $A\cap B$와 같이 나타낸다.

$A\cap B=\{x|x\in A$ 그리고 $x\in B\}$ ❷

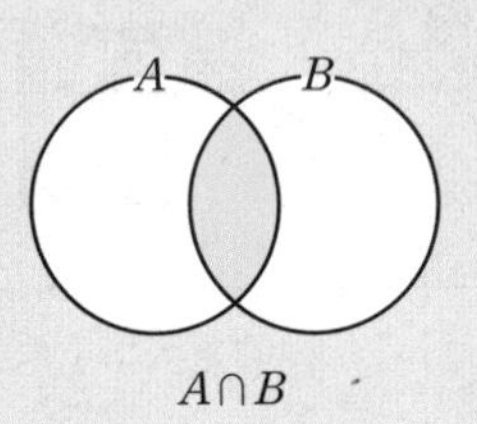

(3) 서로소

두 집합 A, B에 대하여 A와 B의 공통인 원소가 하나도 없을 때, 즉 $A\cap B=\varnothing$일 때, A와 B는 **서로소**라 한다.

2 여집합과 차집합

(1) 전체집합

주어진 집합에 대하여 그 부분집합을 생각할 때, 처음에 주어진 집합을 **전체집합**이라 하고, 이것을 기호로 U ❸와 같이 나타낸다.

(2) 여집합

집합 A가 전체집합 U의 부분집합일 때, U의 원소 중에서 A에 속하지 않는 모든 원소로 이루어진 집합을 U에 대한 A의 **여집합**이라 하고, 이것을 기호로 A^C ❹과 같이 나타낸다.

$A^C=\{x|x\in U$ 그리고 $x\notin A\}$

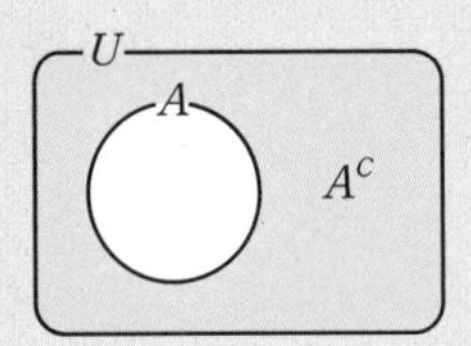

(3) 차집합

두 집합 A, B에 대하여 A에는 속하지만 B에는 속하지 않는 모든 원소로 이루어진 집합을 A에 대한 B의 **차집합**이라 하고, 이것을 기호로 $A-B$와 같이 나타낸다. ❺

$A-B=\{x|x\in A$ 그리고 $x\notin B\}$

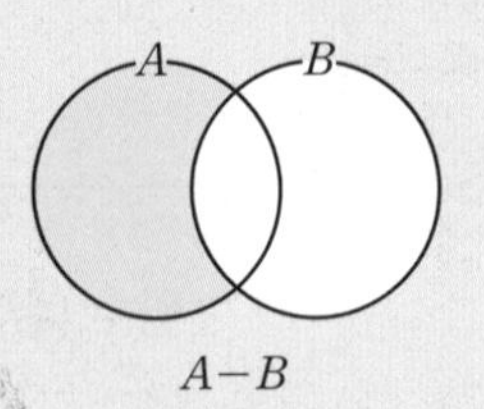

3 집합의 연산의 성질

(1) 집합의 연산 법칙

세 집합 A, B, C에 대하여

① **교환법칙**: $A\cup B=B\cup A$, $A\cap B=B\cap A$

② **결합법칙**: $(A\cup B)\cup C=A\cup(B\cup C)$, $(A\cap B)\cap C=A\cap(B\cap C)$

③ **분배법칙**: $A\cap(B\cup C)=(A\cap B)\cup(A\cap C)$

$A\cup(B\cap C)=(A\cup B)\cap(A\cup C)$

개념 플러스+

❶ 합집합 $A\cup B$는 두 집합 A, B의 원소를 모두 모은 것이다.

❷ 교집합 $A\cap B$는 두 집합 A, B에 공통으로 속하는 원소를 모은 것이다.

❸ 기호 U는 전체집합을 뜻하는 Universal의 첫 글자이다.

❹ 기호 A^C에서 C는 여집합을 뜻하는 Complement의 첫 글자이다.

❺ 집합 A의 여집합 A^C은 전체집합 U에 대한 집합 A의 차집합으로 생각할 수 있다. 즉,

$A^C=U-A$

(2) **집합의 연산의 성질**

① $A\cup\varnothing=A$, $A\cap\varnothing=\varnothing$　② $A\cup A=A$, $A\cap A=A$

③ $U^C=\varnothing$, $\varnothing^C=U$　④ $(A^C)^C=A$

⑤ $A-B=A\cap B^C$　⑥ $A\cup A^C=U$, $A\cap A^C=\varnothing$

(3) **드모르간의 법칙**

전체집합 U의 두 부분집합 A, B에 대하여

① $(A\cup B)^C=A^C\cap B^C$　② $(A\cap B)^C=A^C\cup B^C$

4 유한집합의 원소의 개수

전체집합 U의 세 부분집합 A, B, C에 대하여

(1) $n(A\cup B)=n(A)+n(B)-n(A\cap B)$

(2) $n(A\cup B\cup C)=n(A)+n(B)+n(C)-n(A\cap B)-n(B\cap C)-n(C\cap A)+n(A\cap B\cap C)$

(3) $n(A^C)=n(U)-n(A)$

(4) $n(A-B)=n(A)-n(A\cap B)=n(A\cup B)-n(B)$

개념 플러스+

$B\subset A$와 같은 표현

① $A\cup B=A$

② $A\cap B=B$

③ $B-A=\varnothing$

④ $A^C\subset B^C$

$A\cap B=\varnothing$과 같은 표현

① $A-B=A$

② $B-A=B$

③ $A\subset B^C$

④ $B\subset A^C$

교과서 개념 확인하기

정답 및 해설 36쪽

1 다음 두 집합 A, B에 대하여 $A\cup B$, $A\cap B$를 각각 구하시오.

(1) $A=\{1, 2, 3\}$, $B=\{1, 2, 3, 4, 5\}$　(2) $A=\{c, f, g\}$, $B=\{a, b, c, d, e, f\}$

2 다음 두 집합 A, B가 서로소인지 아닌지 말하시오.

(1) $A=\{1, 2\}$, $B=\{3, 4\}$　(2) $A=\{x|0<x<2\}$, $B=\{x|1<x<4\}$

3 전체집합 $U=\{1, 2, 3, 4, 5, 6, 7\}$의 두 부분집합 $A=\{1, 3\}$, $B=\{3, 5, 7\}$에 대하여 다음 집합을 구하시오.

(1) A^C　(2) B^C　(3) $A-B$　(4) $B-A$

4 두 집합 A, B에 대하여 다음을 구하시오.

(1) $n(A)=10$, $n(B)=20$, $n(A\cap B)=5$일 때, $n(A\cup B)$

(2) $n(A)=14$, $n(B)=19$, $n(A\cup B)=29$일 때, $n(A\cap B)$

5 전체집합 U의 두 부분집합 A, B에 대하여 $n(U)=45$, $n(A)=9$, $n(B)=14$, $n(A\cap B)=4$일 때, 다음을 구하시오.

(1) $n(A^C)$　(2) $n(B^C)$　(3) $n(A-B)$　(4) $n(B-A)$

• 교과서 예제로 개념 익히기

필수 예제 1 합집합과 교집합

두 집합 A, B에 대하여

$A=\{1, 4, 5, 6\}$, $A\cap B=\{1, 4\}$, $A\cup B=\{1, 2, 3, 4, 5, 6\}$

을 만족시킬 때, 집합 B를 구하시오.

문제 해결 tip

두 집합의 공통부분이 있도록 벤 다이어그램을 그린 후, 각 영역에 원소를 알맞게 써넣어 원하는 집합을 구한다.

숫자 바꾼

1-1 두 집합 A, B에 대하여

$A=\{b, c, d, e, h\}$, $A\cap B=\{e, h\}$, $A\cup B=\{a, b, c, d, e, f, g, h\}$

를 만족시킬 때, 집합 B를 구하시오.

1-2 세 집합

$A=\{x\,|\,x$는 12 이하의 홀수$\}$, $B=\{x\,|\,x$는 12의 약수$\}$,

$C=\{x\,|\,x$는 12 이하의 짝수$\}$

에 대하여 다음 집합을 구하시오.

(1) $(A\cap B)\cup C$ (2) $A\cup(B\cap C)$

1-3 두 집합

$A=\{2, 3, 4a-5\}$, $B=\{b-1, 6, 7\}$

에 대하여 $A\cap B=\{2, 7\}$일 때, 두 상수 a, b에 대하여 $a+b$의 값을 구하시오.

• 정답 및 해설 37쪽

필수 예제 2 여집합과 차집합

전체집합 $U=\{1, 2, 3, 4, 5, 6, 7, 8\}$의 두 부분집합 A, B에 대하여

$A\cap B=\{3\}$, $A\cap B^C=\{5, 6\}$, $(A\cup B)^C=\{1, 8\}$

일 때, 집합 $B-A$를 구하시오.

문제 해결 tip

전체집합과 두 집합의 공통부분이 있도록 벤 다이어그램을 그린 후, 각 영역에 원소를 알맞게 써넣어 원하는 집합을 구한다.

숫자 바꾼

2-1 전체집합 $U=\{x|x$는 10보다 작은 자연수$\}$의 두 부분집합 A, B에 대하여

$A-B=\{4, 8\}$, $B\cap A^C=\{2, 5, 7\}$, $(A\cup B)^C=\{3, 6, 9\}$

일 때, 집합 A를 구하시오.

2-2 전체집합 $U=\{x|x$는 12의 약수$\}$의 두 부분집합

$A=\{x|x$는 짝수$\}$, $B=\{x|x$는 3의 배수$\}$

에 대하여 다음 집합을 구하시오.

(1) $A\cap B^C$ (2) $A-B^C$

상수 a의 값을 구한 후에는 반드시 a의 값이 주어진 조건, 즉 $A-B=\{0\}$을 만족시키는지를 확인해 보자.

2-3 두 집합

$A=\{a, a-2, 5\}$, $B=\{3a-1, a, 7\}$

에 대하여 $A-B=\{0\}$일 때, 상수 a의 값을 구하시오.

필수 예제 3 집합의 연산의 성질과 포함 관계

전체집합 U의 두 부분집합 A, B에 대하여 $A\subset B$일 때, 다음 중 옳지 않은 것은?

① $A\cup B=B$　② $A^C\cap B^C=B^C$　③ $A-B=\varnothing$
④ $B^C\subset A^C$　⑤ $A^C\cap B=B$

문제 해결 tip

주어진 조건을 만족시키는 벤 다이어그램을 그린 후, 각 보기가 성립하는지를 확인한다.

숫자 바꾼

3-1

전체집합 U의 두 부분집합 A, B에 대하여 $A\cap B=A$일 때, 다음 중 옳지 않은 것을 모두 고르면? (정답 2개)

① $A\subset B$　② $A^C\cup B=U$　③ $A^C-B^C=\varnothing$
④ $A^C\subset B$　⑤ $(A\cup B)-B=\varnothing$

3-2

전체집합 U의 두 부분집합 A, B에 대하여 $A^C\subset B^C$일 때, 다음 중 옳지 않은 것은?

① $B\subset A$　② $A\cap B=B$　③ $A\cap B^C=\varnothing$
④ $B-A=\varnothing$　⑤ $(A\cup B)-A=\varnothing$

두 집합 A와 B가 서로소이면 $A\cap B=\varnothing$이므로 이를 만족시키는 벤 다이어그램을 그린 후, 각 보기가 성립하는지를 확인해 보자.

3-3

전체집합 U의 두 부분집합 A, B가 서로소일 때, 다음 | 보기 | 중 항상 옳은 것을 모두 고르시오.

| 보기 |

ㄱ. $B-A=B$　ㄴ. $A^C\subset B$
ㄷ. $A\cup B=A$　ㄹ. $(A-B^C)\cup(B-A^C)=\varnothing$

• 정답 및 해설 37쪽

필수 예제 4 집합의 연산 법칙과 드모르간의 법칙

전체집합 U의 세 부분집합 A, B, C에 대하여 다음 중 $(A-B)\cap(A-C)$와 항상 같은 집합은?

① $A\cup B\cup C$ ② $A\cap(B\cup C)$ ③ $A\cap(B-C)$
④ $A-(B\cup C)$ ⑤ $A-(B\cap C)$

문제 해결 tip

집합의 연산 법칙, 드모르간의 법칙, 집합의 연산의 성질을 이용하여 주어진 집합을 간단히 나타낸다.

숫자 바꾼

4-1 전체집합 U의 세 부분집합 A, B, C에 대하여 다음 중 $(A\cup B)\cap(C-A)^C$과 항상 같은 집합은?

① $A\cup B\cup C$ ② $A\cap(B\cup C)$ ③ $A\cap(B-C)$
④ $A\cup(B-C)$ ⑤ $A-(B\cap C)$

4-2 전체집합 U의 두 부분집합 A, B에 대하여 다음을 간단히 하시오.

(1) $A\cap(A^C\cup B)$ (2) $(A\cup B)\cap(A^C\cap B^C)$

4-3 전체집합 $U=\{x\,|\,x\text{는 자연수}\}$의 두 부분집합

$A=\{x\,|\,x\text{는 20 이하의 짝수}\}$, $B=\{x\,|\,x\text{는 20의 약수}\}$

에 대하여 집합 $\{(A^C\cup B^C)^C\cup(A^C\cup B)^C\}\cap B$를 구하시오.

필수 예제 5 집합의 연산 법칙과 포함 관계

전체집합 U의 두 부분집합 A, B에 대하여

$$\{(A\cap B^C)\cup(B-A^C)\}\cap B^C=A$$

일 때, 다음 | **보기** | 중 항상 옳은 것을 모두 고르시오.

| 보기 |

ㄱ. $A-B=\varnothing$　　ㄴ. $B-A=B$

ㄷ. $A^C\subset B$　　ㄹ. $A\cap B=\varnothing$

문제해결 tip

집합의 연산 법칙과 드모르간의 법칙, 집합의 연산의 성질을 이용하여 주어진 집합을 간단히 한 후, 두 집합 사이의 포함 관계를 확인한다.

숫자 바꾼

5-1 전체집합 U의 두 부분집합 A, B에 대하여

$$\{(A^C\cup B^C)\cap(A^C\cup B)\}\cap B=B$$

일 때, 다음 중 항상 옳은 것은?

① $A-B=U$　② $A\cup B^C=\varnothing$　③ $A\cup B=A$

④ $A\subset B^C$　⑤ $A\cup B=U$

5-2 전체집합 U의 두 부분집합 A, B에 대하여

$$\{(A-B^C)\cup(A-B)\}\cup B=A$$

일 때, 다음 | **보기** | 중 항상 옳은 것을 모두 고르시오.

| 보기 |

ㄱ. $A\cap B=A$　　ㄴ. $A\cup B^C=U$

ㄷ. $A^C\subset B^C$　　ㄹ. $A-B=\varnothing$

주어진 집합을 간단히 하여 두 집합 A, B 사이의 포함 관계를 알아낸 후, 이를 만족시키는 두 실수 a, b의 값의 범위를 각각 구해 보자.

5-3 전체집합 U의 두 부분집합

$$A=\{x\,|\,a\le x\le b\},\ B=\{x\,|\,-2\le x\le 3\}$$

에 대하여 $(A\cup B)-(A\cap B^C)=A\cap B$를 만족시키는 실수 a의 최댓값을 M, 실수 b의 최솟값을 m이라 할 때, $M+m$의 값을 구하시오.

• 정답 및 해설 39쪽

필수 예제 6 유한집합의 원소의 개수

전체집합 U의 두 부분집합 A, B에 대하여

$n(U)=30$, $n(A)=20$, $n(B)=17$, $n(A^C\cap B^C)=3$

일 때, $n(A\cap B)$를 구하시오.

다시 정리하는 개념

전체집합 U의 두 부분집합 A, B에 대하여

① $n(A\cup B)=n(A)+n(B)-n(A\cap B)$

② $n(A^C)=n(U)-n(A)$

숫자 바꾼

6-1 전체집합 U의 두 부분집합 A, B에 대하여

$n(U)=35$, $n(A)=23$, $n(B)=17$, $n(A^C\cup B^C)=26$

일 때, $n(A\cup B)$를 구하시오.

6-2 두 집합 A, B에 대하여

$n(A)=20$, $n(B)=17$, $n(B-A)=10$

일 때, $n(A\cup B)$를 구하시오.

$n(A\cap B\cap C)$는 조건 $A\cap C=\varnothing$임을 이용하여 구해 보자.

6-3 세 집합 A, B, C에 대하여 $A\cap C=\varnothing$이고

$n(A)=11$, $n(B)=10$, $n(C)=7$, $n(A\cup B)=17$, $n(B\cup C)=12$

일 때, $n(A\cup B\cup C)$를 구하시오.

실전 문제로 단원 마무리

| 필수 예제 01 |

01 두 집합 A, B가 각각

$$A=\{1, 3, 5, a^2-5\},\ B=\{a-1, 2a-3, 4\}$$

일 때, $A\cap B=\{3, 4\}$를 만족시키는 상수 a의 값을 구하시오.

| 필수 예제 01 |

02 다음과 같은 자연수 전체의 집합의 부분집합 중에서 집합 $\{1, 3, 5, 7\}$과 서로소인 집합은?

① $\{x|x$는 홀수$\}$
② $\{x|x$는 2의 배수$\}$
③ $\{x|x$는 12의 약수$\}$
④ $\{x|x^2-5x+6=0\}$
⑤ $\{x|x^2-2x\le 0\}$

| 필수 예제 02 |

03 전체집합 $U=\{a, b, c, d, e, f, g, h, i\}$의 두 부분집합 A, B에 대하여

$$(A\cup B)^C=\{b, d, f\},\ A\cap B=\{g\},\ B\cap A^C=\{c, e\}$$

일 때, 집합 A를 구하시오.

| 필수 예제 03 |

04 전체집합 $U=\{x|x$는 20 이하의 자연수$\}$의 두 부분집합 $A=\{x|x$는 12 이하의 소수$\}$, $B=\{x|x$는 4의 배수$\}$에 대하여 다음 | **보기** | 중 항상 옳은 것을 고르시오.

| 보기 |

ㄱ. $B^C\subset A$
ㄴ. $A-B=\varnothing$
ㄷ. $B\subset A^C$
ㄹ. $A^C\cup(B-A)=U$

| 필수 예제 04, 05 |

05 전체집합 U의 세 부분집합 A, B, C에 대하여 다음 중 옳지 않은 것은?

① $(A-B)^C=A^C\cup B$
② $A-B^C=A\cap B$
③ $(A\cap B)\cup(A\cap B^C)=A$
④ $(A-B^C)-C=A\cap(B-C)$
⑤ $(A-B)\cup(B^C\cup A^C)^C=B$

NOTE

상수 a의 값을 구한 후에는 반드시 a의 값이 주어진 조건, 즉 $A\cap B=\{3, 4\}$를 만족시키는지를 확인해 본다.

NOTE

| 필수 예제 05 |

06 전체집합 U의 두 부분집합 A, B에 대하여

$$\{(A\cup B^{C})\cap(A^{C}\cup B^{C})\}\cap A=\varnothing$$

일 때, 다음 중 항상 옳은 것은?

① $B\subset A$ ② $A\cap B=\varnothing$ ③ $A\cup B=B$
④ $A-B=A$ ⑤ $B-A=B$

| 필수 예제 06 |

07 세 집합 A, B, C에 대하여 A와 B가 서로소이고

$$n(U)=15,\ n(A)=7,\ n(B^{C})=10,\ n(C)=6,\ n(B^{C}\cap C^{C})=7,\ n(C\cup A)=11$$

일 때, $n(A\cup B\cup C)$를 구하시오.

두 집합 A, B가 서로소임을 이용하여 $n(A\cap B)$, $n(A\cap B\cap C)$를 차례로 구한다.

| 필수 예제 06 |

08 100명의 학생에게 A, B 두 문제를 풀게 하였더니 A 문제를 푼 학생은 68명, B 문제를 푼 학생은 42명, 두 문제를 모두 푼 학생은 26명이었다. 이때 두 문제 중 한 문제만 푼 학생 수를 구하시오.

다음을 이용하여 주어진 조건을 집합으로 나타낸다.
① '또는', '적어도 하나는' ➡ $A\cup B$
② '모두', '둘 다 ~ 하는' ➡ $A\cap B$

| 필수 예제 02 |

09 교육청 기출

두 집합 $A=\{1, 2, 3, 4, 5\}$, $B=\{1, 3, 5, 9\}$에 대하여

$$(A-B)\cap C=\varnothing,\ A\cap C=C$$

를 만족시키는 집합 C의 개수를 구하시오.

주어진 두 조건에서 집합 C의 포함 관계와 집합 C가 갖는 원소의 개수를 생각한다.

| 필수 예제 03 |

10 교육청 기출

전체집합 $U=\{x\,|\,x$는 10 이하의 자연수$\}$의 부분집합 $A=\{x\,|\,x$는 10의 약수$\}$에 대하여

$$(X-A)\subset(A-X)$$

를 만족시키는 U의 부분집합 X의 개수를 구하시오.

$A\subset B$이면 $A\cap B=A$임을 이용하여 두 집합 X, A의 포함 관계를 확인한다.

• 정답 및 해설 42쪽

1 다음 □ 안에 알맞은 것을 쓰시오.

(1) 두 집합 A, B에 대하여

① 합집합: $A\cup B=\{x\mid x\in A$ □ $x\in B\}$

② 교집합: $A\cap B=\{x\mid x\in A$ □ $x\in B\}$

③ 서로소: $A\cap B=$□일 때, A와 B는 서로소이다.

(2) 전체집합 U의 두 부분집합 A, B에 대하여

① 여집합: $A^C=\{x\mid x\in U$ 그리고 x□$A\}$

② 차집합: $A-B=\{x\mid x\in A$ 그리고 x□$B\}$

(3) 세 집합 A, B, C에 대하여

① 교환법칙: $A\cup B=$□$\cup$□, $A\cap B=$□$\cap$□

② 결합법칙: $(A\cup B)\cup C=A\cup(B$□$C)$, $(A\cap B)\cap C=A$□$(B\cap C)$

③ 분배법칙: $A\cap(B\cup C)=(A$□$B)\cup(A$□$C)$

$A\cup(B\cap C)=(A\cup B)$□$(A\cup C)$

(4) 전체집합 U의 세 부분집합 A, B, C에 대하여

① $n(A\cup B)=n(A)+n(B)-n($□$)$

② $n(A^C)=n($□$)-n(A)$

③ $n(A\cup B\cup C)=n(A)+n(B)+n(C)-n($□$)-n(B\cap C)-n(C\cap$□$)+n($□$)$

2 다음 문장이 옳으면 ○표, 옳지 않으면 ×표를 (　　) 안에 쓰시오.

(1) 합집합 $A\cup B$는 두 집합 A, B에 공통으로 속하는 원소를 모은 것이다. (　　)

(2) 두 집합 $A=\{a, b, c\}$, $B=\{2, 4, 6\}$에서 A와 B는 서로소이다. (　　)

(3) 세 집합 A, B, C에 대하여 $(A\cup B)\cup C=A\cup(B\cup C)$가 성립한다. (　　)

(4) 집합 A의 여집합 A^C은 전체집합 U에 대한 집합 A의 차집합이다. (　　)

(5) 전체집합 U의 두 부분집합 A, B에 대하여 $(A\cup B)^C=A^C\cup B^C$이다. (　　)

(6) 전체집합 U의 두 부분집합 A, B에 대하여
$n(A-B)=n(A)-n(A\cap B)=n(A)-n(B)$가 항상 성립한다. (　　)

07

명제

필수 예제 ❶ 명제와 그 부정

필수 예제 ❷ 조건의 진리집합

필수 예제 ❸ 명제 $p \longrightarrow q$의 참, 거짓

필수 예제 ❹ '모든'이나 '어떤'을 포함한 명제의 참, 거짓

필수 예제 ❺ 명제의 역과 대우의 참, 거짓

필수 예제 ❻ 충분조건, 필요조건, 필요충분조건

07 명제

1 명제와 조건

(1) 명제와 조건❶

① 명제: 참인지 거짓인지를 분명하게 판별할 수 있는 문장이나 식을 **명제**라 한다.

② 조건: 변수를 포함한 문장이나 식의 참, 거짓이 변수의 값에 따라 판별될 때, 그 문장이나 식을 **조건**이라 한다.

③ 진리집합: 전체집합 U의 원소 중에서 조건을 참이 되게 하는 모든 원소의 집합을 그 조건의 **진리집합**이라 한다.

(2) 명제와 조건의 부정

① 명제 또는 조건 p에 대하여 'p가 아니다.'를 p의 **부정**이라 하고, 이것을 기호로 $\sim p$와 같이 나타낸다.

② 명제 또는 조건 p에 대하여 $\sim p$의 부정은 p이다. 즉, $\sim(\sim p)=p$이다.

③ 명제 p가 참이면 $\sim p$는 거짓이고, 명제 p가 거짓이면 $\sim p$는 참이다.❷

2 명제 $p \longrightarrow q$의 참, 거짓

(1) 명제의 표현

두 조건 p, q에 대하여 명제 'p이면 q이다.'를 기호로 $p \longrightarrow q$와 같이 나타내고, p를 **가정**, q를 **결론**이라 한다.

(2) 명제 $p \longrightarrow q$의 참, 거짓과 진리집합 사이의 관계

명제 $p \longrightarrow q$에 대하여 두 조건 p, q의 진리집합을 각각 P, Q라 할 때

① 명제 $p \longrightarrow q$가 참이면 $P\subset Q$이고, $P\subset Q$이면 명제 $p \longrightarrow q$는 참이다.

② 명제 $p \longrightarrow q$가 거짓이면 $P\not\subset Q$이고, $P\not\subset Q$이면 명제 $p \longrightarrow q$는 거짓이다.❸

3 '모든'이나 '어떤'을 포함한 명제

(1) '모든'이나 '어떤'을 포함한 명제의 참, 거짓❹

전체집합 U에 대하여 조건 p의 진리집합을 P라 할 때

① 명제 '모든 x에 대하여 p이다.'는 $P=U$이면 참이고, $P\neq U$이면 거짓이다.

② 명제 '어떤 x에 대하여 p이다.'는 $P\neq\varnothing$이면 참이고, $P=\varnothing$이면 거짓이다.

(2) '모든'이나 '어떤'을 포함한 명제의 부정

① 명제 '모든 x에 대하여 p이다.'의 부정은 '어떤 x에 대하여 $\sim p$이다.'이다.

② 명제 '어떤 x에 대하여 p이다.'의 부정은 '모든 x에 대하여 $\sim p$이다.'이다.

4 명제의 역과 대우

명제 $p \longrightarrow q$에 대하여

(1) 명제 $q \longrightarrow p$를 $p \longrightarrow q$의 **역**이라 한다.

(2) 명제 $\sim q \longrightarrow \sim p$를 $p \longrightarrow q$의 **대우**라 한다.

(3) 명제 $p \longrightarrow q$가 참(거짓)이면 그 대우 $\sim q \longrightarrow \sim p$도 참(거짓)이다.

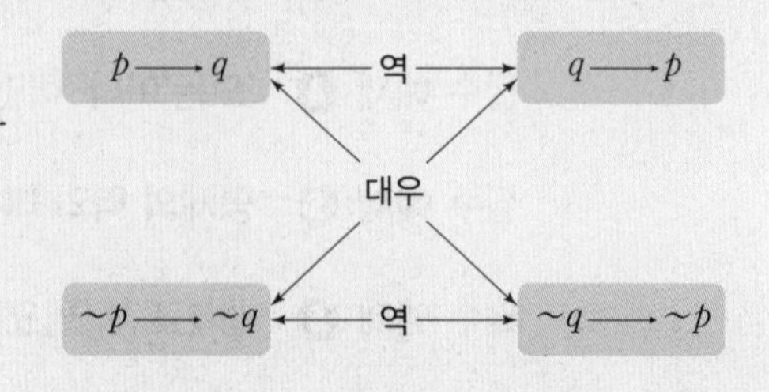

개념 플러스+

❶ 명제와 조건은 보통 알파벳 소문자 $p, q, r, \cdots$로 나타내고, 조건 $p, q, r, \cdots$의 진리집합은 보통 알파벳 대문자 $P, Q, R, \cdots$로 나타낸다.

❷ 전체집합 U에 대하여 조건 p의 진리집합을 P라 할 때, $\sim p$의 진리집합은 P^C이다.

❸ 명제 $p \longrightarrow q$가 거짓임을 보일 때는 가정 p는 만족시키지만 결론 q는 만족시키지 않는 예가 하나라도 있음을 보이면 된다. 이와 같은 예를 반례라 한다.

❹ '모든'을 포함한 명제는 일반적인 명제와 같이 조건을 만족시키지 않는 반례가 존재하면 거짓이지만, '어떤'을 포함한 명제는 반례가 존재하더라도 조건을 만족시키는 예가 하나만 존재하면 참이다.

삼단논법

세 조건 p, q, r에 대하여 명제 $p \longrightarrow q$가 참이고 명제 $q \longrightarrow r$가 참이면 명제 $p \rightarrow r$도 참이다.

5 충분조건과 필요조건

(1) **충분조건과 필요조건**

명제 $p \longrightarrow q$가 참일 때, 이것을 기호로 $\boldsymbol{p \Longrightarrow q}$와 같이 나타낸다.
이때 p는 q이기 위한 **충분조건**, q는 p이기 위한 **필요조건**이라 한다.

(2) **필요충분조건**

$p \Longrightarrow q$이고 $q \Longrightarrow p$일 때, p는 q이기 위한 충분조건인 동시에 필요조건이다.
이것을 p는 q이기 위한 **필요충분조건**이라 하고, 기호로 $\boldsymbol{p \Longleftrightarrow q}$와 같이 나타낸다.
이때 q도 p이기 위한 필요충분조건이다.

개념 플러스+

충분조건, 필요조건과 진리집합의 관계
- $P \subset Q$이면 $p \Longrightarrow q$이므로 p는 q이기 위한 충분조건, q는 p이기 위한 필요조건이다.
- $P=Q$이면 $p \Longleftrightarrow q$이므로 $p(q)$는 $q(p)$이기 위한 필요충분조건이다.

교과서 개념 확인하기

정답 및 해설 42쪽

1 다음 | **보기** | 중 명제인 것을 모두 고르시오.

| 보기 |

ㄱ. $3+1=2$
ㄴ. $x=2$
ㄷ. 1은 홀수이다.
ㄹ. 한국은 유명하다.

2 전체집합 U가 자연수 전체의 집합일 때, 다음 조건의 진리집합을 구하시오.

(1) x는 12의 약수이다.
(2) x는 12 이하의 홀수이다.
(3) $x^2-2x-3=0$
(4) $2x \le 6$

3 다음 명제의 부정을 말하시오.

(1) 2는 무리수이다.
(2) $x=1$
(3) $2 \ge -1$
(4) x는 1보다 크거나 같다.

4 다음 명제의 참, 거짓을 판별하시오.

(1) $x=-1$이면 $x^2-2x-3=0$이다.
(2) 5의 배수이면 2의 배수이다.
(3) 모든 실수 x에 대하여 $x^2=1$이다.
(4) 어떤 실수 x에 대하여 $x^2=1$이다.

5 다음 명제의 역과 대우를 말하시오.

(1) 1은 소수이다.
(2) 정사각형은 직사각형이다.
(3) $x=\sqrt{2}$이면 $x^2=2$이다.
(4) $x=y$이면 $x^2=y^2$이다.

6 두 조건 p, q의 진리집합 P, Q가 각각 다음과 같을 때, p는 q이기 위한 무슨 조건인지 말하시오.

(1) $P=\{1, 3, 5\}$, $Q=\{1, 3, 5, 7\}$
(2) $P=\{2, 4, 6, 8, \cdots\}$, $Q=\{2, 4\}$
(3) $P=\{1, 3\}$, $Q=\{1, 3\}$

• 교과서 예제로 개념 익히기

필수 예제 1 명제와 그 부정

다음 중 명제인 것을 찾고, 그 명제의 참, 거짓을 판별하시오.

(1) 정사각형은 마름모이다.
(2) $x+3=5$
(3) $3x+1>4x-x$
(4) 3의 배수는 소수이다.

▶ 다시 정리하는 개념

참인지 거짓인지를 판별할 수 있는 문장이나 식을 명제라 하므로 기준이 명확하지 않아 참, 거짓을 판별할 수 없거나 변수에 따라 참, 거짓이 달라지는 문장이나 식은 명제가 아니다.

숫자 바꾼

1-1 다음 중 명제인 것을 찾고, 그 명제의 참, 거짓을 판별하시오.

(1) $\sqrt{4}$는 무리수이다.
(2) $x+3>x-2$
(3) $x-4<3$
(4) 네 변의 길이가 같은 사각형은 정사각형이다.

1-2 다음 | **보기** | 중 그 부정이 참인 명제인 것을 모두 고르시오.

| 보기 |

ㄱ. 8의 약수의 합은 15이다.
ㄴ. $x+3=x+7$
ㄷ. $4<\sqrt{5}$
ㄹ. 9는 소수이다.

1-3 다음 | **보기** | 중 조건 p의 부정 $\sim p$를 바르게 적은 것을 모두 고르시오. (단, x, y는 실수이다.)

| 보기 |

ㄱ. p: $-2<x<3$, $\sim p$: $x\leq-2$ 또는 $x\geq3$
ㄴ. p: $xy\neq0$, $\sim p$: $x=0$이고 $y=0$
ㄷ. p: $x^2+y^2=0$, $\sim p$: $x\neq0$ 또는 $y\neq0$

필수 예제 2 조건의 진리집합

전체집합 $U=\{x \mid x$는 18 이하의 자연수$\}$에 대하여 두 조건 p, q가

p: x는 8의 약수, q: x는 18의 약수

일 때, 다음 조건의 진리집합을 구하시오.

(1) $\sim p$　　(2) p 그리고 $\sim q$　　(3) $\sim p$ 그리고 $\sim q$

▶ 다시 정리하는 개념

두 조건 p, q의 진리집합을 각각 P, Q라 할 때
① '$\sim p$'의 진리집합은 P^C이다.
② 'p 또는 q'의 진리집합은 $P \cup Q$이다.
③ 'p 그리고 q'의 진리집합은 $P \cap Q$이다.

숫자 바꾼

2-1 전체집합 $U=\{x \mid 0 \leq x \leq 16,\ x$는 자연수$\}$에 대하여 두 조건 p, q가

p: x는 3의 배수, q: x는 15의 약수

일 때, 다음 조건의 진리집합을 구하시오.

(1) $\sim q$　　(2) $\sim p$ 그리고 q　　(3) $\sim p$ 또는 $\sim q$

2-2 전체집합 U가 자연수 전체의 집합이고, 두 조건

p: $1 \leq x < 6$, q: $x > 3$

일 때, 조건 'p이고 $\sim q$'의 진리집합의 모든 원소의 합을 구하시오.

조건 '$-2 \leq x < 5$'에서 '$x \leq -2$'와 '$x < 5$'를 두 조건 p 또는 q에 대하여 표현한 후, 이를 진리집합으로 나타내어 보자.

2-3 실수 전체의 집합에서 두 조건 p, q가

p: $x < -2$, q: $x \geq 5$

이다. 두 조건 p, q의 진리집합을 각각 P, Q라 할 때, 다음 중 조건 '$-2 \leq x < 5$'의 진리집합인 것은?

① $P \cap Q$　　② $P^C \cup Q$　　③ $P^C \cap Q^C$
④ $P^C \cup Q^C$　　⑤ $(P \cap Q)^C$

필수 예제 3 명제 $p \longrightarrow q$의 참, 거짓

다음 명제의 참, 거짓을 판별하시오. (단, x, y는 실수이다.)

(1) $x^2=4$이면 $x^2-4x+4=0$이다.

(2) $x>0$, $y>0$이면 $xy>0$이다.

(3) $x^2+y^2=0$이면 $xy=0$이다.

(4) x가 홀수이면 x는 소수이다.

다시 정리하는 개념

- 두 조건 p, q의 진리집합을 각각 P, Q라 할 때, $P \subset Q$이면 명제 $p \longrightarrow q$는 참,
  $P \not\subset Q$이면 명제 $p \longrightarrow q$는 거짓이다.
- p이지만 $\sim q$인 예(반례)가 있으면 명제 $p \longrightarrow q$는 거짓이다.

숫자 바꾼

3-1 다음 명제의 참, 거짓을 판별하시오. (단, x, y는 실수이다.)

(1) x가 6의 배수이면 x는 3의 배수이다.

(2) $x^2-2x+1=0$이면 $x^2=1$이다.

(3) xy가 자연수이면 x, y는 자연수이다.

(4) $x \ge 1$이면 $x^2 \ge 1$이다.

3-2 x, y, z가 실수일 때, 다음 | **보기** | 중 거짓인 명제인 것을 모두 고르시오.

| **보기** |

ㄱ. $x<y<z$이면 $xy<yz$이다.

ㄴ. $x^2=y^2$이면 $x=y$이다.

ㄷ. $0<|x|<1$이면 $x^2<1$이다.

조건 p의 진리집합 P를 구한 후, 명제 $p \longrightarrow q$가 참이면 $P \subset Q$이므로 $P \subset Q$를 만족시키도록 두 진리집합 P, Q를 수직선 위에 나타내어 보자.

3-3 두 조건 p: $|x-2|<k$, q: $-2 \le x<4$에 대하여 명제 $p \longrightarrow q$가 참이 되도록 하는 실수 k의 최댓값을 구하시오. (단, $k>0$)

• 정답 및 해설 44쪽

필수 예제 4 '모든'이나 '어떤'을 포함한 명제의 참, 거짓

다음 명제의 참, 거짓을 판별하시오.

(1) 모든 실수 x에 대하여 $|x|>0$이다.

(2) 어떤 실수 x에 대하여 $x^2-x+\frac{1}{4}\leq 0$이다.

다시 정리하는 개념

- '모든'을 포함한 명제는 조건을 만족시키지 않는 반례가 하나라도 있으면 거짓이다.
- '어떤'을 포함한 명제는 조건을 만족시키는 예가 하나라도 있으면 참이다.

숫자 바꾼

4-1 다음 명제의 참, 거짓을 판별하시오.

(1) 모든 실수 x에 대하여 $4x^2+4x+1>0$이다.

(2) 어떤 실수 x에 대하여 $x^2-1<0$이다.

4-2 전체집합 $U=\{-1, 0, 1\}$에 대하여 $x\in U$일 때, 다음 명제 중 거짓인 것은?

① 모든 x에 대하여 $-x\in U$이다.
② 모든 x에 대하여 $x+1=0$이다.
③ 모든 x에 대하여 $x^2\geq 0$이다.
④ 어떤 x에 대하여 $2x\in U$이다.
⑤ 어떤 x에 대하여 $x-1<0$이다.

ㄴ. 홀수 x를 $x=2m-1$ (m은 자연수)이라 하고 생각해 보자.

4-3 다음 | **보기** | 중 그 명제의 부정이 참인 것을 고르시오.

| 보기 |

ㄱ. 모든 자연수 x에 대하여 $x^2-2x\geq 0$이다.
ㄴ. 모든 홀수 x에 대하여 x^2은 홀수이다.
ㄷ. 어떤 실수 x에 대하여 $x^2+1\geq 0$이다.

필수 예제 5 명제의 역과 대우의 참, 거짓

다음 명제의 역과 대우를 말하고, 그것의 참, 거짓을 각각 판별하시오. (단, x, y는 실수이다.)

(1) $x>0$, $y>0$이면 $x+y>0$이다.

(2) $x^2=y^2$이면 $x=y$이다.

▶ 다시 정리하는 개념

명제 $p \longrightarrow q$에 대하여
① 역: $q \longrightarrow p$
② 대우: $\sim q \longrightarrow \sim p$

숫자 바꾼

5-1

다음 명제의 역과 대우를 말하고, 그것의 참, 거짓을 각각 판별하시오.
(단, x, y는 실수이다.)

(1) $x+y>2$이면 $x>1$, $y>1$이다.

(2) $x^2+y^2=0$이면 $x=0$, $y=0$이다.

5-2

다음 | **보기** |의 명제 중 역은 참이고 대우는 거짓인 것만을 모두 고르시오.
(단, x, y는 실수이다.)

| 보기 |

ㄱ. $xy>0$이면 $x>0$, $y>0$이다.
ㄴ. $x^2+y^2=0$이면 $xy=0$이다.
ㄷ. xy가 짝수이면 x, y가 모두 짝수이다.

명제 $p \longrightarrow q$와 그 대우 $\sim q \longrightarrow \sim p$의 참, 거짓은 일치함을 이용해 보자.

5-3

명제 '$x^2-ax+8\neq0$이면 $x-2\neq0$이다.'가 참일 때, 상수 a의 값을 구하시오.

필수 예제 6 충분조건, 필요조건, 필요충분조건

두 조건 p, q가 다음과 같을 때, p는 q이기 위한 무슨 조건인지 말하시오. (단, x, y는 실수이다.)

(1) p: x는 12의 약수, q: x는 6의 약수

(2) p: $x>0$, $y>0$, q: $x+y>0$

(3) p: $x^2=1$, q: $|x|=1$

다시 정리하는 개념

두 조건 p, q의 진리집합을 각각 P, Q라 할 때

- $P\subset Q$이면 p는 q이기 위한 충분조건이고 q는 p이기 위한 필요조건이다.
- $P=Q$이면 $p(q)$는 $q(p)$이기 위한 필요충분조건이다.

숫자 바꾼

6-1

두 조건 p, q가 다음과 같을 때, p는 q이기 위한 무슨 조건인지 말하시오.

(단, x, y는 실수이다.)

(1) p: $x^2=y^2$, q: $|x|=|y|$

(2) p: $x+y=2$, q: $x=1$, $y=1$

(3) p: $0<x<1$, q: $0\le x<2$

6-2

두 조건 p, q에 대하여 다음 | **보기** | 중 p가 q이기 위한 충분조건이지만 필요조건은 아닌 것을 모두 고르시오. (단, x, y는 실수이다.)

| **보기** |

ㄱ. p: $x>1$, q: $x>0$

ㄴ. p: $x-1=0$, q: $|x-1|=0$

ㄷ. p: $x+y=0$, q: $x^2+y^2=0$

ㄹ. p: $x>1$, $y>1$, q: $xy>1$

6-3

두 조건 p, q가

p: $|x-a|\le 2$, q: $-3\le x\le 3$

일 때, $\sim q$가 $\sim p$이기 위한 충분조건이 되도록 하는 정수 a의 개수를 구하시오.

실전 문제로 단원 마무리

NOTE

| 필수 예제 01 |

01 다음 명제 중 거짓인 것을 모두 고르면? (정답 2개)

① 사다리꼴은 평행사변형이다.

② 모든 양의 실수 x에 대하여 $2x>x$이다.

③ 모든 실수 x에 대하여 $x^2\geq 0$이다.

④ $\angle A=60°$인 삼각형 ABC는 정삼각형이다.

⑤ $x+3>x-5$

| 필수 예제 02 |

02 전체집합 $U=\{1, 2, 3, 4, 5\}$에서 정의된 두 조건 p, q가 p: $x^2+2x-3=0$, q: $x^2>4$일 때, 조건 'p 또는 $\sim q$'의 진리집합을 구하시오.

| 필수 예제 03 |

03 다음 | 보기 |의 명제 중 참인 것을 모두 고르시오. (단, x, y, z는 실수이다.)

| 보기 |

ㄱ. $x=3$이면 $x^2=9$이다.

ㄴ. $xz=yz$이면 $x=y$이다.

ㄷ. xy가 정수이면 x, y는 정수이다.

ㄹ. 자연수 n에 대하여 n이 짝수이면 n^2도 짝수이다.

| 필수 예제 03 |

04 두 조건 p: $x^2+2x-15<0$, q: $|x+1|<k$에 대하여 명제 $q \longrightarrow p$가 참이 되도록 하는 자연수 k의 개수를 구하시오.

| 필수 예제 04 |

05 다음 명제 중 거짓인 명제를 모두 고르면? (정답 2개)

① 어떤 소수는 짝수이다.

② 모든 무리수 x에 대하여 x^2은 유리수이다.

③ 모든 실수 x, y에 대하여 $x^2+y^2\geq 0$이다.

④ 어떤 실수 x에 대하여 $x^2-4=0$이다.

⑤ 사각형의 모든 내각이 직각이면 그 사각형은 정사각형이다.

| 필수 예제 05 |

06 다음 | **보기** |의 명제 중 그 역이 참인 것을 고르시오. (단, x, y는 실수이다.)

| 보기 |

ㄱ. $x=1$이면 $3x^2-x-2=0$이다.
ㄴ. $|x|+|y|=0$이면 $x=0$, $y=0$이다.
ㄷ. $-1<x<1$이면 $x^2\le1$이다.
ㄹ. x, y가 유리수이면 xy는 유리수이다.

NOTE

| 필수 예제 06 |

07 전체집합 U에서 두 조건 p, q의 진리집합이 각각 P, Q이고 p는 q이기 위한 충분조건일 때, 다음 중 항상 옳지 않은 것은?

① $Q^C\subset P^C$ ② $P\cap Q=P$ ③ $P\cup Q=Q$
④ $P-Q=\varnothing$ ⑤ $P^C\cap Q=\varnothing$

p는 q이기 위한 충분조건이므로 $P\subset Q$를 나타내는 벤 다이어그램을 그린 후, 그 위에서 각 보기가 성립하는지를 확인한다.

| 필수 예제 06 |

08 실수 x에 대하여 세 조건 p, q, r의 진리집합이 각각

$$P=\{x|0\le x<a\},\ Q=\{x|x\ge b\},\ R=\{x|-2\le x\le3 \text{ 또는 } x>5\}$$

이다. p는 r이기 위한 충분조건, q는 r이기 위한 충분조건일 때, 정수 a의 최댓값 M과 정수 b의 최솟값 m에 대하여 $M+m$의 값을 구하시오. (단, $a>0$)

| 필수 예제 03 |

09 교육청 기출

전체집합 U의 공집합이 아닌 세 부분집합 P, Q, R를 각각 세 조건 p, q, r의 진리집합이라 하자. 세 명제 $\sim p \longrightarrow r$, $r \longrightarrow \sim q$, $\sim r \longrightarrow q$가 모두 참일 때, | **보기** |에서 항상 옳은 것을 모두 고르시오.

| 보기 |

ㄱ. $P^C\subset R$ ㄴ. $P\subset Q$ ㄷ. $P\cap Q=R^C$

명제 $p \longrightarrow q$가 참이면 $P\subset Q$임을 이용하여 세 집합 P, Q, R 사이의 포함 관계를 파악한다.

| 필수 예제 06 |

10 교육청 기출

두 실수 a, b에 대하여 세 조건 p, q, r는

$$p\colon |a|+|b|=0,\ q\colon a^2-2ab+b^2=0,\ r\colon |a+b|=|a-b|$$

이다. | **보기** |에서 옳은 것을 모두 고르시오.

| 보기 |

ㄱ. p는 q이기 위한 충분조건이다.
ㄴ. $\sim p$는 $\sim r$이기 위한 필요조건이다.
ㄷ. q이고 r는 p이기 위한 필요충분조건이다.

절댓값 기호를 포함한 일차방정식은
• $|ax+b|=m$
➡ $ax+b=\pm m$
• $|ax+b|=cx+d$
➡ $ax+b=\pm(cx+d)$
임을 이용하여 푼다.

• 정답 및 해설 48쪽

1 다음 □ 안에 알맞은 것을 쓰시오.

(1) 참인지 거짓인지를 분명하게 판별할 수 있는 문장이나 식을 □라 한다.
또한, 변수를 포함한 문장이나 식의 참, 거짓이 변수의 값에 따라 판별될 때, 그 문장이나 식을 □이라 한다.

(2) 명제 또는 조건 p에 대하여
① 'p가 아니다.'를 p의 □이라 하고, 이것을 기호로 □와 같이 나타낸다.
② 명제 또는 조건 p에 대하여 $\sim(\sim p)=$□이다.

(3) 명제 $p \longrightarrow q$에 대하여 두 조건 p, q의 진리집합을 각각 P, Q라 할 때
① 명제 $p \longrightarrow q$가 참이면 P□Q이고, P□Q이면 명제 $p \longrightarrow q$는 참이다.
② 명제 $p \longrightarrow q$가 거짓이면 P□Q이고, P□Q이면 명제 $p \longrightarrow q$는 거짓이다.

(4) 명제 $p \longrightarrow q$에 대하여
① 명제 □를 $p \longrightarrow q$의 역이라 한다.
② 명제 □를 $p \longrightarrow q$의 대우라 한다.

(5) 명제 $p \longrightarrow q$가 참일 때, p는 q이기 위한 □, q는 p이기 위한 □이라 하고,
기호로 □와 같이 나타낸다.

(6) $p \Longrightarrow q$이고 $q \Longrightarrow p$일 때, p는 q이기 위한 □이라 하고,
기호로 □와 같이 나타낸다.

2 다음 문장이 옳으면 ○표, 옳지 않으면 ×표를 ( ) 안에 쓰시오.

(1) '0은 작은 수이다.'는 명제이고, '$2+4=1$'은 명제가 아니다. ( )

(2) '$x+2>1-x$'의 부정은 '$x+2\leq 1-x$'이다. ( )

(3) '2는 짝수이다.'는 거짓이다. ( )

(4) 명제 '모든 실수 x에 대하여 $x^2\geq 0$이다.'는 참이다. ( )

(5) 명제 $p \longrightarrow q$가 참이면 그 대우 $\sim q \longrightarrow \sim p$는 거짓이다. ( )

(6) $x=1$은 $x^2=1$이기 위한 충분조건이다. ( )

Ⅱ. 집합과 명제

08

명제의 증명

필수 예제 ❶ 대우를 이용한 증명

필수 예제 ❷ 귀류법을 이용한 증명

필수 예제 ❸ 절대부등식의 증명

필수 예제 ❹ 산술평균과 기하평균의 관계

필수 예제 ❺ 코시 – 슈바르츠의 부등식

08 명제의 증명

1 정의, 증명, 정리

(1) **정의**

용어의 뜻을 명확하게 정한 문장을 그 용어의 **정의**라 한다.

(2) **증명**

어떤 명제가 참임을 보이기 위해서는 그 명제의 가정과 이미 알려진 성질을 근거로 그것이 참임을 논리적으로 밝혀야 하는데 이 과정을 증명이라 한다.

(3) **정리**

참인 명제를 **정리**라 하고, 정리는 다른 명제를 증명하는 데 사용되기도 한다.

참고 • 평행사변형은 두 쌍의 대변이 각각 평행한 사각형이다. ➡ 정의
• 평행사변형의 두 대각선은 서로 다른 것을 이등분한다. ➡ 정리

2 명제의 증명

명제가 참임을 직접 증명하기 어려울 때, 다음과 같이 간접적인 방법으로 증명할 수 있다.

(1) **대우를 이용한 증명**

명제 $p \longrightarrow q$가 참이면 그 대우 $\sim q \longrightarrow \sim p$도 참이므로 명제 $p \longrightarrow q$가 참임을 증명할 때 그 대우 $\sim q \longrightarrow \sim p$가 참임을 증명해도 된다.

참고 n이 자연수일 때, 'n^2이 홀수이면 n도 홀수이다.'를 증명할 때, n^2이 홀수이므로 $n^2=2k-1$(k는 자연수)로 나타내면 $n=\sqrt{2k-1}$이므로 n이 홀수임을 직접 증명하는 것은 쉽지 않다.
이때는 명제의 대우를 이용하여 'n이 짝수이면 n^2도 짝수이다.'를 증명한다.❶

(2) **귀류법을 이용한 증명**

어떤 명제가 참임을 증명할 때, 그 명제 또는 명제의 결론을 부정하여 가정 또는 이미 알려진 사실에 모순됨을 보이는 방법을 **귀류법**이라 한다.

3 절대부등식

(1) **절대부등식**

부등식의 문자에 어떤 실수를 대입하여도 항상 성립하는 부등식을 **절대부등식**이라 한다.

(2) **부등식의 증명에 이용되는 실수의 성질**

a, b가 실수일 때

① $a>b \Longleftrightarrow a-b>0$

② $a^2\ge 0$, $a^2+b^2\ge 0$

③ $a^2+b^2=0 \Longleftrightarrow a=b=0$

④ $|a|^2=a^2$, $|a||b|=|ab|$, $|a|\ge a$

⑤ $a>0$, $b>0$일 때, $a>b \Longleftrightarrow a^2>b^2$

(3) **산술평균과 기하평균의 관계**

$a>0$, $b>0$일 때, $\frac{a+b}{2}\ge\sqrt{ab}$ (단, 등호는 $a=b$일 때 성립한다.)❷

(4) **코시-슈바르츠의 부등식**

a, b, x, y가 실수일 때, $(a^2+b^2)(x^2+y^2)\ge(ax+by)^2$

(단, 등호는 $ay=bx$일 때 성립한다.)

개념 플러스+

❶ 명제의 대우에서 전제 조건은 변하지 않는다. 예를 들어, 'n이 자연수일 때, ~라 하면' 이것은 가정도 결론도 아닌 n에 대한 조건이므로 그 명제의 대우에서도 이 조건은 그대로 적용된다.

❷ 두 양수 a, b에 대하여 $\frac{a+b}{2}$를 a와 b의 산술평균, $\sqrt{ab}$를 a와 b의 기하평균이라 한다.

교과서 개념 확인하기

정답 및 해설 48쪽

1 다음은 명제 '$xy \neq 0$이면 $x \neq 0$, $y \neq 0$이다.'가 참임을 대우를 이용하여 증명하는 과정이다. (가), (나), (다)에 알맞은 것을 각각 구하시오.

> 주어진 명제의 대우 '$x=0$ [(가)] $y=0$이면 xy[(나)]0이다.'가 참임을 보인다.
> $x=0$, $y \neq 0$일 때 xy[(다)]0이고,
> $x \neq 0$, $y=0$일 때 xy[(다)]0이고,
> $x=0$, $y=0$일 때 xy[(다)]0이다.
> 따라서 주어진 명제의 대우가 참이므로 주어진 명제도 참이다.

2 다음은 명제 '$xy \neq 0$이면 $x \neq 0$, $y \neq 0$이다.'가 참임을 귀류법을 이용하여 증명하는 과정이다. (가), (나), (다)에 알맞은 것을 각각 구하시오.

> 주어진 명제의 결론을 부정하여 $x=0$ [(가)] $y=0$이라 가정하면
> $x=0$, $y \neq 0$일 때 xy[(나)]0이고,
> $x \neq 0$, $y=0$일 때 xy[(나)]0이고,
> $x=0$, $y=0$일 때 xy[(나)]0이다.
> 따라서 xy[(다)]0이라는 가정에 모순이므로 $xy \neq 0$이면 $x \neq 0$, $y \neq 0$이다.

3 다음은 a, b가 양수일 때, 부등식 $\frac{a+b}{2} \geq \sqrt{ab}$가 성립함을 증명하는 과정이다. (가), (나), (다)에 알맞은 것을 각각 구하시오.

> $a>0$, $b>0$이므로
> $\frac{a+b}{2}-\sqrt{ab}=\frac{a-2\sqrt{ab}+b}{2}=\frac{(\boxed{(가)})^2}{2} \geq \boxed{(나)}$
> 따라서 $\frac{a+b}{2} \geq \sqrt{ab}$이다. 이때 등호가 성립하는 경우는 [(다)]일 때이다.

4 다음은 a, b, x, y가 실수일 때, 부등식 $(a^2+b^2)(x^2+y^2) \geq (ax+by)^2$이 성립함을 증명하는 과정이다. (가), (나), (다)에 알맞은 것을 각각 구하시오.

> $(a^2+b^2)(x^2+y^2)-(ax+by)^2=a^2x^2+a^2y^2+b^2x^2+b^2y^2-(a^2x^2+2abxy+b^2y^2)$
> $=a^2y^2-2abxy+b^2x^2$
> $=(\boxed{(가)})^2 \geq \boxed{(나)}$
> 따라서 $(a^2+b^2)(x^2+y^2) \geq (ax+by)^2$이다.
> 이때 등호가 성립하는 경우는 [(다)]일 때이다.

교과서 예제로 개념 익히기

필수 예제 1 대우를 이용한 증명

다음은 명제 '자연수 n에 대하여 n^2이 홀수이면 n도 홀수이다.'가 참임을 대우를 이용하여 증명하는 과정이다. (가), (나), (다)에 알맞은 것을 각각 구하시오.

> 주어진 명제의 대우 '자연수 n에 대하여 n이 [(가)]이면 n^2도 [(가)]이다.'가 참임을 보이면 된다.
> n이 [(가)]이면 $n=$[(나)] (k는 자연수)로 나타낼 수 있으므로
> $n^2=($[(나)]$)^2=2($[(다)]$)$
> 이때 [(다)]이 자연수이므로 n^2은 [(가)]이다.
> 따라서 주어진 명제의 대우가 참이므로 주어진 명제도 참이다.

다시 정리하는 개념

명제 'p이면 q이다.'가 참임을 증명하기 어려울 때는 그 대우 '$\sim q$이면 $\sim p$이다.'가 참임을 증명한다.

숫자 바꾼

1-1 명제 '자연수 n에 대하여 n^2이 짝수이면 n도 짝수이다.'가 참임을 대우를 이용하여 증명하시오.

1-2 명제 '두 자연수 a, b에 대하여 a, b가 서로소이면 a 또는 b는 홀수이다.'가 참임을 대우를 이용하여 증명하시오.

1-3 다음은 명제 '자연수 n에 대하여 n^2이 3의 배수이면 n은 3의 배수이다.'가 참임을 대우를 이용하여 증명하는 과정이다. (가), (나), (다)에 알맞은 것을 각각 구하시오.

> 주어진 명제의 대우 '자연수 n에 대하여 n이 3의 배수가 아니면 n^2은 3의 배수가 아니다.'가 참임을 보이면 된다.
> n이 3의 배수가 아니므로
> $n=3k+1$ 또는 $n=$[(가)] (k는 0 이상의 정수)
> 로 나타낼 수 있다.
> $n=3k+1$일 때, $n^2=3($[(나)]$)+1$
> $n=$[(가)]일 때, $n^2=3($[(다)]$)+1$
> 이때 [(나)], [(다)]은 0 이상의 정수이므로 n^2은 3의 배수가 아니다.
> 따라서 주어진 명제의 대우가 참이므로 주어진 명제도 참이다.

필수 예제 2 귀류법을 이용한 증명

다음은 명제 '두 자연수 a, b에 대하여 ab가 짝수이면 a 또는 b는 짝수이다.'가 참임을 귀류법을 이용하여 증명하는 과정이다. (가)~(라)에 알맞은 것을 각각 구하시오.

> a, b를 모두 [(가)]라 가정하면
> $a=2k-1$, $b=$[(나)] (k, l은 자연수)로 나타낼 수 있으므로
> $ab=(2k-1)($[(나)]$)=2($[(다)]$)+1$
> 이때 [(다)]은 자연수이므로 ab가 [(라)]라는 가정에 모순이다.
> 따라서 ab가 짝수이면 a 또는 b는 짝수이다.

다시 정리하는 개념

직접 증명하기 어려운 명제는 결론을 부정하여 명제의 가정에 모순이 생김을 보여서 원래의 명제가 참임을 증명한다.

숫자 바꾼

2-1 명제 '두 자연수 a, b에 대하여 a^2+ab+b^2이 홀수이면 a 또는 b는 홀수이다.'가 참임을 귀류법을 이용하여 증명하시오.

2-2 명제 '두 실수 a, b에 대하여 $a^2+b^2=0$이면 $a=0$이고 $b=0$이다.'가 참임을 귀류법을 이용하여 증명하시오.

2-3 다음은 명제 '$\sqrt{2}$는 유리수가 아니다.'가 참임을 귀류법을 이용하여 증명하는 과정이다. (가)~(바)에 알맞은 것을 각각 구하시오.

> $\sqrt{2}$가 유리수라 가정하면 $\sqrt{2}=\frac{n}{m}$ (m, n은 서로소인 자연수) …… ㉠
> 으로 나타낼 수 있다.
> ㉠의 양변을 제곱하면 $2=\frac{n^2}{m^2}$ $\quad\therefore n^2=2m^2$ …… ㉡
> 즉, n^2이 [(가)]이므로 n은 [(나)]이다.
> 이때 $n=2k$ (k는 자연수)로 나타낼 수 있으므로 이것을 ㉡에 대입하면
> $(2k)^2=2m^2$ $\quad\therefore m^2=2k^2$
> 이때 m^2이 [(다)]이므로 m은 [(라)]이다.
> 즉, m, n이 모두 [(마)]이므로 m, n이 [(바)]라는 가정에 모순이다.
> 따라서 $\sqrt{2}$는 유리수가 아니다.

필수 예제 3 절대부등식의 증명

a, b가 실수일 때, 다음 부등식이 성립함을 증명하시오.

(1) $a^2+b^2 \geq 2ab$ (2) $|a|+|b| \geq |a+b|$

▶ 다시 정리하는 개념

부등식 $A \geq B$에서

- A, B가 다항식이면 $A-B$를 완전제곱식으로 변형하여 (완전제곱식)≥ 0임을 증명한다.
- A, B가 절댓값 또는 제곱근을 포함한 식이면 $A^2-B^2 \geq 0$임을 증명한다.

숫자 바꾼

3-1 a, b가 실수일 때, 다음 부등식이 성립함을 증명하시오.

(1) $a^2+4b^2 \geq 4ab$ (2) $|a|+1 \geq |a+1|$

3-2 x, y, z가 실수일 때, 다음 부등식이 성립함을 증명하시오.

(1) $x^2+y^2 \geq xy$ (2) $x^2+y^2+z^2 \geq xy+yz+zx$

3-3 $x \geq 0$, $y \geq 0$일 때, 다음 부등식이 성립함을 증명하시오.

(1) $x+y \geq 2\sqrt{xy}$ (2) $\sqrt{x}+\sqrt{y} \geq \sqrt{x+y}$

• 정답 및 해설 49쪽

필수 예제 4 산술평균과 기하평균의 관계

$x>0$, $y>0$일 때, 다음을 구하시오.

(1) $xy=4$일 때, $x+4y$의 최솟값

(2) $9x+y=18$일 때, xy의 최댓값

다시 정리하는 개념

$a>0$, $b>0$이면 $a+b\geq 2\sqrt{ab}$ (단, 등호는 $a=b$일 때 성립)임을 이용하여 주어진 식의 최댓값 또는 최솟값을 구한다.

숫자 바꾼

4-1 $a>0$, $b>0$일 때, 다음을 구하시오.

(1) $ab=8$일 때, $4a+2b$의 최솟값

(2) $3a+2b=12$일 때, ab의 최댓값

식을 전개하거나 변형한 후, 산술평균과 기하평균의 관계를 이용해 보자.

4-2 $2a>0$, $b>0$일 때, $(a+b)\left(\frac{1}{a}+\frac{1}{b}\right)$의 최솟값을 구하시오.

필수 예제 5 코시-슈바르츠의 부등식

실수 a, b, x, y에 대하여 다음을 구하시오.

(1) $a^2+b^2=20$, $x^2+y^2=5$일 때, $ax+by$의 최솟값

(2) $x^2+y^2=5$일 때, $x+2y$의 최댓값

다시 정리하는 개념

a, b, x, y가 실수일 때, $(a^2+b^2)(x^2+y^2)\geq(ax+by)^2$ (단, 등호는 $ay=bx$일 때 성립)임을 이용하여 주어진 식의 값을 구한다.

숫자 바꾼

5-1 실수 a, b, x, y에 대하여 다음을 구하시오.

(1) $a^2+b^2=45$, $x^2+y^2=5$일 때, $ax+by$의 최댓값

(2) $x^2+y^2=20$일 때, $2x+4y$의 최솟값

5-2 두 실수 x, y에 대하여 $4x+3y=5$일 때, x^2+y^2의 최솟값을 구하시오.

실전 문제로 단원 마무리

NOTE

| 필수 예제 01 |

01 다음은 명제 'a, b, c가 양의 정수일 때, $a^2+b^2=c^2$이면 a, b, c 중 적어도 하나는 짝수이다.'를 증명하는 과정이다. (가), (나), (다)에 알맞은 각각 구하시오.

> 주어진 명제의 대우 'a, b, c가 양의 정수일 때, a, b, c가 모두 [(가)]이면 $a^2+b^2 \neq c^2$이다.'가 참임을 보이면 된다.
> a, b, c가 모두 [(가)]라 하면 a^2, b^2, c^2이 모두 홀수이므로
> a^2+b^2은 [(나)]이고, c^2은 [(다)]이다.
> 즉, $a^2+b^2 \neq c^2$임을 알 수 있다.
> 따라서 주어진 명제의 대우가 참이므로 주어진 명제도 참이다.

| 필수 예제 02 |

02 명제 '$\sqrt{5}$는 유리수가 아니다.'가 참임을 귀류법을 이용하여 증명하시오.

| 필수 예제 03 |

03 x, y가 실수일 때, 절대부등식인 것을 다음 | **보기** |에서 모두 고르시오.

| 보기 |

ㄱ. $x^2-x+1>0$　　ㄴ. $(2x+y)^2 \geq 4xy$　　ㄷ. $9x^2+1>6x$

| 필수 예제 03 |

04 a, b가 실수일 때, $|a|+|b| \geq |a-b|$가 성립함을 증명하시오.

| 필수 예제 04 |

05 두 양수 x, y에 대하여 $\left(x+\frac{2}{y}\right)\left(\frac{1}{x}+\frac{y}{8}\right)$는 $xy=m$일 때, 최솟값 n을 갖는다. 이때 mn의 값을 구하시오.

식을 전개하거나 변형한 후, 산술평균과 기하평균의 관계를 이용한다.

| 필수 예제 04 |

06 $x>3$일 때, $x+\frac{1}{x-3}$의 최솟값을 구하시오.

산술평균과 기하평균의 관계를 이용할 수 있도록 식을 변형한다. 이때 미지수가 반드시 양수인지 확인한다.

| 필수 예제 05 |

07 두 실수 x, y에 대하여 $x^2+y^2=10$일 때, $3x+y$의 최댓값을 M, 이때의 x, y의 값을 각각 α, β라 하자. $M+\alpha+\beta$의 값을 구하시오.

| 필수 예제 05 |

08 두 실수 x, y에 대하여 $\frac{x}{2}+y=\sqrt{5}$일 때, x^2+y^2의 최솟값을 구하시오.

| 필수 예제 02 |

09 교육청 기출

다음은 $n\geq2$인 자연수 n에 대하여 $\sqrt{n^2-1}$이 무리수임을 증명한 것이다.

| 증명 |

$\sqrt{n^2-1}$이 유리수라 가정하면

$\sqrt{n^2-1}=\frac{q}{p}$ (p, q는 서로소인 자연수)로 나타낼 수 있다.

위의 식의 양변을 제곱하여 정리하면 $p^2(n^2-1)=q^2$이다.

p는 q^2의 약수이고 p, q는 서로소인 자연수이므로 $n^2=$ (가) 이다.

자연수 k에 대하여

(i) $q=2k$일 때

$(2k)^2<n^2<$ (나) 인 자연수 n이 존재하지 않는다.

(ii) $q=2k+1$일 때

(나) $<n^2<(2k+2)^2$인 자연수 n이 존재하지 않는다.

(i), (ii)에서

$\sqrt{n^2-1}=\frac{q}{p}$ (p, q는 서로소인 자연수)를 만족시키는 자연수 n은 존재하지 않는다.

따라서 $\sqrt{n^2-1}$은 무리수이다.

위의 (가), (나)에 알맞은 식을 각각 $f(q)$, $g(k)$라 할 때, $f(2)+g(3)$의 값을 구하시오.

| 필수 예제 04 |

10 교육청 기출

한 모서리의 길이가 6이고 부피가 108인 직육면체를 만들려고 한다. 이때 만들 수 있는 직육면체의 대각선의 길이의 최솟값은?

① $6\sqrt{2}$ ② 9 ③ $7\sqrt{2}$ ④ 11 ⑤ $8\sqrt{2}$

NOTE

직육면체의 세 모서리의 길이를 각각 양수인 미지수로 놓고, 직육면체의 부피를 이용하여 관계식을 세운 후, 산술평균과 기하평균의 관계를 이용한다.

• 정답 및 해설 52쪽

1 다음 □ 안에 알맞은 것을 쓰시오.

(1) 용어의 뜻을 명확하게 정한 문장을 그 용어의 □라 한다.
또한, 어떤 명제가 참임을 보이기 위해서는 그 명제의 가정과 이미 알려진 성질을 근거로 그것이 참임을 논리적으로 밝혀야 하는데 이 과정을 □이라 한다.
이때 참인 명제를 □라 한다.

(2) 명제 $p \longrightarrow q$가 참이면 그 대우 $\sim q \longrightarrow \sim p$도 참이므로 명제 $p \longrightarrow q$가 참임을 증명할 때 그 □ $\sim q \longrightarrow \sim p$가 참임을 증명해도 된다.

(3) 어떤 명제가 참임을 증명할 때, 그 명제 또는 명제의 결론을 부정하여 가정 또는 이미 알려진 사실에 모순됨을 보이는 방법을 □이라 한다.

(4) 부등식의 문자에 어떤 실수를 대입하여도 항상 성립하는 부등식을 □이라 한다.

(5) 산술평균과 기하평균의 관계는 다음과 같다.

> $a>0$, $b>0$일 때
> $\dfrac{\square}{2} \geq \sqrt{ab}$ (단, 등호는 □일 때 성립한다.)

(6) 코시 – 슈바르츠의 부등식은 다음과 같다.

> a, b, x, y가 실수일 때
> $(a^2+b^2)(x^2+y^2) \geq$ □ (단, 등호는 □일 때 성립한다.)

2 다음 문장이 옳으면 ○표, 옳지 않으면 ×표를 ( ) 안에 쓰시오.

(1) '평행사변형은 두 쌍의 대변이 각각 평행한 사각형이다.'는 정의이다. ( )

(2) '평행사변형의 두 대각선은 서로 다른 것을 이등분한다.'는 정의이다. ( )

(3) 주어진 명제를 직접 증명하기 어려울 때, 명제의 대우가 참임을 증명해도 된다. ( )

(4) 귀류법은 명제의 가정을 부정하여 주어진 명제의 결론이 모순됨을 보이는 것이다. ( )

(5) 부등식 $2x+1>x$는 절대부등식이다. ( )

(6) x가 실수일 때, 부등식 $(x-1)^2 \geq 0$은 절대부등식이다. ( )

Ⅲ. 함수

09

함수

필수 예제 1 함수의 뜻과 함숫값

필수 예제 2 여러 가지 함수의 그래프

필수 예제 3 여러 가지 함수의 응용

필수 예제 4 합성함수와 함숫값

필수 예제 5 합성함수 구하기

필수 예제 6 역함수의 뜻

필수 예제 7 역함수와 그 성질

필수 예제 8 역함수와 그 그래프

09 함수

1 함수

두 집합 X, Y에 대하여 X의 원소에 Y의 원소를 짝 짓는 것을 X에서 Y로의 **대응**❶이라 한다. 두 집합 X, Y에 대하여 X의 각 원소에 Y의 원소가 오직 하나씩 대응할 때, 이 대응을 집합 X에서 집합 Y로의 함수❷라 하고, 이 함수 f를 기호로 $f: X \longrightarrow Y$와 같이 나타낸다.

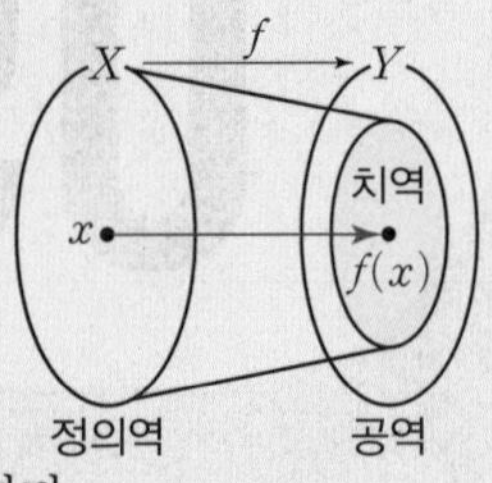

(1) **정의역**: 함수 $f: X \longrightarrow Y$에서 집합 X를 함수 f의 **정의역**이라 한다.

(2) **공역**: 함수 $f: X \longrightarrow Y$에서 집합 Y를 함수 f의 **공역**이라 한다.

(3) **치역**: 함수 f의 함숫값 전체의 집합, 즉 $\{f(x) \mid x \in X\}$❸를 함수 f의 **치역**이라 한다.

(4) **함수의 그래프**: 함수 $f: X \longrightarrow Y$에서 정의역 X의 각 원소 x와 이에 대응하는 함숫값 $f(x)$의 순서쌍 $(x, f(x))$ 전체의 집합 $\{(x, f(x)) \mid x \in X\}$를 함수 f의 그래프라 한다.

2 서로 같은 함수

두 함수 f, g의 정의역과 공역이 각각 같고, 정의역의 모든 원소 x에 대하여 $f(x)=g(x)$일 때, 두 함수 f와 g는 서로 같다고 하고, 기호로 $f=g$❹와 같이 나타낸다.

3 여러 가지 함수

(1) **일대일함수**: 함수 $f: X \longrightarrow Y$에서 정의역 X의 임의의 두 원소 x_1, x_2에 대하여 $x_1 \neq x_2$이면 $f(x_1) \neq f(x_2)$일 때, 이 함수 f를 **일대일함수**라 한다.❺

(2) **일대일대응**: 함수 $f: X \longrightarrow Y$가 일대일함수이고 치역과 공역이 같을 때, 이 함수 f를 **일대일대응**이라 한다.

(3) **항등함수**: 함수 $f: X \longrightarrow X$에서 정의역 X의 임의의 원소 x에 대하여 $f(x)=x$일 때, 이 함수 f를 집합 X에서의 **항등함수**라 한다.

(4) **상수함수**: 함수 $f: X \longrightarrow Y$에서 정의역 X의 모든 원소 x에 대하여 공역 Y의 오직 하나의 원소 c가 대응할 때, 즉 $f(x)=c$일 때, 이 함수 f를 **상수함수**라 한다.

4 합성함수

(1) **합성함수**: 세 집합 X, Y, Z에 대하여 두 함수 f, g가 $f: X \longrightarrow Y$, $g: Y \longrightarrow Z$일 때, X의 임의의 원소 x에 Z의 원소 $g(f(x))$를 대응시키는 함수를 함수 f와 g의 **합성함수**라 하고, 기호로 $\boldsymbol{g \circ f}$와 같이 나타낸다.❻ 즉,

$$g \circ f: X \longrightarrow Z,\ (g \circ f)(x)=g(f(x))$$

이고, 두 함수 f, g의 합성함수를 $\boldsymbol{y=g(f(x))}$와 같이 나타낼 수 있다.

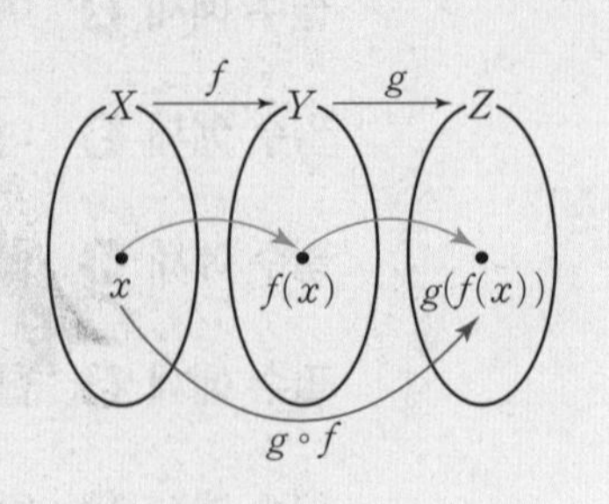

(2) **합성함수의 성질**: 세 함수 f, g, h에 대하여

① $g \circ f \neq f \circ g$　　② $f \circ (g \circ h)=(f \circ g) \circ h$

③ $f \circ I=I \circ f=f$ (단, I는 항등함수)

개념 플러스+

❶ X의 원소 x에 Y의 원소 y가 짝 지어지면 x에 y가 대응한다고 하고, 기호로

$x \longrightarrow y$

와 같이 나타낸다.

❷ 함수 $y=f(x)$의 정의역이나 공역이 주어지지 않을 때는 정의역은 $f(x)$가 정의되는 모든 실수 x의 집합으로, 공역은 실수 전체의 집합으로 한다.

❸ 치역은 공역의 부분집합이다.

❹ 두 함수 f, g가 같지 않을 때는 $f \neq g$로 나타낸다.

❺ 명제 '$x_1 \neq x_2$이면 $f(x_1) \neq f(x_2)$'의 대우 '$f(x_1)=f(x_2)$이면 $x_1=x_2$'를 만족시켜도 함수 f는 일대일함수이다.

▣ 항등함수는 일대일대응이다.

▣ 상수함수의 치역은 원소가 1개인 집합이다.

❻ 함수 f의 치역이 함수 g의 정의역의 부분집합일 때, 합성함수 $g \circ f$를 정의할 수 있다.

▣ 세 함수 f, g, h에 대하여 결합법칙이 성립하므로 괄호를 생략하여 $f \circ g \circ h$와 같이 나타낼 수 있다.

5 역함수

(1) **역함수**: 함수 $f: X \longrightarrow Y$가 일대일대응일 때, Y의 각 원소 y에 $y=f(x)$인 X의 원소 x를 대응시키는 함수를 함수 f의 **역함수**라 하고, 기호로 f^{-1}와 같이 나타낸다. 즉,

(→ 역함수가 존재할 조건: 일대일대응일 때)

$$f^{-1}: Y \longrightarrow X,\ x=f^{-1}(y)$$

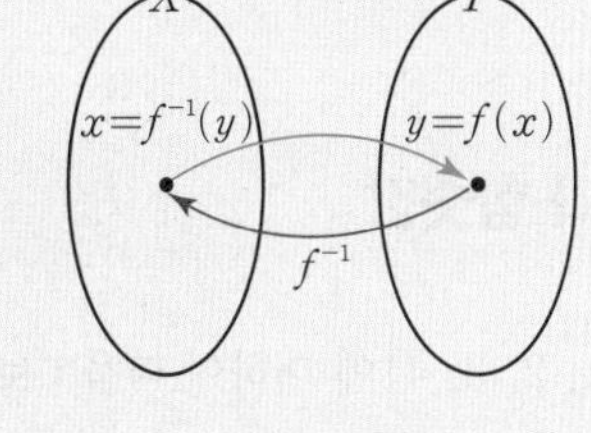

(2) **역함수의 성질**: 두 함수 f, g의 역함수를 각각 f^{-1}, g^{-1}라 할 때,

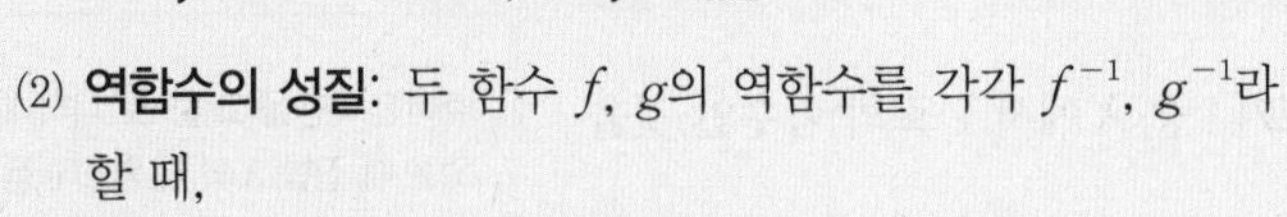

① $(f^{-1} \circ f)(x)=x\ (x \in X)$, $(f \circ f^{-1})(y)=y\ (y \in Y)$

② $(f^{-1})^{-1}=f$

③ $(g \circ f)^{-1}=f^{-1} \circ g^{-1}$

(3) **역함수의 그래프**: 함수 $y=f(x)$의 그래프와 그 역함수 $y=f^{-1}(x)$의 그래프는 직선 $y=x$에 대하여 대칭이다.

개념 플러스+

※ f^{-1}는 'f의 역함수' 또는 'f inverse'라 읽는다.

교과서 개념 확인하기

정답 및 해설 53쪽

1 다음 물음에 답하시오.

(1) 오른쪽 | **보기** |의 대응 중 집합 X에서 집합 Y로의 함수인 것을 고르시오.

(2) 함수인 것의 정의역, 공역, 치역을 말하시오.

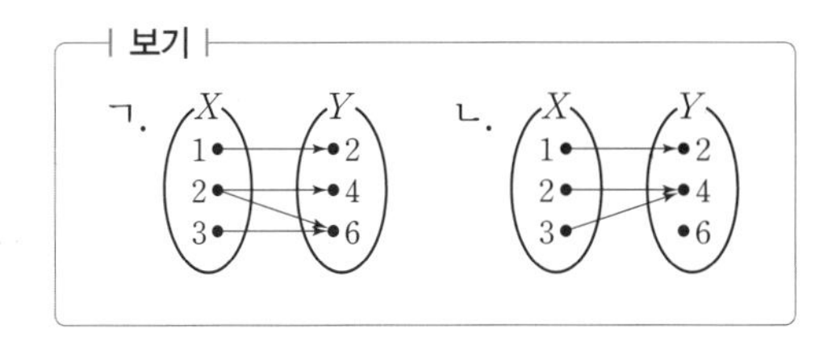

2 두 집합 $X=\{-1, 0, 1, 2\}$, $Y=\{-1, 0, 1, 2, 3\}$에 대하여 함수 $f: X \longrightarrow Y$의 치역을 구하시오.

(1) $f(x)=x^2-1$

(2) $f(x)=|x|+1$

3 집합 X에서 집합 Y로의 함수 f가 | **보기** |와 같을 때, 다음에 해당하는 것을 모두 고르시오.

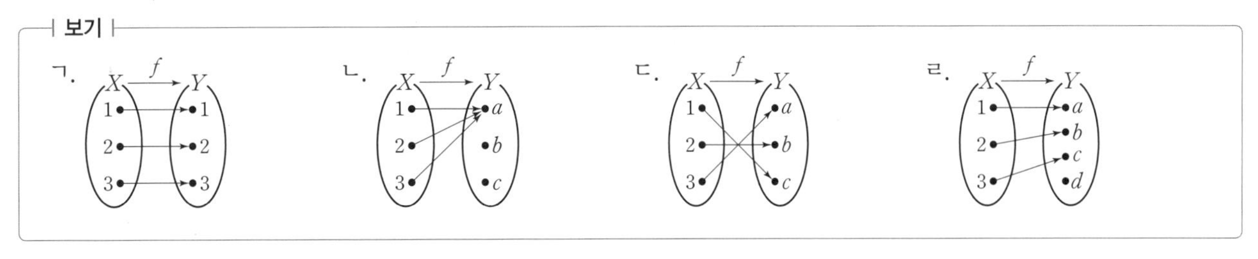

(1) 일대일함수

(2) 일대일대응

(3) 항등함수

(4) 상수함수

4 두 함수 f, g가 $f(x)=x-1$, $g(x)=2x^2$일 때, 다음을 구하시오.

(1) $(g \circ f)(-1)$

(2) $(f \circ g)(3)$

5 함수 $f: X \longrightarrow Y$가 오른쪽 그림과 같을 때, 다음을 구하시오.

(1) $f^{-1}(2)$

(2) $f^{-1}(3)$

(3) $f^{-1}(4)$

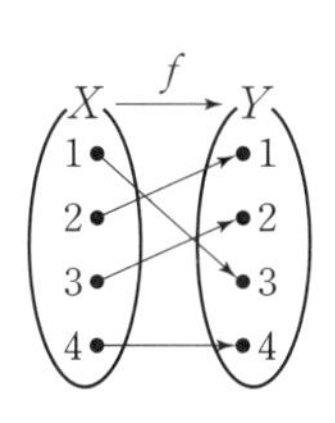

교과서 예제로 개념 익히기

필수 예제 1 함수의 뜻과 함숫값

두 집합 $X=\{1, 2, 3\}$, $Y=\{1, 2, 3, 4\}$에 대하여 다음 | **보기** | 중 X에서 Y로의 함수인 것을 모두 고르시오.

| 보기 |

ㄱ. $x \longrightarrow x+1$　　　ㄴ. $x \longrightarrow -x+6$

ㄷ. $x \longrightarrow x^2$　　　ㄹ. $x \longrightarrow |x|$

다시 정리하는 개념

주어진 대응을 그림으로 나타내었을 때, 집합 X의 각 원소에 집합 Y의 원소가 오직 하나씩 대응하는 것이 함수이다.

➡ 집합 X의 일부 원소에 집합 Y의 원소가 대응하지 않거나 집합 X의 한 원소에 집합 Y의 2개 이상의 원소가 대응하는 것은 함수가 아니다.

숫자 바꾼

1-1 다음 중 집합 $X=\{1, 2\}$에서 집합 $Y=\{-2, -1, 0, 1, 2\}$로의 함수가 아닌 것은?

① $x \longrightarrow 1$　② $x \longrightarrow -x$　③ $x \longrightarrow |x|-1$

④ $x \longrightarrow 2x-3$　⑤ $x \longrightarrow x^2$

1-2 집합 $X=\{1, 2, 3, 4, 5, 6, 7\}$을 정의역으로 하는 함수 f가

$$f(x)=\begin{cases} x+1 & (x\text{는 홀수}) \\ -x+1 & (x\text{는 짝수}) \end{cases}$$

일 때, 함수 f의 치역을 구하시오.

1-3 집합 $X=\{1, 2\}$를 정의역으로 하는 두 함수

$$f(x)=x^2+ax+1,\ g(x)=4x+b$$

에 대하여 $f=g$가 되도록 하는 두 상수 a, b에 대하여 ab의 값을 구하시오.

• 정답 및 해설 53쪽

필수 예제 2 여러 가지 함수의 그래프

실수 전체의 집합에서 정의된 | 보기 |의 그래프 중 다음에 알맞은 것을 모두 고르시오.

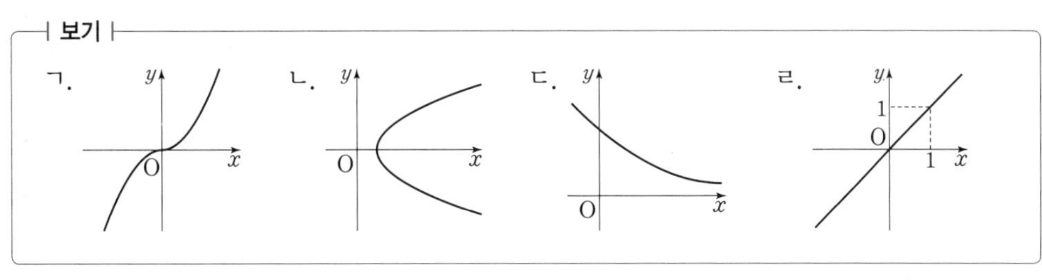

(1) 함수 (2) 일대일함수
(3) 일대일대응 (4) 항등함수

다시 정리하는 개념

① 주어진 그래프와
- 직선 $x=k$의 교점이 1개 ➡ 함수
- 직선 $x=k$, $y=a$의 교점이 각각 1개 ➡ 일대일함수
- 직선 $x=k$, $y=a$의 교점이 각각 1개이고 (치역)=(공역) ➡ 일대일대응

② 주어진 그래프가
x축과 평행한 직선 ➡ 상수함수
직선 $y=x$ ➡ 항등함수

숫자 바꾼

2-1

실수 전체의 집합에서 정의된 | 보기 |의 그래프 중 다음에 알맞은 것을 모두 고르시오.

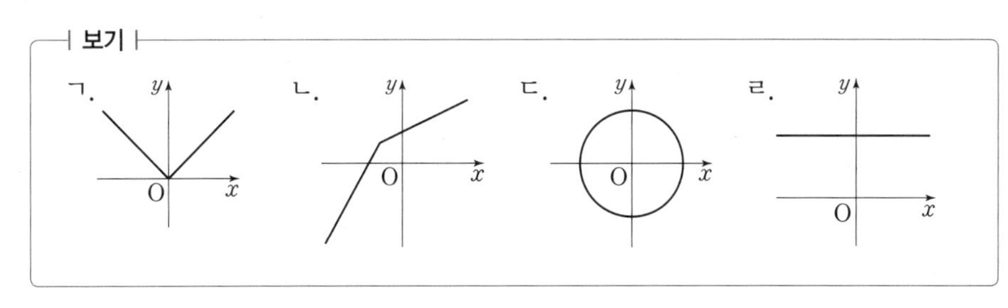

(1) 함수 (2) 일대일함수
(3) 일대일대응 (4) 상수함수

2-2

정의역과 공역이 실수 전체의 집합인 다음 함수 중 일대일대응인 것을 모두 고르면? (정답 2개)

① $f(x)=x+1$ ② $f(x)=x^2$ ③ $f(x)=3$
④ $f(x)=-x+4$ ⑤ $f(x)=|x|$

2-3

집합 $X=\{-1, 0, 1\}$에 대하여 다음 | 보기 | 중 X에서 X로의 함수인 것의 개수를 m, 일대일대응인 것의 개수를 n이라 할 때, $m+n$의 값을 구하시오.

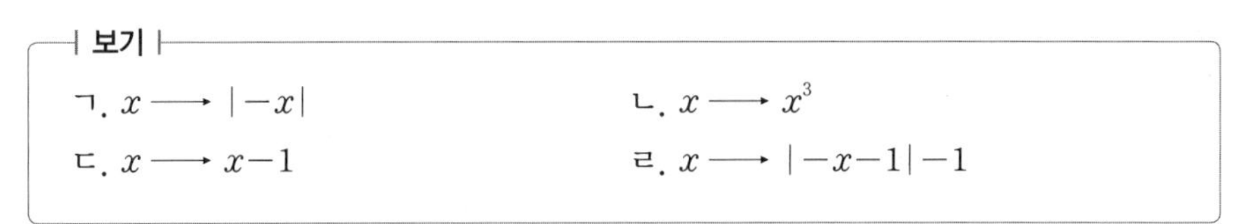

필수 예제 3 여러 가지 함수의 응용

두 집합 $X=\{x|-1\le x\le 3\}$, $Y=\{y|-2\le y\le 10\}$에 대하여 X에서 Y로의 함수 $f(x)=ax+b\,(a>0)$가 일대일대응일 때, $a+b$의 값을 구하시오. (단, a, b는 상수이다.)

▶ 문제해결 tip

함수 $f(x)$가 일대일대응이면 (치역)=(공역)이므로 정의역이 $\{x|a\le x\le b\}$이면 치역의 양 끝 값이 $f(a)$, $f(b)$이다.

숫자 바꾼

3-1 두 집합 $X=\{x|-1\le x\le 2\}$, $Y=\{y|-1\le y\le 5\}$에 대하여 X에서 Y로의 함수 $f(x)=ax+b\,(a<0)$가 일대일대응일 때, ab의 값을 구하시오. (단, a, b는 상수이다.)

3-2 두 집합 $X=\{x|x\ge 2\}$, $Y=\{Y|y\ge 3\}$에 대하여 X에서 Y로의 함수 $f(x)=(x-1)^2+a$가 일대일대응일 때, 상수 a의 값을 구하시오.

항등함수 $f(x)=x$는 정의역의 원소가 곧 함숫값이고, 상수함수 $f(x)=c$ (c는 상수)의 함숫값은 1개이므로 정의역의 모든 원소에 대한 함숫값도 1개로 모두 같음을 이용하자.

3-3 실수 전체의 집합에서 정의된 두 함수 f, g에 대하여 $f(x)$는 항등함수이고, $g(x)$는 상수함수이다. $f(3)=g(3)$일 때, $f(-1)+g(1)$의 값을 구하시오.

필수 예제 4 합성함수와 함숫값

두 함수 $f(x)=\begin{cases} 4 & (x<3) \\ -3x+1 & (x\geq 3) \end{cases}$, $g(x)=x-1$에 대하여 $(g\circ f)(1)+(f\circ g)(4)$의 값을 구하시오.

문제 해결 tip

$(f\circ g)(a)$의 값은 $(f\circ g)(a)=f(g(a))$이므로 $g(a)$의 값을 구한 후 $f(x)$의 x 대신 $g(a)$의 값을 대입하여 구한다.

숫자 바꾼

4-1 두 함수 $f(x)=\begin{cases} -2x+6 & (x\geq 1) \\ 4 & (x<1) \end{cases}$, $g(x)=-x^2+1$에 대하여 $(f\circ g)(0)+(g\circ f)(0)$의 값을 구하시오.

4-2 함수 $f: X \longrightarrow X$가 오른쪽 그림과 같을 때, $(f\circ f)(1)+(f\circ f\circ f)(2)$의 값을 구하시오.

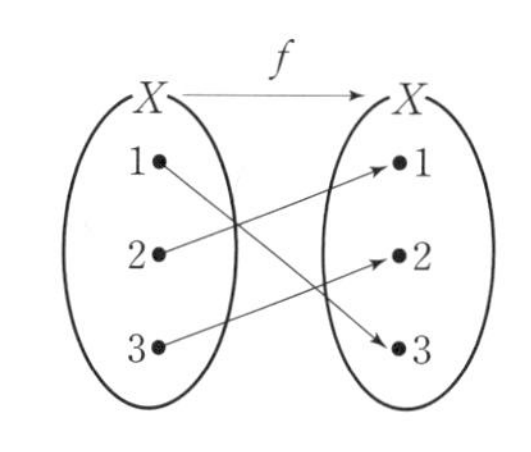

필수 예제 5 합성함수 구하기

두 함수 $f(x)=x+2$, $g(x)=3x+1$에 대하여 다음을 만족시키는 함수 $h(x)$를 구하시오.

(1) $f\circ h=g$ (2) $h\circ f=g$

문제 해결 tip

• $f\circ h=g$일 때, $f(h(x))=g(x)$에서 $h(x)$에 대한 식을 구한다.
• $h\circ f=g$일 때, $h(f(x))=g(x)$에서 $f(x)=t$라 하고 $h(t)$의 식을 구한 후 t를 x로 바꾼다.

숫자 바꾼

5-1 두 함수 $f(x)=x-3$, $g(x)=2x^2+1$에 대하여 다음을 만족시키는 함수 $h(x)$를 구하시오.

(1) $f\circ h=g$ (2) $h\circ f=g$

5-2 두 함수 $f(x)=2x+1$, $g(x)=-x+a$에 대하여 $f\circ g=g\circ f$를 만족시키는 상수 a의 값을 구하시오.

교과서 예제로 개념 익히기

필수 예제 6 역함수의 뜻

함수 $f(x)=-x+a$ (a는 상수)에 대하여 $f^{-1}(2)=-1$일 때, $f^{-1}(4)$의 값을 구하시오.

다시 정리하는 개념

함수 f의 역함수가 f^{-1}일 때, $f^{-1}(a)=b$이면 $f(b)=a$이다.

숫자 바꾼

6-1 함수 $f(x)=2x+a$ (a는 상수)에 대하여 $f^{-1}(4)=1$일 때, $f^{-1}(3)$의 값을 구하시오.

6-2 두 집합 $X=\{x|a\le x\le 3\}$, $Y=\{y|5\le x\le b\}$에 대하여 X에서 Y로의 함수 $f(x)=3x+2$의 역함수가 존재할 때, $a+b$의 값을 구하시오.

필수 예제 7 역함수와 그 성질

함수 $f(x)=5x-6$의 역함수가 $f^{-1}(x)=ax+b$일 때, 두 상수 a, b에 대하여 $b-a$의 값을 구하시오.

문제 해결 tip

함수 f의 역함수는 다음과 같은 순서로 구한다.

❶ $y=f(x)$에서 x를 y에 대한 식으로 나타낸다. 즉, $x=f^{-1}(y)$ 꼴로 나타낸다.

❷ x와 y를 서로 바꾸어 $y=f^{-1}(x)$로 나타낸다.

숫자 바꾼

7-1 일차함수 $f(x)=ax-8$의 역함수가 $f^{-1}(x)=\frac{1}{2}x+b$일 때, 두 상수 a, b에 대하여 ab의 값을 구하시오.

역함수의 성질인 $f\circ f^{-1}=I$ (I는 항등함수), $(f\circ g)^{-1}=g^{-1}\circ f^{-1}$임을 이용하여 주어진 식을 간단히 해 보자.

7-2 두 함수 $f(x)=x-2$, $g(x)=3x+1$에 대하여 $(f\circ(g\circ f)^{-1}\circ f)(6)$의 값을 구하시오.

필수 예제 8 역함수와 그 그래프

오른쪽 그림은 함수 $y=f(x)$의 그래프와 직선 $y=x$를 나타낸 것이다. 이때 $(f\circ f)^{-1}(c)$의 값을 구하시오.

(단, 모든 점선은 x축 또는 y축에 평행하다.)

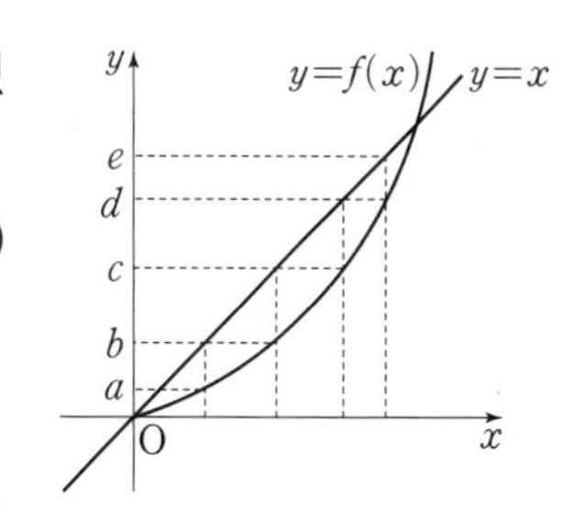

▶ 문제 해결 tip

$f^{-1}(a)=k$이면 $f(k)=a$이므로 $f(k)=a$를 만족시키는 k의 값을 주어진 그래프에서 찾는다.

숫자 바꾼

8-1

오른쪽 그림은 함수 $y=f(x)$의 그래프와 직선 $y=x$를 나타낸 것이다. 이때 $(f\circ f)^{-1}(b)$의 값을 구하시오.

(단, 모든 점선은 x축 또는 y축에 평행하다.)

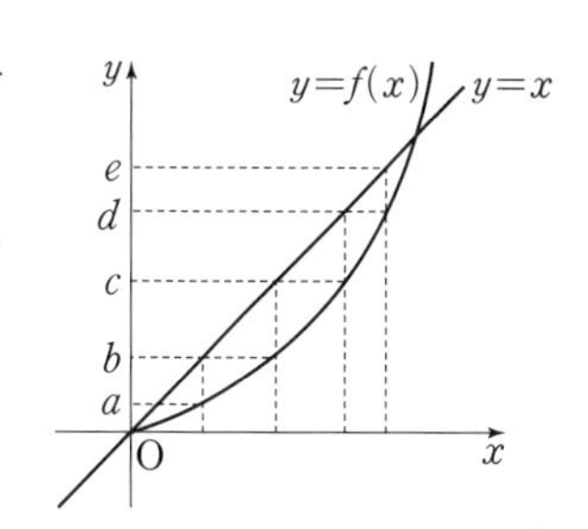

8-2

오른쪽 그림은 함수 $y=f(x)$의 그래프와 직선 $y=x$를 나타낸 것이다. 이때 $f(a)+(f^{-1}\circ f^{-1})(e)$의 값을 구하시오. (단, 모든 점선은 x축 또는 y축에 평행하다.)

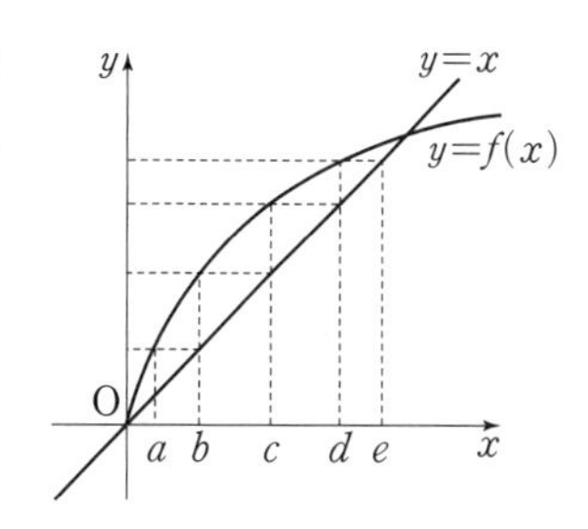

함수 $y=f(x)$의 그래프와 그 역함수 $y=f^{-1}(x)$의 그래프는 직선 $y=x$에 대하여 대칭임을 이용해 보자.

8-3

함수 $f(x)=-\frac{1}{3}x+4$의 그래프와 그 역함수 $y=f^{-1}(x)$의 그래프의 교점의 좌표가 (a, b)일 때, $a+b$의 값을 구하시오.

실전 문제로 단원 마무리

NOTE

| 필수 예제 01 |

01

정의역이 $X=\{-1, 0, 1\}$인 세 함수

$$f(x)=x+1,\ g(x)=|x|+1,\ h(x)=x^3+1$$

중에서 서로 같은 함수를 짝 지으시오.

| 필수 예제 02 |

02

다음 | **보기** |의 그래프 중에서 일대일대응인 것을 모두 고르시오.

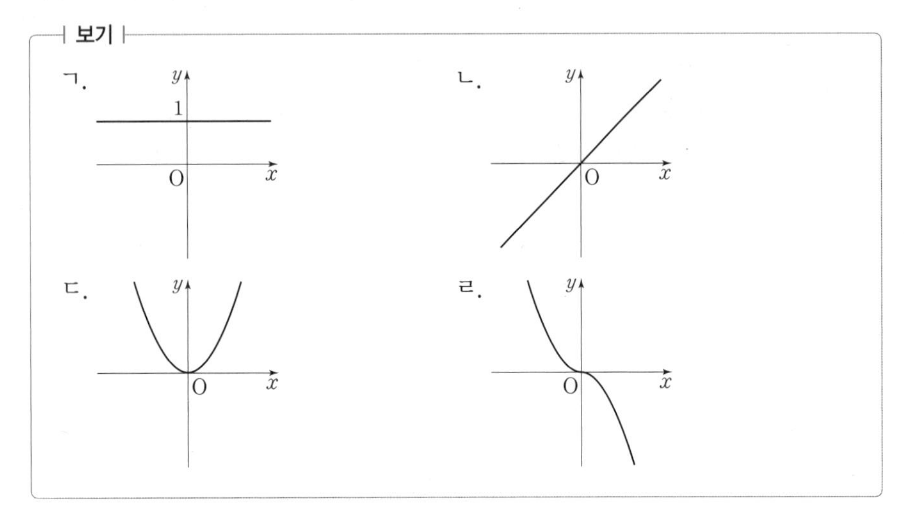

| 필수 예제 03 |

03

세 함수 f, g, h는 각각 일대일대응, 항등함수, 상수함수이고,

$$f(1)=g(-1)=h(2),\ f(1)+f(-1)=0$$

일 때, $f(-1)g(1)h(3)$의 값을 구하시오.

| 필수 예제 04 |

04

세 함수 f, g, h에 대하여

$$f(x)=2x-1,\ g(x)=x+3,\ h(x)=-x+2$$

일 때, $(f\circ f)(2)+(f\circ g\circ h)(-1)$의 값을 구하시오.

| 필수 예제 05 |

05

두 함수 $f(x)=ax-4$, $g(x)=2x+b$에 대하여 $(f\circ g)(x)=6x+8$을 만족시킬 때, $a+b$의 값을 구하시오. (단, a, b는 상수이다.)

NOTE

| 필수 예제 06 |

06 두 함수 $f(x)=x+a$, $g(x)=ax-3$에 대하여 $f^{-1}(-1)=1$일 때, $f(2)+g^{-1}(3)$의 값을 구하시오. (단, a는 상수이다.)

| 필수 예제 07 |

07 두 함수 $f(x)=5x+2$, $g(x)=-3x+1$에 대하여 $(f\circ(f\circ g)^{-1}\circ f)(-5)$의 값을 구하시오.

| 필수 예제 08 |

08 함수 $f(x)=x^2-4x+6\ (x\geq 2)$의 역함수를 $g(x)$라 할 때, 두 함수 $y=f(x)$, $y=g(x)$의 그래프의 교점 사이의 거리를 구하시오.

| 필수 예제 03 |

09 교육청 기출

실수 전체의 집합에서 정의된 함수 $f(x)=\begin{cases}(a+3)x+1 & (x<0)\\(2-a)x+1 & (x\geq 0)\end{cases}$이 일대일대응이 되도록 하는 모든 정수 a의 개수를 구하시오.

함수 $f(x)$가 일대일대응이 되려면 x의 값의 범위에 따른 각 직선의 기울기의 부호가 같아야 한다.

| 필수 예제 06, 07 |

10 교육청 기출

집합 $X=\{1, 2, 3, 4\}$에 대하여 함수 $f: X \longrightarrow X$가 오른쪽 그림과 같다. 함수 $g: X \longrightarrow X$의 역함수가 존재하고, $g(2)=3$, $g^{-1}(1)=3$, $(g\circ f)(2)=2$일 때, $g^{-1}(4)+(f\circ g)(2)$의 값을 구하시오.

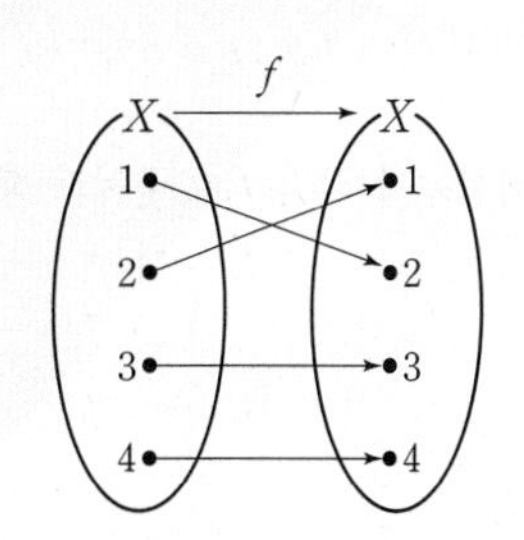

함수 $g(x)$의 역함수가 존재하면 함수 $g(x)$에서 (치역)=(공역)이므로 이를 이용하여 정의역의 각 원소에 대한 함수 $g(x)$의 함숫값을 구한다.

• 정답 및 해설 58쪽

1 다음 □ 안에 알맞은 것을 쓰시오.

(1) 두 집합 X, Y에 대하여 X의 각 원소에 Y의 원소가 오직 하나씩 대응할 때,
이 대응을 집합 X에서 집합 Y로의 □라 하고, 이 함수 f를 기호로 □와 같이 나타낸다.
이때 정의역은 집합 □, 공역은 집합 □, 치역은 함수 f의 □ 전체의 집합이다.

(2) 두 함수 f, g의 정의역과 공역이 각각 같고, 정의역의 모든 원소 x에 대하여 □일 때,
두 함수 f와 g는 서로 같다고 하고, 기호로 □와 같이 나타낸다.

(3) 함수 $f: X \longrightarrow Y$에서 정의역 X의 임의의 두 원소 x_1, x_2에 대하여 $x_1 \neq x_2$이면 $f(x_1) \neq f(x_2)$일 때,
이 함수 f를 □라 한다.

(4) 함수 $f: X \longrightarrow Y$가 일대일함수이고 치역과 공역이 같을 때, 이 함수 f를 □이라 한다.

(5) 함수 $f: X \longrightarrow X$에서 정의역 X의 임의의 원소 x에 대하여 $f(x)=x$일 때,
이 함수 f를 집합 X에서의 □라 한다.

(6) 세 집합 X, Y, Z에 대하여 두 함수 f, g가 $f: X \longrightarrow Y$, $g: Y \longrightarrow Z$일 때,
X의 임의의 원소 x에 Z의 원소 $g(f(x))$를 대응시키는 함수를
함수 f와 g의 □라 하고, 기호로 □와 같이 나타낸다.

(7) 함수 $f: X \longrightarrow Y$가 일대일대응일 때, Y의 각 원소 y에 $y=f(x)$인 X의 원소 x를 대응시키는 함수를
함수 f의 □라 하고, 기호로 □와 같이 나타낸다.

2 다음 문장이 옳으면 ○표, 옳지 않으면 ×표를 (   ) 안에 쓰시오.

(1) 특별한 언급이 없는 경우에 함수의 정의역과 공역은 실수 전체의 집합으로 생각한다. (   )

(2) 함수 $f(x)=2x$는 항등함수이다. (   )

(3) 함수 $f(x)=-4$는 상수함수이다. (   )

(4) 두 함수 f, g에 대하여 $g \circ f = f \circ g$이다. (   )

(5) 세 함수 f, g, h에 대하여 $f \circ (g \circ h) = (f \circ g) \circ h$이다. (   )

(6) 두 함수 f, g의 역함수를 각각 f^{-1}, g^{-1}라 하면 $(g \circ f)^{-1} = g^{-1} \circ f^{-1}$이다. (   )

Ⅲ. 함수

10

유리함수

필수 예제 1 유리식의 사칙연산

필수 예제 2 부분분수로의 변형과 번분수식

필수 예제 3 유리함수의 그래프

필수 예제 4 유리함수의 역함수

10 유리함수

1 유리식

두 다항식 A, $B\,(B\neq0)$에 대하여 $\dfrac{A}{B}$ 꼴로 나타내어지는 식을 **유리식**이라 한다.

특히 B가 0이 아닌 상수이면 $\dfrac{A}{B}$는 다항식이므로 다항식도 유리식이다.❶

2 유리식의 사칙연산

다항식 A, B, C, D에 대하여 유리식의 덧셈, 뺄셈, 곱셈, 나눗셈은 다음과 같이 계산한다.

(1) $\dfrac{A}{C}+\dfrac{B}{C}=\dfrac{A+B}{C}$ (단, $C\neq0$)

(2) $\dfrac{A}{C}-\dfrac{B}{C}=\dfrac{A-B}{C}$ (단, $C\neq0$)

(3) $\dfrac{A}{B}\times\dfrac{C}{D}=\dfrac{AC}{BD}$ (단, $BD\neq0$)

(4) $\dfrac{A}{B}\div\dfrac{C}{D}=\dfrac{AD}{BC}$ (단, $BCD\neq0$)

참고 덧셈과 뺄셈에서 분모가 서로 다를 때는 분모를 통분하여 계산한다.❷

3 유리함수

함수 $y=f(x)$에서 $f(x)$가 x에 대한 유리식일 때, 이 함수를 **유리함수**라 한다.
특히 $f(x)$가 x에 대한 다항식일 때, 이 함수를 **다항함수**라 한다.

참고 유리함수의 정의역이 주어져 있지 않은 경우에는 분모가 0이 되지 않도록 하는 실수 전체의 집합을 정의역으로 한다.

4 유리함수 $y=\dfrac{k}{x}\,(k\neq0)$의 그래프

유리함수 $y=\dfrac{k}{x}\,(k\neq0)$의 그래프는 x의 절댓값이 커질수록 x축에 한없이 가까워지고, x의 절댓값이 작아질수록 y축에 한없이 가까워진다.
이때 곡선이 어떤 직선에 한없이 가까워질 때, 이 직선을 그 곡선의 **점근선**이라 한다.

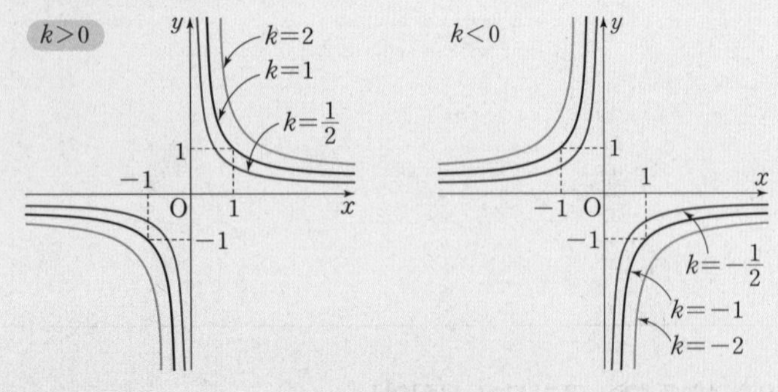

(1) 정의역과 치역은 0이 아닌 실수 전체의 집합이다.
(2) $k>0$이면 그래프는 제1사분면, 제3사분면에 있고,
$k<0$이면 그래프는 제2사분면, 제4사분면에 있다.
(3) 그래프는 원점에 대하여 대칭이다.
(4) 점근선은 x축과 y축이다.
(5) $|k|$의 값이 커질수록 그래프는 원점에서 멀어진다.

개념 플러스+

❶ 유리식 중에서 다항식이 아닌 유리식을 분수식이라 한다.

❷ **유리식의 성질**
다항식 A, B, $C\,(BC\neq0)$에 대하여
① $\dfrac{A}{B}=\dfrac{A\times C}{B\times C}$
➡ 유리식의 통분에 사용
② $\dfrac{A}{B}=\dfrac{A\div C}{B\div C}$
➡ 유리식의 약분에 사용

유리함수 그래프의 대칭성

유리함수 $y=\dfrac{k}{x}$의 그래프는 원점을 지나고 기울기가 ±1인 직선 $y=\pm x$에 대하여 대칭이다.

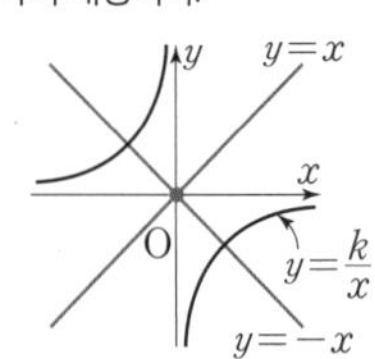

따라서 유리함수 $y=\dfrac{k}{x-p}+q$의 그래프는 점 (p, q)를 지나고 기울기가 ±1인 직선 $y=\pm(x-p)+q$에 대하여 대칭이다.

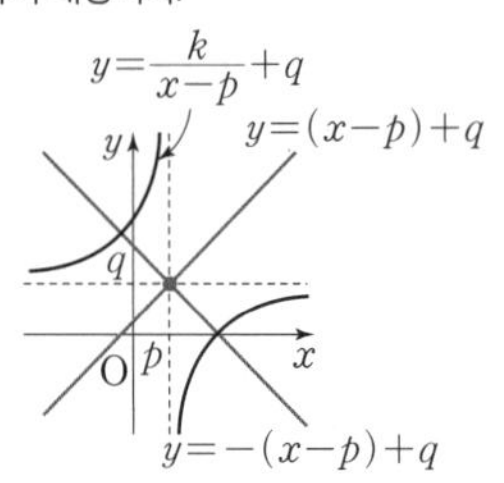

5 유리함수 $y=\frac{k}{x-p}+q\ (k\neq0)$의 그래프

(1) 유리함수 $y=\frac{k}{x-p}+q\ (k\neq0)$의 그래프는 유리함수 $y=\frac{k}{x}$의 그래프를 x축의 방향으로 p만큼, y축의 방향으로 q만큼 평행이동한 것이다.

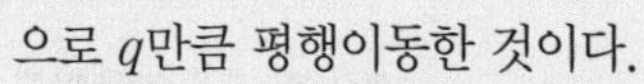

① 정의역: $\{x|x\neq p$인 실수$\}$, 치역: $\{y|y\neq q$인 실수$\}$

② 그래프는 점 $(p,\ q)$에 대하여 대칭이다.

③ 점근선은 두 직선 $x=p$, $y=q$이다.

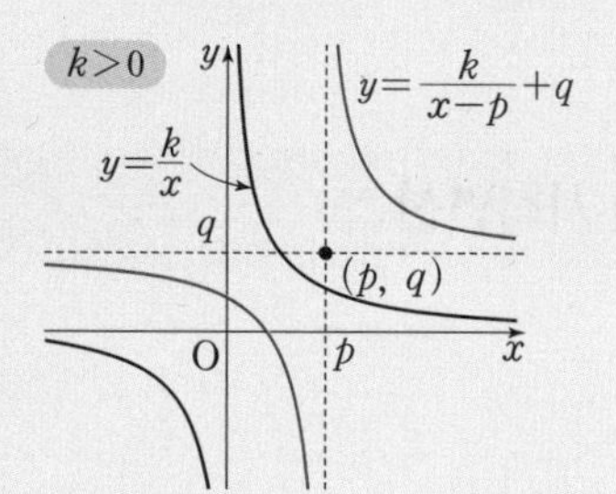

(2) 유리함수 $y=\frac{ax+b}{cx+d}\ (ad-bc\neq0,\ c\neq0)$의 그래프는 $y=\frac{k}{x-p}+q\ (k\neq0)$ 꼴로 변형하여 그린다.❸

개념 플러스⁺

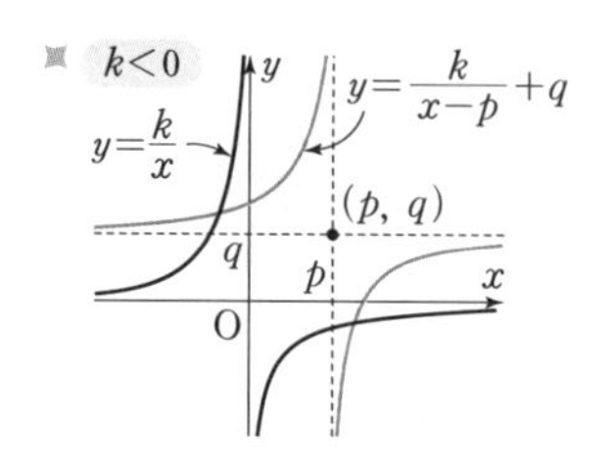

❸ 유리함수 $y=\frac{ax+b}{cx+d}$의 그래프의 점근선은 두 직선 $x=-\frac{d}{c}$, $y=\frac{a}{c}$이다.

교과서 개념 확인하기

정답 및 해설 59쪽

1 다음 유리식을 통분하시오.

(1) $\frac{x}{y},\ \frac{y}{z},\ \frac{z}{x}$

(2) $\frac{1}{x},\ \frac{1}{x-1},\ \frac{1}{x(x-1)}$

2 다음 유리식을 약분하시오.

(1) $\frac{x^2yz^3}{xy^2z^2}$

(2) $\frac{x^2-1}{2x^2-5x+3}$

3 다음 | 보기 | 중 다항함수가 아닌 유리함수인 것을 모두 고르시오.

| 보기 |

ㄱ. $y=\frac{1}{2x-1}$ ㄴ. $y=\frac{x+2}{4}$ ㄷ. $y=2x-7$ ㄹ. $y=\frac{-x+2}{2x-1}$

4 다음 유리함수의 그래프를 그리고, 정의역, 치역, 점근선의 방정식을 각각 구하시오.

(1) $y=\frac{3}{x}$

(2) $y=-\frac{2}{x}$

5 유리함수 $y=\frac{1}{x}$의 그래프를 다음과 같이 평행이동한 그래프의 식을 구하고, 그 그래프를 그리시오.

(1) x축의 방향으로 1만큼, y축의 방향으로 2만큼 평행이동

(2) x축의 방향으로 -2만큼, y축의 방향으로 -5만큼 평행이동

6 다음 유리함수를 $y=\frac{k}{x-p}+q$ (k, p, q는 상수) 꼴로 나타내시오.

(1) $y=\frac{2x-3}{x-1}$

(2) $y=\frac{-3x+2}{x+1}$

교과서 예제로 개념 익히기

필수 예제 1 유리식의 사칙연산

다음 식을 계산하시오.

(1) $\dfrac{x+3}{x-1}-\dfrac{2x+6}{x^2+2x-3}$

(2) $\dfrac{x^2+5xy+6y^2}{x^2-4y^2}\div\dfrac{x^2+2xy-3y^2}{x-2y}$

다시 정리하는 개념

분자, 분모를 인수분해한 후
① 덧셈, 뺄셈 ➡ 분모를 통분하여 계산한다.
② 곱셈 ➡ 분모는 분모끼리, 분자는 분자끼리 곱한다.
③ 나눗셈 ➡ 분자와 분모를 바꾸어 곱한다.

숫자 바꾼

1-1 다음 식을 계산하시오.

(1) $\dfrac{x}{x-1}-\dfrac{1}{x+1}+\dfrac{2x}{x^2-1}$

(2) $\dfrac{x^2+2x+1}{x^2-1}\div\dfrac{x^2+6x+9}{x^2+2x-3}$

1-2 다음 식을 계산하시오.

(1) $\dfrac{x^2+1}{x^3-1}-\dfrac{x-2}{x^2+x+1}+\dfrac{1}{x-1}$

(2) $\dfrac{1}{1-x}+\dfrac{1}{1+x}+\dfrac{2}{1+x^2}+\dfrac{4}{1+x^4}$

주어진 등식은 항등식이므로 각 변을 통분하여 분모를 같게 한 후 양변의 분자의 동류항의 계수를 비교해 보자.

1-3 $x\neq1$인 모든 실수 x에 대하여 등식

$$\frac{a}{x-1}+\frac{x+b}{x^2+x+1}=\frac{3x+c}{x^3-1}$$

가 성립할 때, 세 상수 a, b, c에 대하여 $a+b+c$의 값을 구하시오.

• 정답 및 해설 59쪽

필수 예제 2 부분분수로의 변형과 번분수식

다음 식을 계산하시오.

(1) $\dfrac{1}{x(x+2)}+\dfrac{1}{(x+2)(x+4)}+\dfrac{1}{(x+4)(x+6)}$

(2) $\dfrac{1}{1+\dfrac{1}{x-1}}$

단원 밖의 공식

• 분모가 두 개 이상의 인수의 곱의 형태인 경우는 다음과 같이 부분분수로 변형하여 계산한다.

$\dfrac{1}{AB}=\dfrac{1}{B-A}\left(\dfrac{1}{A}-\dfrac{1}{B}\right)$ (단, $A\neq B$)

• 분모 또는 분자에 또 다른 분수식을 포함한 번분수식은 분자를 분모로 나누어 계산한다.

숫자 바꾼

2-1

다음 식을 계산하시오.

(1) $\dfrac{1}{(x+1)(x+3)}+\dfrac{1}{(x+3)(x+5)}+\dfrac{1}{(x+5)(x+7)}$

(2) $\dfrac{1+\dfrac{3}{x+3}}{1-\dfrac{3}{x+3}}$

2-2

다음 식을 계산하시오.

(1) $\dfrac{4}{x(x+2)}+\dfrac{6}{(x+2)(x+5)}+\dfrac{8}{(x+5)(x+9)}$

(2) $\dfrac{1}{2-\dfrac{1}{2-\dfrac{1}{x}}}$

2-3

다음 식의 분모를 0으로 만들지 않는 모든 실수 x에 대하여 등식

$$\frac{1}{x^2+x}+\frac{3}{x^2+5x+4}+\frac{5}{x^2+13x+36}=\frac{a}{x^2+bx}$$

가 성립할 때, 두 상수 a, b에 대하여 $a+b$의 값을 구하시오.

필수 예제 3 유리함수의 그래프

다음 유리함수의 그래프를 그리고, 정의역, 치역, 점근선의 방정식을 구하시오.

(1) $y=\frac{1}{x+1}+2$

(2) $y=\frac{-2x-1}{x-3}$

문제 해결 tip

유리함수 $y=\frac{ax+b}{cx+d}$의 그래프는 그래프의 식을 $y=\frac{k}{x-p}+q$ 꼴로 변형하여 그린다.

숫자 바꾼

3-1 다음 유리함수의 그래프를 그리고, 정의역, 치역, 점근선의 방정식을 구하시오.

(1) $y=-\frac{1}{x-2}+1$

(2) $y=\frac{2x+5}{x+2}$

3-2 함수 $y=\frac{4x-7}{x-3}$의 그래프는 함수 $y=\frac{k}{x}$의 그래프를 x축의 방향으로 a만큼, y축의 방향으로 b만큼 평행이동한 것이다. 세 상수 a, b, k에 대하여 $a+b+k$의 값을 구하시오.

유리함수 $y=f(x)$의 그래프를 그린 후, 주어진 정의역에서의 y의 함숫값의 최댓값과 최솟값을 구해 보자.

3-3 $1\leq x\leq 3$에서 함수 $y=\frac{-4x-3}{2x+1}$의 최댓값을 a, 최솟값을 b라 할 때, ab의 값을 구하시오.

• 정답 및 해설 61쪽

필수 예제 4 유리함수의 역함수

유리함수 $f(x)=\dfrac{2x-3}{x-1}$에 대하여 $(g\circ f)(x)=x$를 만족시키는 함수 $g(x)$를 구하시오.

단원 밖의 개념

함수 $y=f(x)$의 역함수는 다음과 같은 순서로 구한다.

❶ $y=f(x)$에서 x를 y에 대한 식으로 나타낸다.

❷ x와 y를 서로 바꾸어 함수 f의 역함수 f^{-1}를 구한다.

숫자 바꾼

4-1 유리함수 $f(x)=\dfrac{-x+4}{2x-1}$에 대하여 $(g\circ f)(x)=x$를 만족시키는 함수 $g(x)$를 구하시오.

4-2 유리함수 $f(x)=\dfrac{kx}{3x+2}$에 대하여 $f(x)=f^{-1}(x)$가 성립할 때, 상수 k의 값을 구하시오.

4-3 함수 $f(x)=\dfrac{ax-8}{x+b}$의 그래프와 그 역함수의 그래프가 모두 점 $(-2,\ 3)$을 지날 때, 두 상수 a, b에 대하여 ab의 값을 구하시오.

실전 문제로 단원 마무리

| 필수 예제 01 |

01 $\dfrac{x^2-5x}{x^2-x-2}\times\dfrac{x^2+4x+3}{x-1}\div\dfrac{x^2-2x-15}{x-2}$를 간단히 하시오.

| 필수 예제 01 |

02 $x\neq0$, $x\neq1$인 모든 실수 x에 대하여

$$\frac{1}{x(x-1)^2}=\frac{a}{x}+\frac{b}{x-1}+\frac{c}{(x-1)^2}$$

가 성립할 때, 세 실수 a, b, c에 대하여 abc의 값을 구하시오.

| 필수 예제 02 |

03 다음 식의 분모를 0으로 만들지 않는 모든 실수 x에 대하여

$$\frac{2}{x^2+4x+3}+\frac{2}{x^2+8x+15}+\frac{2}{x^2+12x+35}=\frac{a}{x^2+(b+c)x+bc}$$

가 성립할 때, $a+b+c$의 값을 구하시오. (단, a, b, c는 상수이다.)

| 필수 예제 02 |

04 $\dfrac{43}{30}=a+\cfrac{1}{b+\cfrac{1}{c+\cfrac{1}{d}}}$을 만족시키는 자연수 a, b, c, d에 대하여 $a-b+c-d$의 값을 구하시오.

| 필수 예제 03 |

05 함수 $y=\dfrac{3x+1}{x+1}$에 대한 설명 중 옳지 않은 것은?

① 정의역은 $\{x|x\neq-1$인 실수$\}$이다.
② 그래프의 점근선의 방정식은 $x=-1$, $y=3$이다.
③ 그래프는 함수 $y=\dfrac{3}{x}$의 그래프를 평행이동한 것이다.
④ 그래프는 직선 $y=-x+2$에 대하여 대칭이다.
⑤ 그래프는 제1, 2, 3사분면을 지난다.

NOTE

주어진 분수를 '자연수+진분수' 꼴로 변형한 후 진분수의 분모를 분자로 나누어 번분수 꼴로 만드는 과정을 반복한다.

유리함수 $y=\dfrac{k}{x-p}+q$의 그래프는 점 (p, q)를 지나고 기울기가 ±1인 직선에 대하여 대칭이다.

ı 필수 예제 03 ı

06 $a \leq x \leq -2$에서 함수 $y=\frac{-2x+2}{x+1}$의 최댓값은 -3이고, 최솟값은 b이다. 두 실수 a, b에 대하여 $a-b$의 값을 구하시오.

ı 필수 예제 04 ı

07 함수 $f(x)=\frac{-2x+1}{x-3}$의 역함수가 $f^{-1}(x)=\frac{3x+a}{bx+2}$일 때, 두 상수 a, b에 대하여 $a+b$의 값을 구하시오.

ı 필수 예제 04 ı

08 함수 $f(x)=\frac{2x+5}{x-1}$와 그 역함수 $f^{-1}(x)$에 대하여 $y=f(x)$의 그래프를 x축의 방향으로 a만큼, y축의 방향으로 b만큼 평행이동하면 $y=f^{-1}(x)$의 그래프와 일치한다. 두 상수 a, b에 대하여 $a+b$의 값을 구하시오.

ı 필수 예제 03 ı

09 교육청 기출

양수 a에 대하여 함수 $f(x)=\frac{ax}{x+1}$의 그래프의 점근선인 두 직선과 직선 $y=x$로 둘러싸인 부분의 넓이가 18일 때, a의 값을 구하시오.

ı 필수 예제 04 ı

10 교육청 기출

함수 $f(x)=\frac{4x+9}{x-1}$의 그래프의 점근선이 두 직선 $x=a$, $y=b$일 때, $f^{-1}(a+b)$의 값을 구하시오.

NOTE

주어진 유리함수 $y=f(x)$의 그래프를 먼저 그린 후, 정의역의 양 끝 값의 함숫값 중 어느 것이 최댓값 또는 최솟값이 되는지를 파악한다.

$f^{-1}(a)=k$(a는 상수)이면 $f(k)=a$이고 $f(k)=a$는 k에 대한 방정식이므로 이를 풀어 k의 값을 구한다.

• 정답 및 해설 64쪽

1 다음 □ 안에 알맞은 것을 쓰시오.

(1) 두 다항식 A, $B\,(B\neq0)$에 대하여 $\frac{A}{B}$ 꼴로 나타내어지는 식을 □이라 한다.

특히 B가 0이 아닌 상수이면 $\frac{A}{B}$는 다항식이므로 다항식도 □이다.

(2) 다항식 A, B, C, D에 대하여

① $\frac{A}{C}+\frac{B}{C}=\frac{\square}{C}$ (단, $C\neq0$)

② $\frac{A}{C}-\frac{B}{C}=\frac{\square}{C}$ (단, $C\neq0$)

③ $\frac{A}{B}\times\frac{C}{D}=\frac{\square}{BD}$ (단, $BD\neq0$)

④ $\frac{A}{B}\div\frac{C}{D}=\frac{\square}{BC}$ (단, $BCD\neq0$)

(3) 유리함수 $y=\frac{k}{x}\,(k\neq0)$의 그래프는

① 정의역과 치역은 □이 아닌 실수 전체의 집합이다.

② $k>0$이면 제1사분면, 제□사분면에 있고, $k<0$이면 제□사분면, 제4사분면에 있다.

③ □에 대하여 대칭이다.

④ 점근선은 x축과 □이다.

⑤ $|k|$의 값이 커질수록 그래프는 □에서 멀어진다.

(4) 유리함수 $y=\frac{k}{x-p}+q\,(k\neq0)$의 그래프는

① 유리함수 $y=\frac{k}{x}$의 그래프를 x축의 방향으로 □만큼, y축의 방향으로 □만큼 평행이동한 것이다.

② 정의역은 $\{x\,|\,x\neq\square$인 실수$\}$, 치역은 $\{y\,|\,y\neq\square$인 실수$\}$이다.

③ 점 □에 대하여 대칭이다.

④ 점근선은 두 직선 $x=\square$, $y=\square$이다.

2 다음 문장이 옳으면 ○표, 옳지 않으면 ×표를 ( ) 안에 쓰시오.

(1) $\frac{x-2}{x}$, x^2+5는 모두 유리식이다. ( )

(2) 유리식의 덧셈과 뺄셈에서 분모가 서로 다를 때는 분모를 통분하여 계산한다. ( )

(3) 다항함수 $y=x+2$와 유리함수 $y=\frac{x^2-4}{x-2}$는 서로 다른 함수이다. ( )

(4) 유리함수 $y=\frac{k}{x-p}+q$의 치역은 실수 전체의 집합이다. ( )

(5) 유리함수 $y=\frac{ax+b}{cx+d}$의 역함수는 존재하지 않는다. ( )

Ⅲ. 함수

11

무리함수

필수 예제 1 무리식의 계산

필수 예제 2 무리함수의 그래프

필수 예제 3 무리함수의 역함수

필수 예제 4 무리함수의 그래프와 그 역함수의 그래프의 교점

11 무리함수

1 무리식

근호 ($\sqrt{\ }$) 안에 문자가 포함된 식 중에서 유리식으로 나타낼 수 없는 식을 **무리식**이라 한다.

예 $\sqrt{x}$, $\sqrt{\frac{x}{2}-1}$, $\sqrt{2x+1}-4$, $\frac{1}{\sqrt{x-1}}$

2 무리식의 값이 실수가 되기 위한 조건

무리식의 값이 실수가 되려면 근호 안의 식의 값이 0 이상이어야 하므로 무리식을 계산할 때는

(근호 안의 식의 값)≥ 0, (분모)$\neq 0$

인 문자의 값의 범위에서만 생각한다.❶

3 무리식의 계산

무리식의 계산은 무리수의 계산과 같이 제곱근의 성질을 이용한다.❷

특히 분모가 무리식인 경우에는 다음과 같이 분모를 유리화하여 계산한다.

$a>0$, $b>0$일 때

(1) $\frac{a}{\sqrt{b}}=\frac{a\sqrt{b}}{\sqrt{b}\sqrt{b}}=\frac{a\sqrt{b}}{b}$

(2) $\frac{c}{\sqrt{a}+\sqrt{b}}=\frac{c(\sqrt{a}-\sqrt{b})}{(\sqrt{a}+\sqrt{b})(\sqrt{a}-\sqrt{b})}=\frac{c(\sqrt{a}-\sqrt{b})}{a-b}$ (단, $a\neq b$)

(3) $\frac{c}{\sqrt{a}-\sqrt{b}}=\frac{c(\sqrt{a}+\sqrt{b})}{(\sqrt{a}-\sqrt{b})(\sqrt{a}+\sqrt{b})}=\frac{c(\sqrt{a}+\sqrt{b})}{a-b}$ (단, $a\neq b$)

4 무리함수

함수 $y=f(x)$에서 $f(x)$가 x에 대한 무리식일 때, 이 함수를 **무리함수**라 한다.

이때 특별한 말이 없는 경우에 무리함수의 정의역은 근호 안의 식의 값이 0 이상이 되도록 하는 실수 전체의 집합으로 생각한다.

5 무리함수 $y=\pm\sqrt{x}$의 그래프

(1) **무리함수 $y=\sqrt{x}$의 그래프**: 무리함수 $y=\sqrt{x}$의 그래프는 그 역함수 $y=x^2\ (x\geq 0)$의 그래프를 직선 $y=x$에 대하여 대칭이동한 것이므로 아래의 [그림 1]과 같다.❸

(2) **무리함수 $y=-\sqrt{x}$의 그래프**: 무리함수 $y=-\sqrt{x}$의 그래프는 무리함수 $y=\sqrt{x}$의 그래프와 x축에 대하여 대칭이므로 아래의 [그림 2]와 같다.

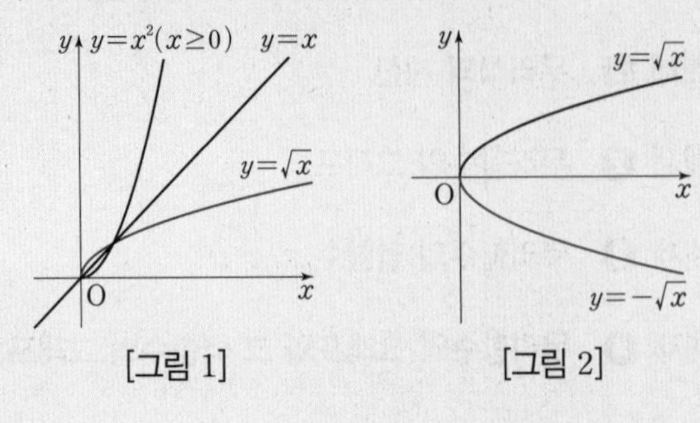

[그림 1] [그림 2]

개념 플러스⁺

❶ • $\sqrt{A}$의 값이 실수 $\Longleftrightarrow A\geq 0$

• $\frac{1}{\sqrt{A}}$의 값이 실수 $\Longleftrightarrow A>0$

❷ **제곱근의 성질**

$a>0$, $b>0$일 때

① $(\sqrt{a})^2=a$, $(-\sqrt{a})^2=a$

② $\sqrt{a}\sqrt{b}=\sqrt{ab}$

③ $\frac{\sqrt{a}}{\sqrt{b}}=\sqrt{\frac{a}{b}}$

④ $\sqrt{a^2b}=a\sqrt{b}$

⑤ $\sqrt{\frac{a}{b^2}}=\frac{\sqrt{a}}{b}$

❸ 무리함수 $y=\sqrt{x}$의 역함수를 구하기 위하여 $y=\sqrt{x}$를 x에 대한 식으로 나타내면

$x=y^2\ (y\geq 0)$

이고, x와 y를 서로 바꾸면

$y=x^2\ (x\geq 0)$

따라서 무리함수 $y=\sqrt{x}$의 그래프는 그 역함수 $y=x^2\ (x\geq 0)$의 그래프를 직선 $y=x$에 대하여 대칭이동한 것이다.

6 무리함수 $y=\sqrt{ax}$ $(a\neq0)$의 그래프

(1) $a>0$일 때, 정의역: $\{x|x\geq0\}$, 치역: $\{y|y\geq0\}$

(2) $a<0$일 때, 정의역: $\{x|x\leq0\}$, 치역: $\{y|y\geq0\}$

(3) $|a|$의 값이 커질수록 그래프는 x축에서 멀어진다.❹

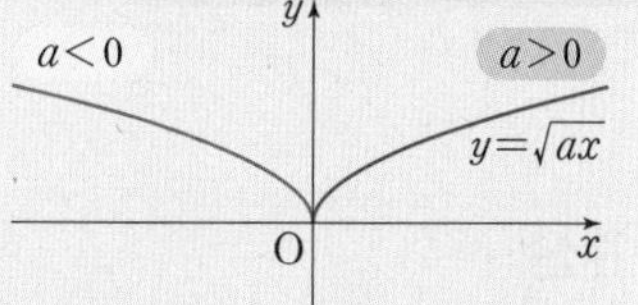

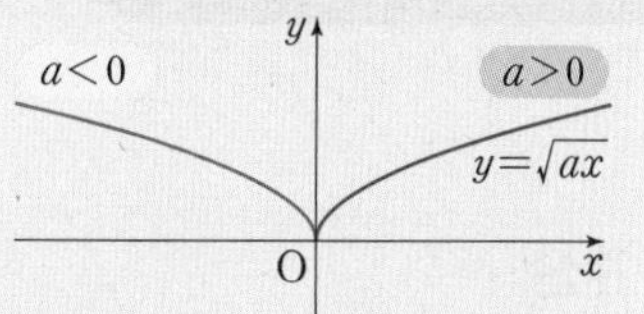

7 무리함수 $y=\sqrt{a(x-p)}+q$ $(a\neq0)$의 그래프

(1) 무리함수 $y=\sqrt{a(x-p)}+q$ $(a\neq0)$의 그래프는 무리함수 $y=\sqrt{ax}$의 그래프를 x축의 방향으로 p만큼, y축의 방향으로 q만큼 평행이동한 것이다.

① $a>0$일 때, 정의역: $\{x|x\geq p\}$, 치역: $\{y|y\geq q\}$

② $a<0$일 때, 정의역: $\{x|x\leq p\}$, 치역: $\{y|y\geq q\}$

(2) 무리함수 $y=\sqrt{ax+b}+c$ $(a\neq0)$의 그래프는 $y=\sqrt{a(x-p)}+q$ 꼴로 변형하여 그린다.

개념 플러스⁺

❹ $y=\sqrt{ax}$의 그래프는 $|a|$의 값이 커질수록 x축에서 멀어진다.

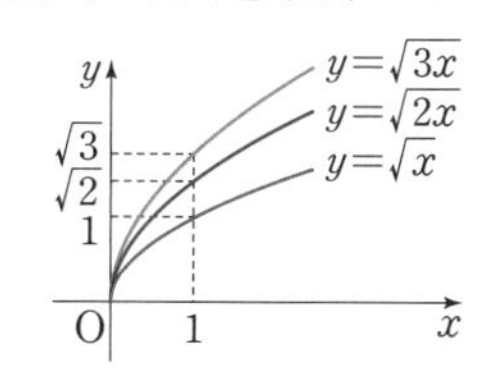

교과서 개념 확인하기

정답 및 해설 65쪽

1 다음 무리식의 값이 실수가 되도록 하는 x의 값의 범위를 구하시오.

(1) $\sqrt{3-x}$

(2) $\dfrac{2}{\sqrt{x-3}}$

(3) $\sqrt{\dfrac{x}{2}-1}+\sqrt{5-x}$

(4) $\dfrac{\sqrt{x}}{\sqrt{1-x}}$

2 다음 식을 계산하시오.

(1) $(\sqrt{x+1}-\sqrt{x})(\sqrt{x+1}+\sqrt{x})$

(2) $(\sqrt{x-1}+\sqrt{x+3})(\sqrt{x-1}-\sqrt{x+3})$

(3) $\dfrac{1}{\sqrt{x-1}+\sqrt{x}}$

(4) $\dfrac{2}{\sqrt{x+1}-\sqrt{x-1}}$

3 다음 무리함수의 그래프를 그리고, 정의역, 치역을 각각 구하시오.

(1) $y=\sqrt{2x}$

(2) $y=\sqrt{-2x}$

(3) $y=-\sqrt{2x}$

(4) $y=-\sqrt{-2x}$

4 무리함수 $y=\sqrt{3x}$의 그래프를 다음과 같이 평행이동한 그래프의 식을 구하고, 그 그래프를 그리시오.

(1) x축의 방향으로 1만큼, y축의 방향으로 2만큼 평행이동

(2) x축의 방향으로 -2만큼, y축의 방향으로 -5만큼 평행이동

5 다음 무리함수를 $y=\sqrt{a(x-p)}+q$ (a, p, q는 상수) 꼴로 나타내시오.

(1) $y=\sqrt{2x+6}+1$

(2) $y=-\sqrt{-3x+9}-2$

• 교과서 예제로 개념 익히기

필수 예제 1 무리식의 계산

$x=\frac{1}{\sqrt{2}-1}$일 때, $\frac{1}{1-\sqrt{x}}+\frac{1}{1+\sqrt{x}}$의 값을 구하시오.

다시 정리하는 개념

주어진 무리식의 분모를 유리화하여 간단히 한 후 x의 값을 대입한다.

숫자 바꾼

1-1 $x=\frac{1}{2+\sqrt{3}}$일 때, $\frac{1}{\sqrt{x}-\sqrt{2}}-\frac{1}{\sqrt{x}+\sqrt{2}}$의 값을 구하시오.

1-2 $x=\sqrt{5}+2$, $y=\sqrt{5}-2$일 때, $\frac{\sqrt{x}-\sqrt{y}}{\sqrt{x}+\sqrt{y}}$의 값을 구하시오.

1-3 $\frac{1}{\sqrt{x-1}+\sqrt{x+1}}+\frac{1}{\sqrt{x+1}+\sqrt{x+3}}+\frac{1}{\sqrt{x+3}+\sqrt{x+5}}$을 간단히 하시오.

필수 예제 2 무리함수의 그래프

다음 무리함수의 그래프를 그리고, 정의역과 치역을 구하시오.

(1) $y=\sqrt{x-1}-2$　　(2) $y=\sqrt{-2x-4}+1$

문제 해결 tip

무리함수 $y=\sqrt{ax+b}+c$의 그래프는 그래프의 식을 $y=\sqrt{a(x-p)}+q$ 꼴로 변형하여 그린다.

숫자 바꾼

2-1 다음 무리함수의 그래프를 그리고, 정의역과 치역을 구하시오.

(1) $y=\sqrt{2-x}+3$　　(2) $y=-\sqrt{3x-3}-1$

2-2 함수 $y=\sqrt{2x-1}+1$의 그래프를 x축의 방향으로 3만큼, y축의 방향으로 -2만큼 평행이동한 후, y축에 대하여 대칭이동하면 함수 $y=\sqrt{ax+b}+c$의 그래프와 일치한다. 세 상수 a, b, c에 대하여 $a+b+c$의 값을 구하시오.

무리함수 $y=f(x)$의 그래프와 직선 $y=g(x)$의 위치 관계를 구할 때는 그래프와 직선을 그리고, 직선을 움직여 보자.
특히 그래프와 직선이 접할 때는 이차방정식 $\{f(x)\}^2=\{g(x)\}^2$의 판별식을 이용해 보자.

2-3 다음 중 함수 $y=\sqrt{x+1}$의 그래프와 직선 $y=x+k$가 만나도록 하는 실수 k의 값이 아닌 것은?

① -2　② -1　③ 0　④ 1　⑤ 2

필수 예제 3 무리함수의 역함수

함수 $y=\sqrt{x-2}+3$의 역함수가 $y=x^2+ax+b\ (x\geq c)$일 때, 세 상수 a, b, c에 대하여 $a+b+c$의 값을 구하시오.

▶ 단원 밖의 개념

함수 $y=f(x)$의 역함수는 다음과 같은 순서로 구한다.

❶ 함수 f^{-1}의 정의역은 함수 f의 치역으로 한다.

❷ $y=f(x)$에서 x를 y에 대한 식으로 나타낸다.

❸ x와 y를 서로 바꾸어 함수 f의 역함수 f^{-1}를 구한다.

숫자 바꿈

3-1 함수 $y=-\sqrt{2x-1}+1$의 역함수가 $y=\frac{1}{2}x^2+ax+b\ (x\leq c)$일 때, 세 상수 a, b, c에 대하여 $a+b+c$의 값을 구하시오.

3-2 무리함수 $y=\sqrt{ax+b}$의 역함수를 $g(x)$라 할 때, 함수 $y=g(x)$의 그래프는 두 점 $(1, 0)$, $(3, 8)$을 지난다. $g(x)$를 구하시오. (단, a, b는 상수이다.)

역함수의 성질인 $(f\circ g)^{-1}=g^{-1}\circ f^{-1}$임을 이용하여 주어진 합성함수를 간단히 해 보자.

3-3 정의역이 $\{x\,|\,x>3\}$인 두 함수 $f(x)=\frac{x+2}{x-2}$, $g(x)=\sqrt{x+1}$에 대하여 $(f^{-1}\circ(g\circ f^{-1})^{-1}\circ f)(6)$의 값을 구하시오.

• 정답 및 해설 67쪽

필수 예제 4 무리함수의 그래프와 그 역함수의 그래프의 교점

함수 $f(x)=\sqrt{x+2}$의 그래프와 그 역함수의 그래프가 만나는 점의 좌표를 구하시오.

단원 밖의 개념

함수 $y=f(x)$의 그래프와 그 역함수 $y=f^{-1}(x)$의 그래프는 직선 $y=x$에 대하여 대칭이다.

숫자 바꾼

4-1 함수 $f(x)=\sqrt{3x-2}+2$의 그래프와 그 역함수의 그래프가 만나는 점의 좌표를 구하시오.

4-2 함수 $f(x)=\sqrt{x-2}+4$의 역함수를 $g(x)$라 할 때, 두 함수 $y=f(x)$, $y=g(x)$의 그래프가 한 점 P에서 만난다. 선분 OP의 길이를 구하시오. (단, O는 원점이다.)

4-3 함수 $f(x)=\sqrt{8x-7}-1$의 그래프와 그 역함수의 그래프가 서로 다른 두 점에서 만날 때, 두 점 사이의 거리를 구하시오.

실전 문제로 단원 마무리

| 필수 예제 01 |

01 무리식 $\sqrt{5-2x}+\frac{2}{\sqrt{x+3}}$의 값이 실수가 되도록 하는 정수 x의 개수를 구하시오.

NOTE

| 필수 예제 01 |

02 $x=\frac{\sqrt{2}}{2}$일 때, $\sqrt{\frac{1-x}{1+x}}+\sqrt{\frac{1+x}{1-x}}$의 값을 구하시오.

제곱근의 성질
$\sqrt{\frac{a}{b}}=\frac{\sqrt{a}}{\sqrt{b}}$ (단, $a>0$, $b>0$)
를 이용하여 주어진 식을 변형한 후, 통분한다.

| 필수 예제 02 |

03 함수 $y=\sqrt{2x+k}+3$의 그래프가 점 $(5,\ 6)$을 지나고 정의역이 $\{x\,|\,x\geq a\}$, 치역이 $\{y\,|\,y\geq b\}$일 때, 두 상수 a, b에 대하여 ab의 값을 구하시오. (단, k는 상수이다.)

함수의 그래프가 주어진 점을 지나므로 주어진 점의 x, y좌표를 함수식에 대입했을 때 식이 성립함을 이용하여 그래프의 식을 완성한다.

| 필수 예제 02 |

04 다음 중 함수 $y=\sqrt{6-2x}+1$에 대한 설명으로 옳은 것은?

① 정의역은 $\{x\,|\,x\leq 6\}$이다.
② 치역은 $\{y\,|\,y\leq 1\}$이다.
③ 그래프는 점 $(1,\ 2)$를 지난다.
④ 그래프는 함수 $y=\sqrt{-2x}$의 그래프를 x축의 방향으로 -3만큼, y축의 방향으로 1만큼 평행이동한 것이다.
⑤ 그래프는 제1, 2사분면을 지난다.

| 필수 예제 02 |

05 함수 $f(x)=-\sqrt{ax+b}+c$의 그래프가 오른쪽 그림과 같을 때, $f(6)$의 값을 구하시오. (단, a, b, c는 상수이다.)

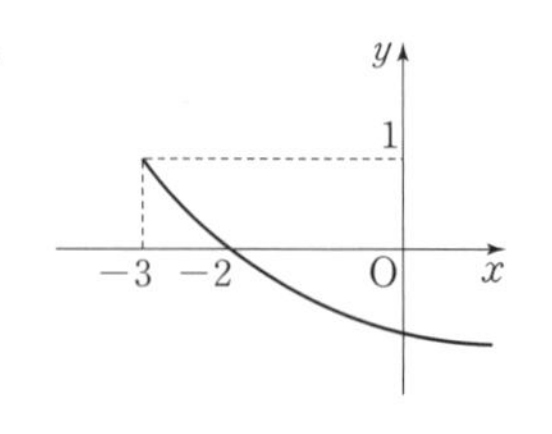

| 필수 예제 02 |

06

무리함수 $y=\sqrt{2x+2}+4$의 정의역은 $\{x|1\le x\le a\}$, 치역은 $\{y|b\le y\le 7\}$일 때, 두 상수 a, b에 대하여 ab의 값을 구하시오.

NOTE

무리함수 $y=f(x)$의 그래프를 그린 후, 주어진 정의역의 양 끝 값을 만족시키는 y의 함숫값의 최댓값과 최솟값을 파악한다.

| 필수 예제 03 |

07

두 함수 $f(x)=\sqrt{2-x}+3$, $g(x)=\sqrt{3x+1}+5$의 역함수를 각각 $f^{-1}(x)$, $g^{-1}(x)$라 할 때, $(f\circ g^{-1})^{-1}(4)$의 값을 구하시오.

역함수의 성질을 이용하여 구하는 함숫값을 간단히 정리한다.

| 필수 예제 04 |

08

두 함수 $y=\sqrt{x-2}+2$, $x=\sqrt{y-2}+2$의 그래프가 서로 다른 두 점에서 만날 때, 이 두 점 사이의 거리를 구하시오.

두 함수식은 x, y의 자리가 서로 바뀌어 있으므로 두 함수는 서로 역함수 관계에 있음을 이용한다.

| 필수 예제 02 |

09

교육청 기출

함수 $y=5-2\sqrt{1-x}$의 그래프와 직선 $y=-x+k$가 제1사분면에서 만나도록 하는 모든 정수 k의 값의 합을 구하시오.

주어진 무리함수의 그래프를 그린 후, 그 그래프와 직선이 제1사분면에서 만나도록 직선을 움직여 본다. 이때 교점이 축 위에 있는 경우에는 각 사분면에 속하지 않음에 유의한다.

| 필수 예제 03 |

10

교육청 기출

무리함수 $f(x)=\sqrt{x-k}$에 대하여 좌표평면 위에 곡선 $y=f(x)$와 세 점 A(1, 6), B(7, 1), C(8, 9)를 꼭짓점으로 하는 삼각형 ABC가 있다. 곡선 $y=f(x)$와 함수 $f(x)$의 역함수의 그래프가 삼각형 ABC와 만나도록 하는 실수 k의 최댓값을 구하시오.

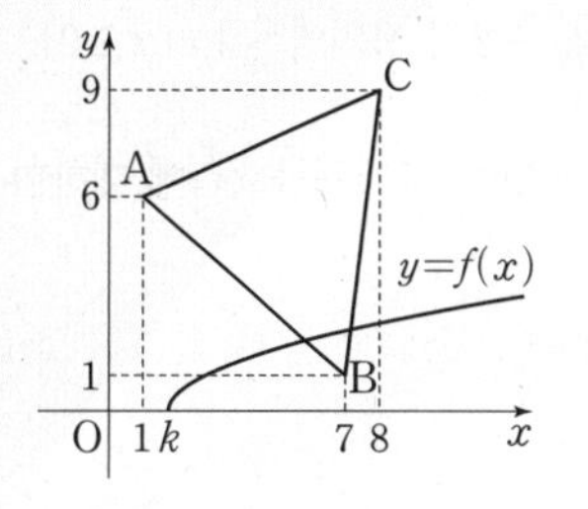

함수 $f(x)$의 역함수 $f^{-1}(x)$를 구한 후, 두 곡선 $y=f(x)$, $y=f^{-1}(x)$가 모두 삼각형 ABC와 만나도록 두 곡선 $y=f(x)$, $y=f^{-1}(x)$를 움직여 본다.

개념으로 단원 마무리

• 정답 및 해설 70쪽

1 다음 □ 안에 알맞은 것을 쓰고, ○ 안에 $\geq$, $=$, $\neq$, $\leq$ 중 알맞은 것을 쓰시오.

(1) 식을 정리하였을 때, 근호 안에 문자가 포함된 식 중에서 유리식으로 나타낼 수 없는 식을 □이라 한다.

(2) 무리식의 값이 실수가 되기 위한 조건은

(근호 안의 식의 값)○0, (분모)○0

(3) 무리식의 계산은 무리수의 계산과 같이 제곱근의 성질을 이용한다.

특히 분모가 무리식인 경우에는 다음과 같이 분모를 □하여 계산한다.

$\frac{c}{\sqrt{a}+\sqrt{b}}=\frac{c(\square)}{a-b}$ (단, $a\neq b$)

$\frac{c}{\sqrt{a}-\sqrt{b}}=\frac{c(\square)}{a-b}$ (단, $a\neq b$)

(4) 함수 $y=f(x)$에서 $f(x)$가 x에 대한 무리식일 때, 이 함수를 □라 한다.

(5) 무리함수 $y=\sqrt{ax}\,(a\neq 0)$의 그래프에서

① $a>0$일 때, 정의역: $\{x|x\bigcirc 0\}$, 치역: $\{y|y\geq 0\}$

② $a<0$일 때, 정의역: $\{x|x\leq 0\}$, 치역: $\{y|y\bigcirc 0\}$

(6) 무리함수 $y=\sqrt{a(x-p)}+q\,(a\neq 0)$의 그래프는 무리함수 $y=\sqrt{ax}$의 그래프를 x축의 방향으로 □만큼, y축의 방향으로 □만큼 평행이동한 것이다.

① $a>0$일 때, 정의역: $\{x|x\bigcirc p\}$, 치역: $\{y|y\geq q\}$

② $a<0$일 때, 정의역: $\{x|x\leq p\}$, 치역: $\{y|y\bigcirc q\}$

2 다음 문장이 옳으면 ○표, 옳지 않으면 ×표를 (　　) 안에 쓰시오.

(1) $\frac{1}{2\sqrt{3-2x^2}}$은 무리식이다. (　　)

(2) 무리식 $\sqrt{1-x}$의 값이 실수이기 위한 x의 값의 범위는 $x<1$이다. (　　)

(3) 함수 $y=\sqrt{x^2}$은 무리함수이다. (　　)

(4) 무리함수 $y=\sqrt{2x+2}$의 정의역은 $\{x|x\geq 0\}$, 치역은 $\{y|y\geq -1\}$이다. (　　)

(5) 무리함수 $y=\sqrt{-3x}$의 그래프를 x축에 대하여 대칭이동한 그래프의 식은 $y=\sqrt{3x}$이다. (　　)

MEMO

MEMO

수학이 쉬워지는
완벽한 솔루션

완쏠

개념 라이트

공통수학 2

정답 및 해설

메가스터디BOOKS

수학이 쉬워지는
완벽한 솔루션

완쏠

개념 라이트

공통수학 2

정답 및 해설

SPEED CHECK

01 평면좌표

교과서 개념 확인하기

본문 007쪽

1 (1) 3 (2) 3
2 (1) $\sqrt{5}$ (2) $\sqrt{10}$
3 (1) 4 (2) 2
4 (1) $\left(2, \frac{18}{5}\right)$ (2) $(3, 4)$

교과서 예제로 개념 익히기

본문 008~013쪽

필수 예제 1 -2
1-1 -4
1-2 -1
1-3 9

필수 예제 2 (1) $(3, 0)$ (2) $(0, 7)$
2-1 (1) $(-4, 0)$ (2) $\left(0, \frac{4}{5}\right)$
2-2 $5\sqrt{2}$
2-3 $\left(-\frac{3}{5}, \frac{12}{5}\right)$

필수 예제 3 $\overline{AB}=\overline{BC}$인 이등변삼각형
3-1 ③
3-2 $\angle A=90°$인 직각이등변삼각형
3-3 2

필수 예제 4 $\frac{\sqrt{5}}{2}$
4-1 $\frac{\sqrt{2}}{2}$
4-2 $(3, 4)$
4-3 $(2, 2)$, $(5, -1)$

필수 예제 5 2
5-1 10
5-2 $(7, 3)$
5-3 $(10, -2)$, $(13, 1)$

필수 예제 6 2
6-1 -20
6-2 -3
6-3 $(3, 9)$

실전 문제로 단원 마무리

본문 014~015쪽

01 2 **02** 43 **03** 3 **04** 5
05 $(0, 0)$ **06** $(1, 13)$ **07** 0 **08** ⑤
09 ③ **10** 160

개념으로 단원 마무리

본문 016쪽

1 (1) x_2-x_1, x_1-x_2 (2) x_1, y_1 (3) 내분, 내분점
(4) mx_2+nx_1 (5) mx_2+nx_1, my_2+ny_1
(6) $x_1+x_2+x_3$, $y_1+y_2+y_3$
2 (1) × (2) ○ (3) × (4) ○ (5) ○

02 직선의 방정식

교과서 개념 확인하기

본문 019쪽

1 (1) $y=-x-1$ (2) $y=2x-6$
2 (1) $y=x+2$ (2) $y=-2x+3$ (3) $x=2$ (4) $x=-1$
3 ㄱ, ㄴ, ㄹ
4 평행: ㄱ, ㄷ, 수직: ㄴ, ㄹ
5 (1) $\sqrt{5}$ (2) $\frac{2\sqrt{5}}{5}$

교과서 예제로 개념 익히기

본문 020~025쪽

필수 예제 1 (1) $y=2x+2$ (2) $y=x-3$
1-1 (1) $y=-2x+12$ (2) $y=2x-7$
1-2 $y=-\frac{1}{2}x+\frac{5}{2}$
1-3 8

필수 예제 2 제2, 3, 4사분면
2-1 제1, 2, 3사분면
2-2 제1, 3사분면

필수 예제 3 $(-1, -2)$
3-1 $(5, -7)$
3-2 6

필수 예제 4 (1) $y=x-5$ (2) $y=\frac{1}{3}x+\frac{13}{3}$
4-1 (1) $y=5x+10$ (2) $y=\frac{5}{2}x$
4-2 $y=3x+2$
4-3 $y=\frac{2}{3}x+\frac{7}{3}$

필수 예제 5 (1) -2 (2) $-\frac{2}{3}$
5-1 (1) 3 (2) $\frac{1}{2}$
5-2 25
5-3 -3

필수 예제 6 2
6-1 4
6-2 7
6-3 -2

필수 예제 7 (1) $\sqrt{65}$ (2) $4x-7y+3=0$ (3) $\frac{6\sqrt{65}}{13}$ (4) 15

7-1 18 **7-2** 6

7-3 4

실전 문제로 단원 마무리 본문 014~015쪽

01 ② **02** 제2, 4사분면 **03** $\frac{1}{3}$

04 $y=-x+\frac{2}{3}$ **05** $y=x+5$

06 8 **07** $4x-3y-5=0$ 또는 $4x-3y+5=0$

08 8 **09** ② **10** ㄱ, ㄷ

개념으로 단원 마무리 본문 028쪽

1 (1) y_2-y_1, x_2-x_1 (2) 직선 (3) m', n' (4) $=$, $\neq$ (5) 0
(6) ax_1+by_1+c, a^2+b^2

2 (1) ○ (2) ○ (3) × (4) × (5) × (6) ○

03 원의 방정식

교과서 개념 확인하기 본문 031쪽

1 (1) $(x-1)^2+(y-2)^2=16$ (2) $x^2+y^2=36$

2 (1) $(x-2)^2+(y-5)^2=25$ (2) $(x+3)^2+(y-1)^2=9$
(3) $(x+4)^2+(y+4)^2=16$

3 (1) 서로 다른 두 점에서 만난다.
(2) 한 점에서 만난다.(접한다.) (3) 만나지 않는다.

4 (1) $y=x\pm\sqrt{2}$ (2) $y=-3x\pm\sqrt{10}$

5 (1) $x-2\sqrt{2}y+9=0$ (2) $\sqrt{5}x-2y-9=0$

교과서 예제로 개념 익히기 본문 032~037쪽

필수 예제 1 (1) $(x+1)^2+(y+2)^2=2$
(2) $\left(x+\frac{5}{2}\right)^2+\left(y-\frac{3}{2}\right)^2=\frac{1}{2}$

1-1 (1) $(x-4)^2+(y-1)^2=1$ (2) $(x-2)^2+(y-3)^2=10$

1-2 -2

필수 예제 2 $(2, 2)$, $(10, -6)$

2-1 $(x+4)^2+(y-5)^2=25$ 또는 $x^2+(y-1)^2=1$

2-2 8

필수 예제 3 $-3+2\sqrt{2}$

3-1 24 **3-2** 2

3-3 $-3<m<3$

필수 예제 4 (1) $-\sqrt{5}<k<\sqrt{5}$ (2) $k=-\sqrt{5}$ 또는 $k=\sqrt{5}$
(3) $k<-\sqrt{5}$ 또는 $k>\sqrt{5}$

4-1 (1) $-6<k<6$ (2) $k=-6$ 또는 $k=6$
(3) $k<-6$ 또는 $k>6$

4-2 9

필수 예제 5 $2\sqrt{7}$

5-1 6 **5-2** $6\sqrt{5}$

필수 예제 6 $y=2x\pm2\sqrt{5}$

6-1 $y=-x\pm2$ **6-2** -5

6-3 8

필수 예제 7 2

7-1 3 **7-2** -6

7-3 0

필수 예제 8 $3x+y-10=0$ 또는 $x-3y-10=0$

8-1 -3

8-2 $x+2y+7=0$ 또는 $2x-y-1=0$

8-3 $x+y-6=0$ 또는 $x-7y+10=0$

실전 문제로 단원 마무리 본문 038~039쪽

01 8 **02** $4\sqrt{2}$ **03** 10π **04** 1

05 17π **06** $y=-\frac{1}{2}x\pm\sqrt{5}$ **07** 5

08 7 **09** 8 **10** ④

개념으로 단원 마무리 본문 040쪽

1 (1) a, b, r^2 (2) b^2, a^2 (3) $>$, $=$, $<$ (4) m^2+1
(5) x_1, y_1, r^2

2 (1) ○ (2) × (3) ○ (4) × (5) ○

04 도형의 이동

교과서 개념 확인하기 본문 043쪽

1 (1) $(-3, 5)$ (2) $(-1, -1)$

2 (1) $x-3y-7=0$ (2) $(x-3)^2+(y+2)^2=4$

3 (1) $(2, -5)$ (2) $(-2, 5)$ (3) $(-2, -5)$ (4) $(5, 2)$

4 (1) $x+3y-1=0$ (2) $x+3y+1=0$
(3) $x-3y+1=0$ (4) $3x-y+1=0$

SPEED CHECK

교과서 예제로 개념 익히기
본문 044~047쪽

필수 예제 1 -5

1-1 0　**1-2** 18

필수 예제 2 -7

2-1 3　**2-2** 0

필수 예제 3 $2\sqrt{5}$

3-1 $(-3, -1)$　**3-2** 4

3-3 $6\sqrt{2}$

필수 예제 4 -1

4-1 $-\frac{1}{3}$　**4-2** -3

4-3 -5

필수 예제 5 11

5-1 6　**5-2** $(x-3)^2+(y-5)^2=9$

필수 예제 6 $(5, 2)$

6-1 -5　**6-2** $4\sqrt{5}$

실전 문제로 단원 마무리
본문 048~049쪽

01 $\sqrt{13}$　**02** -7　**03** 3　**04** $5\sqrt{2}$

05 5　**06** 3　**07** 16　**08** -1

09 4　**10** 7

개념으로 단원 마무리
본문 050쪽

1 (1) $+$, $+$　(2) $-$, $-$　(3) $-y$, $-x$, $-x$, $-y$, y, x
(4) 중점, 수직, -1

2 (1) × (2) ○ (3) ○ (4) × (5) ○ (6) ○ (7) ×

Ⅱ. 집합과 명제

05 집합의 뜻과 표현

교과서 개념 확인하기
본문 053쪽

1 (1) 1, 2　(2) 1, 3, 5, 7, 9　**2** (1) $\in$　(2) $\notin$

3 (1) $A=\{1, 2, 3, 4, 5\}$　(2) $A=\{x \mid x$는 6 미만인 자연수$\}$

(3)

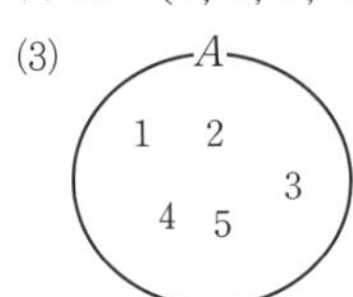

4 (1) 유　(2) 무

5 (1) $n(A)=4$　(2) $n(B)=4$　(3) $n(C)=0$

6 (1) $\subset$, $\not\subset$　(2) $\not\subset$, $\subset$　**7** (1) $=$　(2) $\neq$

교과서 예제로 개념 익히기
본문 054~057쪽

필수 예제 1 집합: (1), (3)　(1) 1, 3, 9　(3) 4, 8, 12, 16

1-1 집합: (1), (4)　(1) 1, 2, 3, 4, 5　(4) 1, 2

1-2 ⑤　**1-3** $\{-2, -1, 0, 1, 2, 4\}$

필수 예제 2 ④

2-1 ①, ⑤　**2-2** 5

2-3 ④

필수 예제 3 ③, ⑤

3-1 ③　**3-2** ③, ⑤

필수 예제 4 5

4-1 6　**4-2** 9

필수 예제 5 8

5-1 8　**5-2** 16

5-3 4

실전 문제로 단원 마무리
본문 058~059쪽

01 ①, ⑤　**02** ④　**03** ㄴ, ㅁ　**04** 6

05 ④　**06** 5　**07** 64　**08** 32

09 3　**10** 48

개념으로 단원 마무리
본문 060쪽

1 (1) 집합, 원소　(2) 원소나열법, 조건제시법
(3) 공집합, $\varnothing$, $n(A)$　(4) 부분집합, $A\subset B$, 같다, $A=B$
(5) 2^n, 2^n-1, 2^{n-k}

2 (1) ○ (2) ○ (3) ○ (4) × (5) × (6) ○ (7) ○

06 집합의 연산

교과서 개념 확인하기
본문 063쪽

1 (1) $A\cup B=\{1, 2, 3, 4, 5\}$, $A\cap B=\{1, 2, 3\}$
(2) $A\cup B=\{a, b, c, d, e, f, g\}$, $A\cap B=\{c, f\}$

2 (1) 서로소이다.　(2) 서로소가 아니다.

3 (1) $A^C=\{2, 4, 5, 6, 7\}$　(2) $B^C=\{1, 2, 4, 6\}$
(3) $A-B=\{1\}$　(4) $B-A=\{5, 7\}$

4 (1) 25　(2) 4

5 (1) 36　(2) 31　(3) 5　(4) 10

교과서 예제로 개념 익히기 본문 064~069쪽

필수 예제 1 $\{1, 2, 3, 4\}$

1-1 $\{a, e, f, g, h\}$

1-2 (1) $\{1, 2, 3, 4, 6, 8, 10, 12\}$
(2) $\{1, 2, 3, 4, 5, 6, 7, 9, 11, 12\}$

1-3 6

필수 예제 2 $\{2, 4, 7\}$

2-1 $\{1, 4, 8\}$ **2-2** (1) $\{2, 4\}$ (2) $\{6, 12\}$

2-3 2

필수 예제 3 ⑤

3-1 ③, ④ **3-2** ③

3-3 ㄱ, ㄹ

필수 예제 4 ④

4-1 ④ **4-2** (1) $A\cap B$ (2) $\varnothing$

4-3 $\{2, 4, 10, 20\}$

필수 예제 5 ㄴ, ㄹ

5-1 ④ **5-2** ㄴ, ㄷ

5-3 1

필수 예제 6 10

6-1 31 **6-2** 30

6-3 19

실전 문제로 단원 마무리 본문 070~071쪽

01 3 **02** ② **03** $\{a, g, h, i\}$

04 ㄷ **05** ⑤ **06** ③ **07** 13

08 58 **09** 8 **10** 16

개념으로 단원 마무리 본문 072쪽

1 (1) 또는, 그리고, $\varnothing$ (2) $\not\in$, $\not\in$
(3) B, A, B, A, $\cup$, $\cap$, $\cap$, $\cap$, $\cap$
(4) $A\cap B$, U, $A\cap B$, A, $A\cap B\cap C$

2 (1) × (2) ○ (3) ○ (4) ○ (5) × (6) ×

07 명제

교과서 개념 확인하기 본문 075쪽

1 ㄱ, ㄷ

2 (1) $\{1, 2, 3, 4, 6, 12\}$ (2) $\{1, 3, 5, 7, 9, 11\}$
(3) $\{3\}$ (4) $\{1, 2, 3\}$

3 (1) 2는 무리수가 아니다. (2) $x\neq 1$ (3) $2<-1$
(4) x는 1보다 작다.

4 (1) 참 (2) 거짓 (3) 거짓 (4) 참

5 (1) 역: 소수는 1이다. 대우: 소수가 아닌 것은 1이 아니다.
(2) 역: 직사각형은 정사각형이다.
대우: 직사각형이 아닌 것은 정사각형이 아니다.
(3) 역: $x^2=2$이면 $x=\sqrt{2}$이다. 대우: $x^2\neq 2$이면 $x\neq\sqrt{2}$이다.
(4) 역: $x^2=y^2$이면 $x=y$이다. 대우 : $x^2\neq y^2$이면 $x\neq y$이다.

6 (1) 충분조건 (2) 필요조건 (3) 필요충분조건

교과서 예제로 개념 익히기 본문 076~081쪽

필수 예제 1 명제: (1), (3), (4) (1) 참 (3) 참 (4) 거짓

1-1 명제: (1), (2), (4) (1) 거짓 (3) 참 (4) 거짓

1-2 ㄴ, ㄷ, ㄹ **1-3** ㄱ, ㄷ

필수 예제 2 (1) $\{3, 5, 6, 7, 9, 10, 11, 12, 13, 14, 15, 16, 17, 18\}$
(2) $\{4, 8\}$
(3) $\{5, 7, 10, 11, 12, 13, 14, 15, 16, 17\}$

2-1 (1) $\{2, 4, 6, 8, 9, 10, 11, 12, 13, 14, 16\}$ (2) $\{1, 5\}$
(3) $\{1, 2, 4, 5, 6, 7, 8, 9, 10, 11, 12, 13, 14, 16\}$

2-2 6 **2-3** ③

필수 예제 3 (1) 거짓 (2) 참 (3) 참 (4) 거짓

3-1 (1) 참 (2) 참 (3) 거짓 (4) 참

3-2 ㄱ, ㄴ **3-3** 2

필수 예제 4 (1) 거짓 (2) 참

4-1 (1) 거짓 (2) 참 **4-2** ②

4-3 ㄱ

필수 예제 5 해설 참조

5-1 해설 참조 **5-2** ㄱ, ㄷ

5-3 6

필수 예제 6 (1) 필요조건 (2) 충분조건 (3) 필요충분조건

6-1 (1) 필요충분조건 (2) 필요조건 (3) 충분조건

6-2 ㄱ, ㄹ **6-3** 3

실전 문제로 단원 마무리 본문 082~083쪽

01 ①, ④ **02** $\{1, 2\}$ **03** ㄱ, ㄹ **04** 4

05 ②, ⑤ **06** ㄴ **07** ⑤ **08** 9

09 ㄱ, ㄷ **10** ㄱ, ㄴ, ㄷ

SPEED CHECK

개념으로 단원 마무리 (본문 084쪽)

1 (1) 명제, 조건 (2) 부정, $\sim p$, p (3) $\subset$, $\subset$, $\not\subset$, $\not\subset$
(4) $q \longrightarrow p$, $\sim q \longrightarrow \sim p$
(5) 충분조건, 필요조건, $p \Longrightarrow q$
(6) 필요충분조건, $p \Longleftrightarrow q$

2 (1) × (2) ○ (3) × (4) ○ (5) × (6) ○

08 명제의 증명

교과서 개념 확인하기 (본문 087쪽)

1 (가) 또는 (나) = (다) = **2** (가) 또는 (나) = (다) $\neq$

3 (가) $\sqrt{a}-\sqrt{b}$ (나) 0 (다) $a=b$

4 (가) $ay-bx$ (나) 0 (다) $ay=bx$

교과서 예제로 개념 익히기 (본문 088~091쪽)

필수 예제 1 (가) 짝수 (나) $2k$ (다) $2k^2$

1-1 해설 참조 **1-2** 해설 참조

1-3 (가) $3k+2$ (나) $3k^2+2k$ (다) $3k^2+4k+1$

필수 예제 2 (가) 홀수 (나) $2l-1$ (다) $2kl-k-l$ (라) 짝수

2-1 해설 참조 **2-2** 해설 참조

2-3 (가) 짝수 (나) 짝수 (다) 짝수 (라) 짝수 (마) 짝수 (바) 서로소

필수 예제 3 해설 참조

3-1 해설 참조 **3-2** 해설 참조

3-3 해설 참조

필수 예제 4 (1) 8 (2) 9

4-1 (1) 16 (2) 6 **4-2** 4

필수 예제 5 (1) -10 (2) 5

5-1 (1) 15 (2) -20 **5-2** 1

실전 문제로 단원 마무리 (본문 092~093쪽)

01 (가) 홀수 (나) 짝수 (다) 홀수 **02** 해설 참조

03 ㄱ, ㄴ **04** 해설 참조 **05** 9 **06** 5

07 14 **08** 4 **09** 54 **10** ①

개념으로 단원 마무리 (본문 094쪽)

1 (1) 정의, 증명, 정리 (2) 대우 (3) 귀류법 (4) 절대부등식
(5) $a+b$, $a=b$ (6) $(ax+by)^2$, $ay=bx$

2 (1) ○ (2) × (3) ○ (4) × (5) × (6) ○

09 함수

교과서 개념 확인하기 (본문 097쪽)

1 (1) ㄴ
(2) ㄴ의 정의역: $\{1, 2, 3\}$, ㄴ의 공역: $\{2, 4, 6\}$,
ㄴ의 치역: $\{2, 4\}$

2 (1) $\{-1, 0, 3\}$ (2) $\{1, 2, 3\}$

3 (1) ㄱ, ㄷ, ㄹ (2) ㄱ, ㄷ (3) ㄱ (4) ㄴ

4 (1) 8 (2) 17 **5** (1) 3 (2) 1 (3) 4

교과서 예제로 개념 익히기 (본문 098~103쪽)

필수 예제 1 ㄱ, ㄹ

1-1 ⑤

1-2 $\{-5, -3, -1, 2, 4, 6, 8\}$

1-3 -1

필수 예제 2 (1) ㄱ, ㄷ, ㄹ (2) ㄱ, ㄷ, ㄹ (3) ㄱ, ㄹ (4) ㄹ

2-1 (1) ㄱ, ㄴ, ㄹ (2) ㄴ (3) ㄴ (4) ㄹ

2-2 ①, ④ **2-3** 5

필수 예제 3 4

3-1 -6 **3-2** 2

3-3 2

필수 예제 4 -5

4-1 -11 **4-2** 4

필수 예제 5 (1) $h(x)=3x-1$ (2) $h(x)=3x-5$

5-1 (1) $h(x)=2x^2+4$ (2) $h(x)=2x^2+12x+19$

5-2 -2

필수 예제 6 -3

6-1 $\frac{1}{2}$ **6-2** 12

필수 예제 7 1

7-1 8 **7-2** 1

필수 예제 8 e

8-1 d **8-2** $b+c$

8-3 6

실전 문제로 단원 마무리 (본문 104~105쪽)

01 f와 h **02** ㄴ, ㄹ **03** -1 **04** 16

05 7 **06** -3 **07** 12 **08** $\sqrt{2}$

09 4 **10** 7

개념으로 단원 마무리
본문 106쪽

1 (1) 함수, $f: X \longrightarrow Y$, X, Y, 함숫값
(2) $f(x)=g(x)$, $f=g$ (3) 일대일함수 (4) 일대일대응
(5) 항등함수 (6) 합성함수, $g \circ f$ (7) 역함수, f^{-1}

2 (1) ○ (2) × (3) ○ (4) × (5) ○ (6) ×

10 유리함수

교과서 개념 확인하기
본문 109쪽

1 (1) $\frac{x^2z}{xyz}$, $\frac{xy^2}{xyz}$, $\frac{yz^2}{xyz}$
(2) $\frac{x-1}{x(x-1)}$, $\frac{x}{x(x-1)}$, $\frac{1}{x(x-1)}$

2 (1) $\frac{xz}{y}$ (2) $\frac{x+1}{2x-3}$

3 ㄱ, ㄹ

4 해설 참조

5 해설 참조

6 (1) $y=-\frac{1}{x-1}+2$ (2) $y=\frac{5}{x+1}-3$

교과서 예제로 개념 익히기
본문 110~113쪽

필수 예제 1 (1) $\frac{x+1}{x-1}$ (2) $\frac{1}{x-y}$

1-1 (1) $\frac{x+1}{x-1}$ (2) $\frac{x+1}{x+3}$

1-2 (1) $\frac{x^2+4x}{(x-1)(x^2+x+1)}$ (2) $\frac{8}{1-x^8}$

1-3 -2

필수 예제 2 (1) $\frac{3}{x(x+6)}$ (2) $\frac{x-1}{x}$

2-1 (1) $\frac{7}{2x(x+7)}$ (2) $\frac{x+6}{x}$

2-2 (1) $\frac{18}{x(x+9)}$ (2) $\frac{2x-1}{3x-2}$

2-3 18

필수 예제 3 해설 참조

3-1 해설 참조

3-2 12

3-3 5

필수 예제 4 $g(x)=\frac{x-3}{x-2}$

4-1 $g(x)=\frac{x+4}{2x+1}$

4-2 -2

4-3 -4

실전 문제로 단원 마무리
본문 114~115쪽

01 $\frac{x}{x-1}$ **02** -1 **03** 14 **04** -2
05 ③ **06** 1 **07** 2 **08** 0
09 5 **10** 14

개념으로 단원 마무리
본문 116쪽

1 (1) 유리식, 유리식 (2) $A+B$, $A-B$, AC, AD
(3) 0, 3, 2, 원점, y축, 원점 (4) p, q, p, q, (p, q), p, q
(5) p, q

2 (1) ○ (2) ○ (3) ○ (4) × (5) ×

11 무리함수

교과서 개념 확인하기
본문 119쪽

1 (1) $x \le 3$ (2) $x>3$ (3) $2 \le x \le 5$ (4) $0 \le x < 1$

2 (1) 1 (2) -4 (3) $\sqrt{x}-\sqrt{x-1}$ (4) $\sqrt{x+1}+\sqrt{x-1}$

3 해설 참조

4 해설 참조

5 (1) $y=\sqrt{2(x+3)}+1$ (2) $y=-\sqrt{-3(x-3)}-2$

교과서 예제로 개념 익히기
본문 120~123쪽

필수 예제 1 $-\sqrt{2}$

1-1 $-\frac{2\sqrt{6}}{3}$

1-2 $\frac{\sqrt{5}-1}{2}$

1-3 $\frac{\sqrt{x+5}-\sqrt{x-1}}{2}$

필수 예제 2 해설 참조

2-1 해설 참조

2-2 -10

2-3 ⑤

필수 예제 3 8

3-1 1

3-2 $g(x)=x^2-1\ (x \ge 0)$

3-3 3

필수 예제 4 $(2, 2)$

4-1 $(6, 6)$

4-2 $6\sqrt{2}$

4-3 $2\sqrt{2}$

실전 문제로 단원 마무리
본문 124~125쪽

01 5 **02** $2\sqrt{2}$ **03** $\frac{3}{2}$ **04** ⑤
05 -2 **06** 21 **07** 7 **08** $\sqrt{2}$
09 15 **10** 5

개념으로 단원 마무리
본문 126쪽

1 (1) 무리식 (2) $\ge$, $\ne$ (3) 유리화, $\sqrt{a}-\sqrt{b}$, $\sqrt{a}+\sqrt{b}$
(4) 무리함수 (5) $\ge$, $\ge$ (6) p, q, $\ge$, $\ge$

2 (1) ○ (2) × (3) × (4) × (5) ×

01 평면좌표

교과서 개념 확인하기

본문 007쪽

1 답 (1) 3 (2) 3

(1) $\overline{AB}=|1-4|=3$

(2) $\overline{AO}=|0-(-3)|=3$

2 답 (1) $\sqrt{5}$ (2) $\sqrt{10}$

(1) $\overline{AB}=\sqrt{(-1-1)^2+(1-2)^2}=\sqrt{4+1}=\sqrt{5}$

(2) $\overline{AO}=\sqrt{(0-3)^2+(0-1)^2}=\sqrt{9+1}=\sqrt{10}$

3 답 (1) 4 (2) 2

(1) 선분 AB를 3 : 1로 내분하는 점의 좌표는

$\dfrac{3\times6+1\times(-2)}{3+1}=4$

(2) 선분 AB의 중점의 좌표는

$\dfrac{-2+6}{2}=2$

4 답 (1) $\left(2,\ \dfrac{18}{5}\right)$ (2) $(3,\ 4)$

(1) 내분점의 좌표를 $(x,\ y)$라 하면

$x=\dfrac{2\times8+3\times(-2)}{2+3}=2,\ y=\dfrac{2\times6+3\times2}{2+3}=\dfrac{18}{5}$

따라서 구하는 점의 좌표는 $\left(2,\ \dfrac{18}{5}\right)$이다.

(2) 중점의 좌표를 $(x,\ y)$라 하면

$x=\dfrac{-2+8}{2}=3,\ y=\dfrac{2+6}{2}=4$

따라서 구하는 점의 좌표는 $(3,\ 4)$이다.

교과서 예제로 개념 익히기

• 본문 008~013쪽

필수 예제 1 답 -2

$\overline{AB}=2\sqrt{13}$이므로

$\sqrt{(-4-2)^2+(a+1)^2}=2\sqrt{13}$

위의 식의 양변을 제곱하면

$36+(a+1)^2=52,\ a^2+2a-15=0$

$(a+5)(a-3)=0 \quad \therefore a=-5$ 또는 $a=3$

따라서 모든 a의 값의 합은

$-5+3=-2$

1-1 답 -4

$\overline{AB}=\sqrt{10}$이므로

$\sqrt{(1-2)^2+(-2-a)^2}=\sqrt{10}$

위의 식의 양변을 제곱하면

$1+(a+2)^2=10,\ a^2+4a-5=0$

$(a+5)(a-1)=0 \quad \therefore a=-5$ 또는 $a=1$

따라서 모든 a의 값의 합은

$-5+1=-4$

1-2 답 -1

$\overline{AB}=\overline{BC}$에서 $\overline{AB}^2=\overline{BC}^2$이므로

$(a-1)^2+(1-3)^2=(-3-a)^2+(-1-1)^2$

$a^2-2a+5=a^2+6a+13,\ 8a=-8$

$\therefore a=-1$

1-3 답 9

두 점 $A(k,\ 1)$, $B(3,\ k+1)$ 사이의 거리가 $\sqrt{17}$ 이하이므로

$\overline{AB}\le\sqrt{17}$에서 $\overline{AB}^2\le17$이므로

$(3-k)^2+\{(k+1)-1\}^2\le17$

$2k^2-6k-8\le0,\ k^2-3k-4\le0$

$(k+1)(k-4)\le0 \quad \therefore -1\le k\le4$

따라서 정수 k는 $-1,\ 0,\ 1,\ 2,\ 3,\ 4$이므로 구하는 합은

$-1+0+1+2+3+4=9$

필수 예제 2 답 (1) $(3,\ 0)$ (2) $(0,\ 7)$

(1) 구하는 점이 x축 위의 점이므로 $P(a,\ 0)$이라 하면

$\overline{AP}=\overline{BP}$에서 $\overline{AP}^2=\overline{BP}^2$이므로

$\{a-(-2)\}^2+(0-2)^2=(a-5)^2+(0-5)^2$

$a^2+4a+8=a^2-10a+50$

$14a=42 \quad \therefore a=3$

따라서 구하는 점의 좌표는 $(3,\ 0)$이다.

(2) 구하는 점이 y축 위의 점이므로 $Q(0,\ b)$라 하면

$\overline{AQ}=\overline{BQ}$에서 $\overline{AQ}^2=\overline{BQ}^2$이므로

$\{0-(-2)\}^2+(b-2)^2=(0-5)^2+(b-5)^2$

$b^2-4b+8=b^2-10b+50$

$6b=42 \quad \therefore b=7$

따라서 구하는 점의 좌표는 $(0,\ 7)$이다.

2-1 답 (1) $(-4,\ 0)$ (2) $\left(0,\ \dfrac{4}{5}\right)$

(1) 구하는 점이 x축 위의 점이므로 $P(a,\ 0)$이라 하면

$\overline{AP}=\overline{BP}$에서 $\overline{AP}^2=\overline{BP}^2$이므로

$(a-3)^2+(0-4)^2=(a-4)^2+\{0-(-1)\}^2$

$a^2-6a+25=a^2-8a+17$

$2a=-8 \quad \therefore a=-4$

따라서 구하는 점의 좌표는 $(-4,\ 0)$이다.

(2) 구하는 점이 y축 위의 점이므로 $Q(0,\ b)$라 하면

$\overline{AQ}=\overline{BQ}$에서 $\overline{AQ}^2=\overline{BQ}^2$이므로

$(0-3)^2+(b-4)^2=(0-4)^2+\{b-(-1)\}^2$

$b^2-8b+25=b^2+2b+17$

$10b=8 \quad \therefore b=\dfrac{4}{5}$

따라서 구하는 점의 좌표는 $\left(0,\ \dfrac{4}{5}\right)$이다.

2-2 답 $5\sqrt{2}$

점 P가 x축 위의 점이므로 $P(a,\ 0)$, 점 Q가 y축 위의 점이므로 $Q(0,\ b)$라 하면

$\overline{AP}=\overline{BP}$에서 $\overline{AP}^2=\overline{BP}^2$이므로

$(a-2)^2+\{0-(-1)\}^2=(a-6)^2+(0-3)^2$

$a^2-4a+5=a^2-12a+45$

$8a=40 \quad \therefore a=5$

$\therefore P(5, 0)$

또한, $\overline{AQ}=\overline{BQ}$에서 $\overline{AQ}^2=\overline{BQ}^2$이므로

$(0-2)^2+\{b-(-1)\}^2=(0-6)^2+(b-3)^2$

$b^2+2b+5=b^2-6b+45$

$8b=40 \quad \therefore b=5$

$\therefore Q(0, 5)$

이때 선분 PQ의 길이는 두 점 P(5, 0), Q(0, 5) 사이의 거리이므로

$\overline{PQ}=\sqrt{(0-5)^2+(5-0)^2}=\sqrt{50}=5\sqrt{2}$

2-3 답 $\left(-\frac{3}{5}, \frac{12}{5}\right)$

점 P가 직선 $y=x+3$ 위의 점이므로 $P(a, a+3)$이라 하면

$\overline{AP}=\overline{BP}$에서 $\overline{AP}^2=\overline{BP}^2$이므로

$(a-1)^2+\{a+3-(-3)\}^2=(a-5)^2+(a+3-3)^2$

$2a^2+10a+37=2a^2-10a+25$

$20a=-12 \quad \therefore a=-\frac{3}{5}$

따라서 점 P의 좌표는 $\left(-\frac{3}{5}, \frac{12}{5}\right)$이다.

→ $P(a, a+3)$

플러스 **강의**

점 $A(a, b)$가 직선 $y=mx+n$ 위에 있으면 $b=ma+n$이 성립하므로 점 A의 좌표는 $(a, ma+n)$으로 놓을 수 있다.

필수 예제 3 답 $\overline{AB}=\overline{BC}$인 이등변삼각형

삼각형 ABC의 세 변의 길이를 각각 구하면

$\overline{AB}=\sqrt{\{4-(-1)\}^2+(-2-3)^2}=\sqrt{25+25}=5\sqrt{2}$

$\overline{BC}=\sqrt{(3-4)^2+\{5-(-2)\}^2}=\sqrt{1+49}=5\sqrt{2}$

$\overline{CA}=\sqrt{(-1-3)^2+(3-5)^2}=\sqrt{16+4}=2\sqrt{5}$

따라서 삼각형 ABC는 $\overline{AB}=\overline{BC}$인 이등변삼각형이다.

3-1 답 ③

삼각형 ABC의 세 변의 길이를 각각 구하면

$\overline{AB}=\sqrt{(1-2)^2+(-3-1)^2}=\sqrt{1+16}=\sqrt{17}$

$\overline{BC}=\sqrt{(-2-1)^2+\{0-(-3)\}^2}=\sqrt{9+9}=3\sqrt{2}$

$\overline{CA}=\sqrt{\{2-(-2)\}^2+(1-0)^2}=\sqrt{16+1}=\sqrt{17}$

따라서 삼각형 ABC는 $\overline{AB}=\overline{CA}$인 이등변삼각형이다.

3-2 답 $\angle A=90°$인 직각이등변삼각형

삼각형 ABC의 세 변의 길이를 각각 구하면

$\overline{AB}=\sqrt{(-2-1)^2+(-2-2)^2}=\sqrt{9+16}=5$

$\overline{BC}=\sqrt{\{5-(-2)\}^2+\{-1-(-2)\}^2}=\sqrt{49+1}=5\sqrt{2}$

$\overline{CA}=\sqrt{(1-5)^2+\{2-(-1)\}^2}=\sqrt{16+9}=5$

따라서 $\overline{AB}=\overline{CA}$이고 $\overline{AB}^2+\overline{CA}^2=\overline{BC}^2$이므로

삼각형 ABC는 $\angle A=90°$인 직각이등변삼각형이다.

3-3 답 2

삼각형 ABC가 $\angle C=90°$인 직각삼각형이므로

$\overline{AB}^2=\overline{BC}^2+\overline{CA}^2$

$(0-a)^2+\{2-(-2)\}^2$

$=(3-0)^2+(-1-2)^2+(a-3)^2+\{-2-(-1)\}^2$

$a^2+16=a^2-6a+28$

$6a=12 \quad \therefore a=2$

필수 예제 4 답 $\frac{\sqrt{5}}{2}$

선분 AB를 2 : 1로 내분하는 점 P의 좌표는

$\left(\frac{2\times1+1\times(-5)}{2+1}, \frac{2\times5+1\times2}{2+1}\right) \quad \therefore P(-1, 4)$

선분 AB의 중점 M의 좌표는

$\left(\frac{-5+1}{2}, \frac{2+5}{2}\right) \quad \therefore M\left(-2, \frac{7}{2}\right)$

따라서 두 점 P, M 사이의 거리 $\overline{PM}$은

$\overline{PM}=\sqrt{\{-2-(-1)\}^2+\left(\frac{7}{2}-4\right)^2}=\sqrt{1+\frac{1}{4}}=\frac{\sqrt{5}}{2}$

4-1 답 $\frac{\sqrt{2}}{2}$

선분 AB를 1 : 2로 내분하는 점 P의 좌표는

$\left(\frac{1\times5+2\times2}{1+2}, \frac{1\times4+2\times1}{1+2}\right) \quad \therefore P(3, 2)$

선분 AB의 중점 M의 좌표는

$\left(\frac{2+5}{2}, \frac{1+4}{2}\right) \quad \therefore M\left(\frac{7}{2}, \frac{5}{2}\right)$

따라서 두 점 P, M 사이의 거리 $\overline{PM}$은

$\overline{PM}=\sqrt{\left(\frac{7}{2}-3\right)^2+\left(\frac{5}{2}-2\right)^2}=\sqrt{\frac{1}{4}+\frac{1}{4}}=\frac{\sqrt{2}}{2}$

4-2 답 (3, 4)

선분 AB를 2 : 1로 내분하는 점 P는의 좌표는

$\left(\frac{2\times(-2)+1\times4}{2+1}, \frac{2\times6+1\times3}{2+1}\right) \quad \therefore P(0, 5)$

선분 CD를 2 : 3으로 내분하는 점 Q의 좌표는

$\left(\frac{2\times3+3\times8}{2+3}, \frac{2\times9+3\times(-1)}{2+3}\right) \quad \therefore Q(6, 3)$

따라서 선분 PQ의 중점의 좌표는

$\left(\frac{0+6}{2}, \frac{5+3}{2}\right) \quad \therefore (3, 4)$

4-3 답 (2, 2), (5, −1)

선분 AB를 삼등분하는 두 점은 다음 그림과 같이 선분 AB를 1 : 2로 내분하는 점 P와 2 : 1로 내분하는 점 Q와 같다.

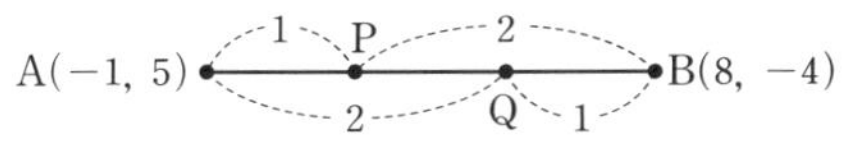

A(−1, 5) — 1 — P — 2 — B(8, −4)
A(−1, 5) — 2 — Q — 1 — B(8, −4)

즉, 두 점 P, Q의 좌표를 각각 구하면

$P\left(\frac{1\times8+2\times(-1)}{1+2}, \frac{1\times(-4)+2\times5}{1+2}\right) \quad \therefore P(2, 2)$

$Q\left(\frac{2\times8+1\times(-1)}{2+1}, \frac{2\times(-4)+1\times5}{2+1}\right) \quad \therefore Q(5, -1)$

따라서 구하는 두 점의 좌표는 (2, 2), (5, −1)이다.

필수 예제 5 답 2

평행사변형 ABCD의 두 대각선 AC, BD의 중점은 일치한다.

선분 AC의 중점의 좌표는

$\left(\frac{0+5}{2}, \frac{1+b}{2}\right) \quad \therefore \left(\frac{5}{2}, \frac{1+b}{2}\right) \quad \cdots\cdots ㉠$

선분 BD의 중점의 좌표는

$\left(\frac{a+7}{2}, \frac{-3+3}{2}\right) \quad \therefore \left(\frac{a+7}{2}, 0\right) \quad \cdots\cdots ㉡$

㉠, ㉡이 일치하므로

$\frac{5}{2}=\frac{a+7}{2}, \frac{1+b}{2}=0$

$\therefore a=-2, b=-1$

$\therefore ab=-2\times(-1)=2$

5-1 답 10

평행사변형 ABCD의 두 대각선 AC, BD의 중점은 일치한다.

선분 AC의 중점의 좌표는

$\left(\frac{0+a}{2}, \frac{0+4}{2}\right) \quad \therefore \left(\frac{a}{2}, 2\right) \quad \cdots\cdots ㉠$

선분 BD의 중점의 좌표는

$\left(\frac{3+2}{2}, \frac{-1+b}{2}\right) \quad \therefore \left(\frac{5}{2}, \frac{-1+b}{2}\right) \quad \cdots\cdots ㉡$

㉠, ㉡이 일치하므로

$\frac{a}{2}=\frac{5}{2}, 2=\frac{-1+b}{2}$

$\therefore a=5, b=5$

$\therefore a+b=5+5=10$

5-2 답 (7, 3)

꼭짓점 D의 좌표를 (a, b)라 하자.

평행사변형 ABCD의 두 대각선 AC, BD의 중점은 일치한다.

선분 AC의 중점의 좌표는

$\left(\frac{5+0}{2}, \frac{-1+1}{2}\right) \quad \therefore \left(\frac{5}{2}, 0\right) \quad \cdots\cdots ㉠$

선분 BD의 중점의 좌표는

$\left(\frac{-2+a}{2}, \frac{-3+b}{2}\right) \quad \cdots\cdots ㉡$

㉠, ㉡이 일치하므로

$\frac{5}{2}=\frac{-2+a}{2}, 0=\frac{-3+b}{2}$

$\therefore a=7, b=3$

따라서 꼭짓점 D의 좌표는 $(7, 3)$이다.

5-3 답 (10, −2), (13, 1)

평행사변형 ABCD에서 두 대각선 AC, BD의 교점은 선분 AC의 중점이면서 선분 BD의 중점이다.

평행사변형 ABCD의 두 꼭짓점 C, D를 각각 $C(p, q)$, $D(r, s)$라 할 때,

선분 AC의 중점 $\left(\frac{0+p}{2}, \frac{2+q}{2}\right)$가 점 $(5, 0)$과 일치하므로

$\frac{0+p}{2}=5, \frac{2+q}{2}=0 \quad \therefore p=10, q=-2$

$\therefore C(10, -2)$

선분 BD의 중점 $\left(\frac{-3+r}{2}, \frac{-1+s}{2}\right)$가 점 $(5, 0)$과 일치하므로

$\frac{-3+r}{2}=5, \frac{-1+s}{2}=0 \quad \therefore r=13, s=1$

$\therefore D(13, 1)$

필수 예제 6 답 2

삼각형 ABC의 무게중심의 좌표는

$\left(\frac{2+a+(-5)}{3}, \frac{-1+2+b}{3}\right) \quad \therefore \left(\frac{a-3}{3}, \frac{b+1}{3}\right)$

이 점이 점 $(-2, 2)$와 일치하므로

$\frac{a-3}{3}=-2, \frac{b+1}{3}=2$

$\therefore a=-3, b=5$

$\therefore a+b=-3+5=2$

6-1 답 −20

삼각형 ABC의 무게중심의 좌표는

$\left(\frac{a+(-2)+4}{3}, \frac{b+3+(-1)}{3}\right) \quad \therefore \left(\frac{a+2}{3}, \frac{b+2}{3}\right)$

이 점이 점 $(-1, 2)$와 일치하므로

$\frac{a+2}{3}=-1, \frac{b+2}{3}=2$

$\therefore a=-5, b=4$

$\therefore ab=-5\times4=-20$

6-2 답 −3

삼각형 ABC의 무게중심의 좌표는

$\left(\frac{2+a+(a+5)}{3}, \frac{6+(a+4)+3a}{3}\right)$

$\therefore \left(\frac{2a+7}{3}, \frac{4a+10}{3}\right)$

이 점이 직선 $y=x-1$ 위에 있으므로

$\frac{4a+10}{3}=\frac{2a+7}{3}-1$

$4a+10=2a+7-3, 2a=-6$

$\therefore a=-3$

6-3 답 (3, 9)

삼각형 OAB의 무게중심의 좌표는

$\left(\frac{0+a+c}{3}, \frac{0+b+d}{3}\right) \quad \therefore \left(\frac{a+c}{3}, \frac{b+d}{3}\right)$

이 점이 점 $(2, 6)$과 일치하므로

$\frac{a+c}{3}=2, \frac{b+d}{3}=6$

$\therefore a+c=6, b+d=18 \quad \cdots\cdots ㉠$

이때 선분 AB의 중점의 좌표는

$\left(\frac{a+c}{2}, \frac{b+d}{2}\right)$

따라서 위의 좌표에 ㉠을 대입하면

$\left(\frac{6}{2}, \frac{18}{2}\right) \quad \therefore (3, 9)$

실전 문제로 단원 마무리

• 본문 014~015쪽

01 2	**02** 43	**03** 3	**04** 5
05 (0, 0)	**06** (1, 13)	**07** 0	**08** ⑤
09 ③	**10** 160		

01

두 점 A, B 사이의 거리는

$$\overline{AB}=\sqrt{\{2-(a+1)\}^2+(a-3)^2}$$
$$=\sqrt{2a^2-8a+10}$$
$$=\sqrt{2(a-2)^2+2}$$

따라서 선분 AB의 길이는 $a=2$일 때 최소이다.

02

점 P가 x축 위의 점이므로 $P(a, 0)$이라 하면

$$\overline{AP}^2+\overline{BP}^2=\{(a-1)^2+(0-4)^2\}+\{(a-3)^2+(0-5)^2\}$$
$$=2a^2-8a+51$$
$$=2(a-2)^2+43$$

따라서 $\overline{AP}^2+\overline{BP}^2$은 $a=2$일 때 최솟값 43을 갖는다.

03

점 P가 세 점 A, B, C로부터 같은 거리에 있으므로

$\overline{AP}=\overline{BP}=\overline{CP}$

이때 $\overline{AP}=\overline{BP}$에서 $\overline{AP}^2=\overline{BP}^2$이므로

$(a-3)^2+(b-5)^2=\{a-(-2)\}^2+(b-4)^2$

$a^2-6a+9+b^2-10b+25=a^2+4a+4+b^2-8b+16$

$-10a-2b=-14$

$\therefore 5a+b=7$ …… ㉠

또한, $\overline{BP}=\overline{CP}$에서 $\overline{BP}^2=\overline{CP}^2$이므로

$\{a-(-2)\}^2+(b-4)^2=\{a-(-1)\}^2+\{b-(-1)\}^2$

$a^2+4a+4+b^2-8b+16=a^2+2a+1+b^2+2b+1$

$2a-10b=-18$

$\therefore a-5b=-9$ …… ㉡

㉠, ㉡을 연립하여 풀면

$a=1, b=2$

$\therefore a+b=1+2=3$

04

삼각형 ABC의 세 변의 길이를 각각 구하면

$\overline{AB}=\sqrt{(1-3)^2+(-2-2)^2}=\sqrt{4+16}=2\sqrt{5}$

$\overline{BC}=\sqrt{(-1-1)^2+\{-1-(-2)\}^2}=\sqrt{4+1}=\sqrt{5}$

$\overline{CA}=\sqrt{\{3-(-1)\}^2+\{2-(-1)\}^2}=\sqrt{16+9}=5$

이때 $\overline{AB}^2+\overline{BC}^2=\overline{CA}^2$이므로 삼각형 ABC는 $\angle B=90°$인 직각삼각형이다.

따라서 삼각형 ABC의 넓이는

$\frac{1}{2}\times\overline{AB}\times\overline{BC}=\frac{1}{2}\times2\sqrt{5}\times\sqrt{5}=5$

05

선분 AB를 3 : 1로 내분하는 점의 좌표는

$\left(\frac{3\times a+1\times(-1)}{3+1}, \frac{3\times b+1\times(-2)}{3+1}\right)$

$\therefore \left(\frac{3a-1}{4}, \frac{3b-2}{4}\right)$

이 점이 점 (2, 4)와 일치하므로

$\frac{3a-1}{4}=2, \frac{3b-2}{4}=4$

$3a-1=8, 3b-2=16$

$\therefore a=3, b=6$ $\quad\therefore B(3, 6)$

따라서 두 점 $A(-1, -2)$, $B(3, 6)$에 대하여 선분 BA를 3 : 1로 내분하는 점의 좌표는

$\left(\frac{3\times(-1)+1\times3}{3+1}, \frac{3\times(-2)+1\times6}{3+1}\right)$

$\therefore (0, 0)$

06

점 B의 좌표를 (a, b)라 할 때, 선분 AB의 중점의 좌표가 (3, 2)이므로

$\frac{0+a}{2}=3, \frac{6+b}{2}=2$

$\therefore a=6, b=-2$ $\quad\therefore B(6, -2)$

또한, 평행사변형 ABCD의 두 대각선 AC, BD의 중점은 일치하므로 선분 AC의 중점의 좌표는

$\left(\frac{0+7}{2}, \frac{6+5}{2}\right)$ $\quad\therefore \left(\frac{7}{2}, \frac{11}{2}\right)$

점 D의 좌표를 (c, d)라 할 때, 선분 BD의 중점의 좌표는

$\left(\frac{6+c}{2}, \frac{-2+d}{2}\right)$

이 점이 점 $\left(\frac{7}{2}, \frac{11}{2}\right)$과 일치하므로

$\frac{7}{2}=\frac{6+c}{2}, \frac{11}{2}=\frac{-2+d}{2}$

$\therefore c=1, d=13$ $\quad\therefore D(1, 13)$

07

마름모 ABCD의 두 대각선 AC, BD의 중점은 일치한다.

선분 AC의 중점의 좌표는

$\left(\frac{-3+3}{2}, \frac{a+5}{2}\right)$ $\quad\therefore \left(0, \frac{a+5}{2}\right)$ …… ㉠

선분 BD의 중점의 좌표는

$\left(\frac{1+(-1)}{2}, \frac{b+3}{2}\right)$ $\quad\therefore \left(0, \frac{b+3}{2}\right)$ …… ㉡

㉠, ㉡이 일치하므로

$\frac{a+5}{2}=\frac{b+3}{2}$ $\quad\therefore a=b-2$ …… ㉢

또한, 마름모는 네 변의 길이가 모두 같으므로

$\overline{AD}=\overline{CD}$에서 $\overline{AD}^2=\overline{CD}^2$

$\{-1-(-3)\}^2+(3-a)^2=(-1-3)^2+(3-5)^2$

$a^2-6a+13=20, a^2-6a-7=0$

$(a+1)(a-7)=0$

$\therefore a=-1$ 또는 $a=7$

이때 $a<0$이므로 $a=-1$

$a=-1$을 ㉢에 대입하면

$b=1$

$\therefore a+b=-1+1=0$

08

삼각형 ABC의 무게중심 G의 좌표는

$\left(\frac{3+(-1)+1}{3}, \frac{7+3+(-1)}{3}\right)$

$\therefore$ G$(1, 3)$

따라서 선분 AG의 길이는

$\overline{AG}=\sqrt{(1-3)^2+(3-7)^2}=\sqrt{4+16}=2\sqrt{5}$

09

변 BC의 중점 P가 원점이 되고, 변 BC를 x축, 선분 AP가 y축 위에 있도록 한 변의 길이가 2인 정삼각형 ABC를 좌표평면 위에 놓으면 오른쪽 그림과 같다.

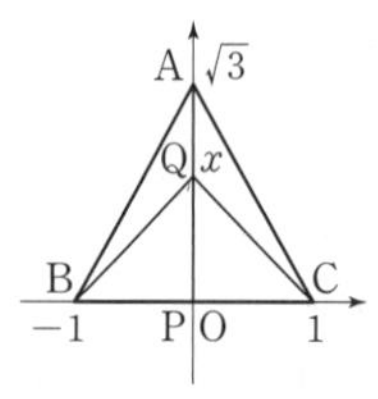

직각삼각형 ABP에서

$\overline{AB}=2$, $\overline{BP}=1$이므로

$\overline{AP}=\sqrt{2^2-1^2}=\sqrt{3}$

점 Q의 좌표를 $(0, x)$라 하면 (→ 선분 PQ의 길이가 x) 네 점 A$(0, \sqrt{3})$, B$(-1, 0)$, C$(1, 0)$, Q$(0, x)$에 대하여

$\overline{AQ}^2+\overline{BQ}^2+\overline{CQ}^2$

$=(x-\sqrt{3})^2+\{0-(-1)\}^2+(x-0)^2+(0-1)^2+(x-0)^2$

$=3x^2-2\sqrt{3}x+5$

$=3\left(x-\frac{\sqrt{3}}{3}\right)^2+4$

따라서 $\overline{AQ}^2+\overline{BQ}^2+\overline{CQ}^2$은 $x=\frac{\sqrt{3}}{3}$에서 최솟값 4를 가지므로

$a=\frac{\sqrt{3}}{3}$, $m=4$

$\therefore \frac{m}{a}=m\div a=4\div\frac{\sqrt{3}}{3}=4\times\frac{3}{\sqrt{3}}=\frac{12}{\sqrt{3}}=4\sqrt{3}$

10

선분 AB의 중점을 P, 선분 AB를 $3:1$로 내분하는 점을 Q라 할 때, 두 점 P, Q를 선분 AB 위에 나타내면 다음 그림과 같다.

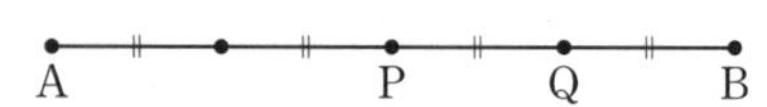

점 Q는 선분 PB의 중점이므로

$\overline{AB}=2\overline{PB}=4\overline{PQ}$

이때 P$(1, 2)$, Q$(4, 3)$이므로

$\overline{PQ}=\sqrt{(4-1)^2+(3-2)^2}=\sqrt{9+1}=\sqrt{10}$

따라서 $\overline{AB}=4\sqrt{10}$이므로

$\overline{AB}^2=(4\sqrt{10})^2=160$

개념으로 단원 마무리

• 본문 016쪽

1 답 (1) x_2-x_1, x_1-x_2 (2) x_1, y_1 (3) 내분, 내분점 (4) mx_2+nx_1 (5) mx_2+nx_1, my_2+ny_1 (6) $x_1+x_2+x_3$, $y_1+y_2+y_3$

2 답 (1) × (2) ○ (3) × (4) ○ (5) ○

(1) 두 점 A(-1), B(-2) 사이의 거리는

$\overline{AB}=|-2-(-1)|=1$

(3) 선분 AB를 $2:1$로 내분하는 점은 선분 BA를 $1:2$로 내분하는 점과 같다.

02 직선의 방정식

교과서 개념 확인하기

본문 019쪽

1 답 (1) $y=-x-1$ (2) $y=2x-6$

(1) $y-1=-\{x-(-2)\}$ $\therefore y=-x-1$

(2) $y-(-2)=2(x-2)$ $\therefore y=2x-6$

2 답 (1) $y=x+2$ (2) $y=-2x+3$ (3) $x=2$ (4) $x=-1$

(1) $y-0=\dfrac{4-0}{2-(-2)}\{x-(-2)\}$ $\therefore y=x+2$

(2) $y-(-5)=\dfrac{5-(-5)}{-1-4}(x-4)$ $\therefore y=-2x+3$

(3) y의 값에 관계없이 x의 값이 일정하므로 $x=2$

(4) y의 값에 관계없이 x의 값이 일정하므로 $x=-1$

3 답 ㄱ, ㄴ, ㄹ

ㄱ. $2x+y-3=0$에서 $y=-2x+3$

ㄴ. $4x-3=0$에서 $x=\dfrac{3}{4}$

ㄷ. $xy=3$에서 $y=\dfrac{3}{x}$

ㄹ. $5y+2=0$에서 $y=-\dfrac{2}{5}$

ㅁ. $y=\dfrac{1}{x}$

따라서 직선을 나타내는 방정식은 ㄱ, ㄴ, ㄹ이다.

4 답 평행: ㄱ, ㄷ, 수직: ㄴ, ㄹ

ㄱ. 두 직선의 기울기가 같고, y절편이 다르므로 두 직선은 서로 평행하다.

ㄴ. 두 직선의 기울기의 곱이 $-2\times\dfrac{1}{2}=-1$이므로 두 직선은 서로 수직이다.

ㄷ. $\dfrac{2}{1}=\dfrac{4}{2}\neq\dfrac{-7}{-1}$이므로 두 직선은 서로 평행하다.

ㄹ. $4\times1+1\times(-4)=0$이므로 두 직선은 서로 수직이다.

5 답 (1) $\sqrt{5}$ (2) $\dfrac{2\sqrt{5}}{5}$

(1) $\dfrac{|1\times1+2\times(-2)-2|}{\sqrt{1^2+2^2}}=\dfrac{5}{\sqrt{5}}=\sqrt{5}$

(2) $\dfrac{|1\times0+2\times0-2|}{\sqrt{1^2+2^2}}=\dfrac{2}{\sqrt{5}}=\dfrac{2\sqrt{5}}{5}$

교과서 예제로 개념 익히기

• 본문 020~025쪽

필수 예제 1 답 (1) $y=2x+2$ (2) $y=x-3$

(1) 선분 AB의 중점의 좌표는

$\left(\dfrac{4+(-2)}{2}, \dfrac{3+5}{2}\right)$ $\therefore (1, 4)$

따라서 점 $(1, 4)$를 지나고 기울기가 2인 직선의 방정식은

$y-4=2(x-1)$ $\therefore y=2x+2$

(2) 선분 AB를 $2:3$으로 내분하는 점의 좌표는

$\left(\dfrac{2\times3+3\times8}{2+3}, \dfrac{2\times9+3\times(-1)}{2+3}\right)$ $\therefore (6, 3)$

따라서 두 점 $(6, 3)$, $(4, 1)$을 지나는 직선의 방정식은

$y-3=\dfrac{1-3}{4-6}(x-6)$ $\therefore y=x-3$

1-1 답 (1) $y=-2x+12$ (2) $y=2x-7$

(1) 선분 AB의 중점의 좌표는

$\left(\dfrac{1+7}{2}, \dfrac{-2+10}{2}\right)$ $\therefore (4, 4)$

따라서 점 $(4, 4)$를 지나고 기울기가 -2인 직선의 방정식은

$y-4=-2(x-4)$ $\therefore y=-2x+12$

(2) 선분 AB를 $1:2$로 내분하는 점의 좌표는

$\left(\dfrac{1\times2+2\times5}{1+2}, \dfrac{1\times(-3)+2\times3}{1+2}\right)$ $\therefore (4, 1)$

따라서 두 점 $(4, 1)$, $(1, -5)$를 지나는 직선의 방정식은

$y-1=\dfrac{-5-1}{1-4}(x-4)$ $\therefore y=2x-7$

1-2 답 $y=-\dfrac{1}{2}x+\dfrac{5}{2}$

삼각형 ABC의 무게중심의 좌표는

$\left(\dfrac{4+7+(-2)}{3}, \dfrac{2+(-1)+2}{3}\right)$ $\therefore (3, 1)$

따라서 두 점 $(3, 1)$, $(7, -1)$을 지나는 직선의 방정식은

$y-1=\dfrac{-1-1}{7-3}(x-3)$ $\therefore y=-\dfrac{1}{2}x+\dfrac{5}{2}$

1-3 답 8

x절편이 8이고, y절편이 -4인 직선의 방정식은 두 점 $(8, 0)$, $(0, -4)$를 지나는 직선의 방정식과 같으므로

$y-0=\dfrac{-4-0}{0-8}(x-8)$ $\therefore y=\dfrac{1}{2}x-4$ …… ㉠

점 $(a, 1)$이 직선 ㉠ 위에 있으므로

$1=\dfrac{1}{2}a-4$ $\therefore a=10$

점 $(4, b)$가 직선 ㉠ 위에 있으므로

$b=\dfrac{1}{2}\times4-4=-2$

$\therefore a+b=10+(-2)=8$

필수 예제 2 답 제2, 3, 4사분면

$a>0$, $b>0$, $c>0$에서 $b\neq0$이므로 $ax+by+c=0$에서

$y=-\dfrac{a}{b}x-\dfrac{c}{b}$

$a>0$, $b>0$, $c>0$에서 $-\dfrac{a}{b}<0$, $-\dfrac{c}{b}<0$

즉, 직선 $ax+by+c=0$의 기울기는 음수이고 y절편도 음수이므로 직선의 개형은 오른쪽 그림과 같다.

따라서 직선 $ax+by+c=0$이 지나는 사분면은 제2, 3, 4사분면이다.

2-1 답 제1, 2, 3사분면

$ab<0$, $bc<0$에서 $b\neq0$이므로 $ax+by+c=0$에서

$y=-\dfrac{a}{b}x-\dfrac{c}{b}$

$ab<0$, $bc<0$에서 $-\frac{a}{b}>0$, $-\frac{c}{b}>0$

즉, 직선 $ax+by+c=0$의 기울기는 양수이고 y절편도 양수이므로 직선의 개형은 오른쪽 그림과 같다.

따라서 직선 $ax+by+c=0$이 지나는 사분면은 제1, 2, 3사분면이다.

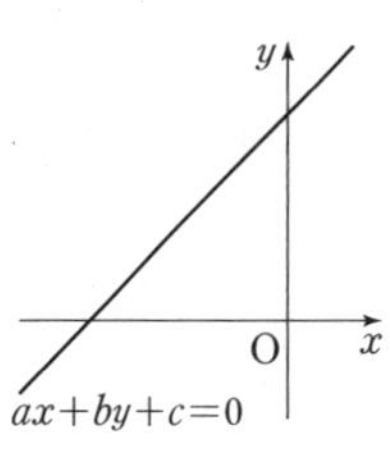

2-2 답 제1, 3사분면

$ab>0$에서 $b\neq0$이고, $bc=0$이므로 $c=0$

$ax+by+c=0$에서 $ax+by=0$ $\quad\therefore y=-\frac{a}{b}x$

$ab>0$에서 $-\frac{a}{b}<0$

즉, 직선 $ax+by+c=0$의 기울기는 음수이고 원점을 지나므로 직선의 개형은 오른쪽 그림과 같다.

따라서 직선 $ax+by+c=0$이 지나지 않는 사분면은 제1, 3사분면이다.

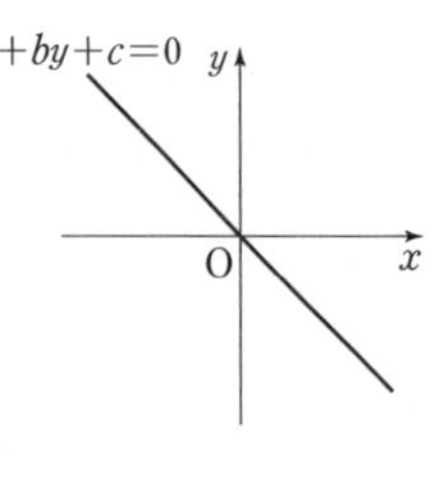

필수 예제 3 답 $(-1, -2)$

주어진 식을 k에 대하여 정리하면

$(x-y-1)+k(x+2y+5)=0$

위의 식이 k의 값에 관계없이 항상 성립하려면

$x-y-1=0$, $x+2y+5=0$

위의 두 식을 연립하여 풀면 $x=-1$, $y=-2$

따라서 구하는 점의 좌표는 $(-1, -2)$이다.

플러스 강의

직선 $ax+by+c+k(a'x+b'y+c')=0$이 실수 k의 값에 관계없이 항상 지나는 점은 두 직선 $ax+by+c=0$, $a'x+b'y+c'=0$의 교점이다.

3-1 답 $(5, -7)$

주어진 식을 k에 대하여 정리하면

$(5x+4y+3)+k(3x+2y-1)=0$

위의 식이 k의 값에 관계없이 항상 성립하려면

$5x+4y+3=0$, $3x+2y-1=0$

위의 두 식을 연립하여 풀면 $x=5$, $y=-7$

따라서 구하는 점의 좌표는 $(5, -7)$이다.

3-2 답 6

주어진 식을 k에 대하여 정리하면

$(2x-2y)+k(x+y-a)=0$

위의 식이 k의 값에 관계없이 항상 성립하려면

$2x-2y=0$, $x+y-a=0$

$\therefore x-y=0$, $x+y-a=0$

위의 두 식을 연립하여 구한 x, y의 순서쌍이 $(b, 2)$이므로

$x=b$, $y=2$를 $x-y=0$, $x+y-a=0$에 각각 대입하면

$b-2=0$, $b+2-a=0$ $\quad\therefore a=4$, $b=2$

$\therefore a+b=4+2=6$

필수 예제 4 답 (1) $y=x-5$ (2) $y=\frac{1}{3}x+\frac{13}{3}$

(1) 직선 $y=x+4$의 기울기는 1이므로 구하는 직선의 기울기는 1이다.

따라서 점 $(2, -3)$을 지나고 기울기가 1인 직선의 방정식은

$y-(-3)=x-2$ $\quad\therefore y=x-5$

(2) 직선 $y=-3x-1$의 기울기는 -3이므로 이 직선과 수직인 직선의 기울기를 m이라 하면

$(-3)\times m=-1$ $\quad\therefore m=\frac{1}{3}$

따라서 점 $(-1, 4)$를 지나고 기울기가 $\frac{1}{3}$인 직선의 방정식은

$y-4=\frac{1}{3}\{x-(-1)\}$ $\quad\therefore y=\frac{1}{3}x+\frac{13}{3}$

4-1 답 (1) $y=5x+10$ (2) $y=\frac{5}{2}x$

(1) 직선 $y=5x+4$의 기울기는 5이므로 구하는 직선의 기울기는 5이다.

따라서 점 $(-1, 5)$를 지나고 기울기가 5인 직선의 방정식은

$y-5=5\{x-(-1)\}$ $\quad\therefore y=5x+10$

(2) 직선 $y=-\frac{2}{5}x-\frac{1}{5}$의 기울기는 $-\frac{2}{5}$이므로 이 직선과 수직인 직선의 기울기를 m이라 하면

$\left(-\frac{2}{5}\right)\times m=-1$ $\quad\therefore m=\frac{5}{2}$

따라서 원점을 지나고 기울기가 $\frac{5}{2}$인 직선의 방정식은

$y-0=\frac{5}{2}(x-0)$ $\quad\therefore y=\frac{5}{2}x$

4-2 답 $y=3x+2$

두 점 $(2, 5)$, $(3, 8)$을 지나는 직선의 기울기는

$\frac{8-5}{3-2}=3$

따라서 점 $(-1, -1)$을 지나고 기울기가 3인 직선의 방정식은

$y-(-1)=3\{x-(-1)\}$ $\quad\therefore y=3x+2$

4-3 답 $y=\frac{2}{3}x+\frac{7}{3}$

선분 AB를 $1:2$로 내분하는 점의 좌표는

$\left(\frac{1\times(-3)+2\times3}{1+2}, \frac{1\times5+2\times2}{1+2}\right)$ $\quad\therefore (1, 3)$

직선 $y=-\frac{3}{2}x+\frac{3}{2}$의 기울기는 $-\frac{3}{2}$이므로 이 직선과 수직인 직선의 기울기를 m이라 하면

$\left(-\frac{3}{2}\right)\times m=-1$ $\quad\therefore m=\frac{2}{3}$

따라서 점 $(1, 3)$을 지나고 기울기가 $\frac{2}{3}$인 직선의 방정식은

$y-3=\frac{2}{3}(x-1)$ $\quad\therefore y=\frac{2}{3}x+\frac{7}{3}$

필수 예제 5 답 (1) -2 (2) $-\frac{2}{3}$

(1) 두 직선 $ax+2y-3=0$, $x+(a+1)y-3=0$이 서로 평행하므로

$\frac{a}{1}=\frac{2}{a+1}\neq\frac{-3}{-3}$ $\quad\cdots\cdots$ ㉠

$\frac{a}{1}=\frac{2}{a+1}$에서 $a(a+1)=2$

$a^2+a-2=0$, $(a+2)(a-1)=0$

$\therefore a=-2$ 또는 $a=1$

이때 $a=1$이면 ㉠에서

$\frac{1}{1}=\frac{2}{1+1}=\frac{-3}{-3}$

이므로 두 직선이 일치한다. → a의 값을 ㉠에 대입하여 두 직선이 일치하는 경우는 제외한다.

$\therefore a=-2$

(2) 두 직선 $ax+2y-3=0$, $x+(a+1)y-3=0$이 서로 수직이므로

$a\times1+2(a+1)=0$, $3a+2=0$

$\therefore a=-\frac{2}{3}$

5-1 답 (1) 3 (2) $\frac{1}{2}$

(1) 두 직선 $(k-2)x-3y-3=0$, $x-ky+1=0$이 서로 평행하므로

$\frac{k-2}{1}=\frac{-3}{-k}\neq\frac{-3}{1}$ ...... ㉠

$\frac{k-2}{1}=\frac{-3}{-k}$에서 $k(k-2)=3$

$k^2-2k-3=0$, $(k+1)(k-3)=0$

$\therefore k=-1$ 또는 $k=3$

이때 $k=-1$이면 ㉠에서

$\frac{-1-2}{1}=\frac{-3}{-(-1)}=\frac{-3}{1}$

이므로 두 직선이 일치한다. → k의 값을 ㉠에 대입하여 두 직선이 일치하는 경우는 제외한다.

$\therefore k=3$

(2) 두 직선 $(k-2)x-3y-3=0$, $x-ky+1=0$이 서로 수직이므로

$(k-2)\times1+(-3)\times(-k)=0$, $4k-2=0$

$\therefore k=\frac{1}{2}$

5-2 답 25

두 직선 $3x-(a-5)y+1=0$, $ax+2y+2=0$이 서로 수직이므로

$3a+\{-(a-5)\times2\}=0$, $a+10=0$

$\therefore a=-10$

$a=-10$이므로 주어진 직선 $3x-(a-5)y+1=0$은

$3x+15y+1=0$

두 직선 $3x+15y+1=0$, $3x+by+9=0$이 서로 평행하므로

$\frac{3}{3}=\frac{15}{b}\neq\frac{1}{9}$ ...... ㉠

$\frac{3}{3}=\frac{15}{b}$에서 $b=15$

이때 $b=15$이면 ㉠에서

$\frac{3}{3}=\frac{15}{15}\neq\frac{1}{9}$

이므로 두 직선은 서로 평행하다.

$\therefore b=15$

따라서 $a=-10$, $b=15$이므로

$b-a=15-(-10)=25$

5-3 답 -3

두 직선 $x-ay-4=0$, $2x-by-c=0$이 서로 수직이므로

$1\times2+ab=0$ $\therefore ab=-2$ ...... ㉠

두 직선 $x-ay-4=0$, $2x-by-c=0$의 교점의 좌표가 $(3, 1)$이므로

$x-ay-4=0$에서 $3-a-4=0$ $\therefore a=-1$

$2x-by-c=0$에서 $6-b-c=0$

$\therefore b+c=6$ ...... ㉡

$a=-1$을 ㉠에 대입하면

$-b=-2$ $\therefore b=2$

$b=2$를 ㉡에 대입하면

$2+c=6$ $\therefore c=4$

따라서 $a=-1$, $b=2$, $c=4$이므로

$a+b-c=-1+2-4=-3$

필수 예제 6 답 2

점 $(-1, a)$와 직선 $3x-4y+1=0$ 사이의 거리가 2이므로

$\frac{|-3-4a+1|}{\sqrt{3^2+(-4)^2}}=2$, $|-2-4a|=10$

즉, $-2-4a=\pm10$이므로

$a=-3$ 또는 $a=2$

이때 a는 양수이므로 $a=2$

6-1 답 4

점 $(a, 2)$와 직선 $2x+y-5=0$ 사이의 거리가 $\sqrt{5}$이므로

$\frac{|2a+2-5|}{\sqrt{2^2+1^2}}=\sqrt{5}$, $|2a-3|=5$

즉, $2a-3=\pm5$이므로

$a=-1$ 또는 $a=4$

이때 a는 양수이므로 $a=4$

6-2 답 7

점 $(a, 3)$과 직선 $2x-y+1=0$ 사이의 거리는

$\frac{|2a-3+1|}{\sqrt{2^2+(-1)^2}}=\frac{|2a-2|}{\sqrt{5}}$ ...... ㉠

점 $(a, 3)$과 직선 $x+2y-1=0$ 사이의 거리는

$\frac{|a+6-1|}{\sqrt{1^2+2^2}}=\frac{|a+5|}{\sqrt{5}}$ ...... ㉡

주어진 조건에서 ㉠, ㉡이 서로 같으므로

$\frac{|2a-2|}{\sqrt{5}}=\frac{|a+5|}{\sqrt{5}}$, $|2a-2|=|a+5|$

즉, $2a-2=\pm(a+5)$이므로

$a=-1$ 또는 $a=7$

이때 a는 양수이므로 $a=7$

6-3 답 -2

두 직선 $2x-y-1=0$과 $2x-y+a=0$은 기울기가 2로 같으므로 평행하다.

즉, 평행한 두 직선 $2x-y-1=0$, $2x-y+a=0$ 사이의 거리 $2\sqrt{5}$는 직선 $2x-y-1=0$ 위의 한 점 $(0, -1)$과 직선 $2x-y+a=0$ 사이의 거리와 같으므로

$\frac{|1+a|}{\sqrt{2^2+(-1)^2}}=2\sqrt{5}$, $|1+a|=10$

즉, $1+a=\pm 10$이므로 $a=-11$ 또는 $a=9$
따라서 모든 상수 a의 값의 합은
$-11+9=-2$

필수 예제 7 답 (1) $\sqrt{65}$ (2) $4x-7y+3=0$ (3) $\frac{6\sqrt{65}}{13}$ (4) 15

(1) 선분 BC의 길이는
$\overline{BC}=\sqrt{(8-1)^2+(5-1)^2}=\sqrt{65}$
(2) 직선 BC의 방정식을 구하면
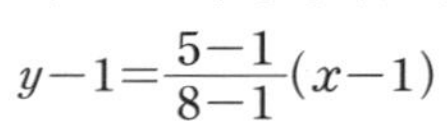
$y-1=\frac{5-1}{8-1}(x-1)$
$\therefore 4x-7y+3=0$
(3) 점 A(4, 7)과 직선 BC 사이의 거리를 h라 하면
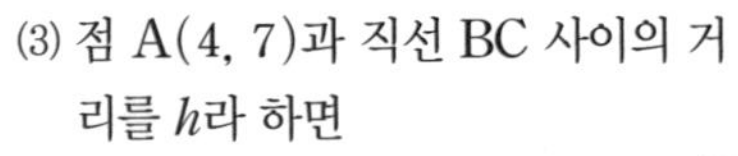
$h=\frac{|16-49+3|}{\sqrt{4^2+(-7)^2}}=\frac{30}{\sqrt{65}}=\frac{6\sqrt{65}}{13}$
(4) 삼각형 ABC의 넓이는
$\frac{1}{2}\times\overline{BC}\times h=\frac{1}{2}\times\sqrt{65}\times\frac{6\sqrt{65}}{13}=15$

7-1 답 18
선분 BC의 길이는
$\overline{BC}=\sqrt{\{6-(-2)\}^2+4^2}=4\sqrt{5}$
직선 BC의 방정식을 구하면
$y=\frac{4}{6-(-2)}\{x-(-2)\}$
$\therefore x-2y+2=0$
점 A(1, 6)과 직선 BC 사이의 거리를 h라 하면
$h=\frac{|1-12+2|}{\sqrt{1^2+(-2)^2}}=\frac{9}{\sqrt{5}}=\frac{9\sqrt{5}}{5}$
따라서 삼각형 ABC의 넓이는
$\frac{1}{2}\times\overline{BC}\times h=\frac{1}{2}\times 4\sqrt{5}\times\frac{9\sqrt{5}}{5}=18$

7-2 답 6
선분 AB의 길이는
$\overline{AB}=\sqrt{(4-2)^2+(2-4)^2}=2\sqrt{2}$
직선 AB의 방정식을 구하면
$y-4=\frac{2-4}{4-2}(x-2)$
$\therefore x+y-6=0$
원점 O(0, 0)과 직선 AB 사이의 거리를 h라 하면
$h=\frac{|-6|}{\sqrt{1^2+1^2}}=\frac{6}{\sqrt{2}}=3\sqrt{2}$
따라서 삼각형 OAB의 넓이는
$\frac{1}{2}\times\overline{AB}\times h=\frac{1}{2}\times 2\sqrt{2}\times 3\sqrt{2}=6$

7-3 답 4
선분 AB의 길이는
$\overline{AB}=\sqrt{(-2-2)^2+(-1-3)^2}=4\sqrt{2}$
직선 AB의 방정식을 구하면
$y-3=\frac{-1-3}{-2-2}(x-2)$
$\therefore x-y+1=0$
점 C$(a, -3)$과 직선 AB 사이의 거리를 h라 하면
$h=\frac{|a+3+1|}{\sqrt{1^2+(-1)^2}}=\frac{|a+4|}{\sqrt{2}}$
삼각형 ABC의 넓이는 16이므로
$\frac{1}{2}\times\overline{AB}\times h=16$
$\frac{1}{2}\times 4\sqrt{2}\times\frac{|a+4|}{\sqrt{2}}=16$, $|a+4|=8$
즉, $a+4=\pm 8$이므로
$a=-12$ 또는 $a=4$
이때 a는 양수이므로 $a=4$

실전 문제로 단원 마무리

• 본문 026~027쪽

01 ② **02** 제2, 4사분면 **03** $\frac{1}{3}$
04 $y=-x+\frac{2}{3}$ **05** $y=x+5$
06 8 **07** $4x-3y-5=0$ 또는 $4x-3y+5=0$
08 8 **09** ② **10** ㄱ, ㄷ

01
점 $(3, -2)$를 지나고 기울기가 -2인 직선의 방정식은
$y-(-2)=-2(x-3)$
$y+2=-2x+6$ $\therefore y=-2x+4$
이 직선이 점 $(1, a)$를 지나므로
$a=-2\times 1+4=2$

02
$ab<0$에서 $b\neq 0$이고, $bc=0$이므로 $c=0$
$ax-by-c=0$에서 $ax-by=0$ $\therefore y=\frac{a}{b}x$
$ab<0$에서 $\frac{a}{b}<0$
즉, 직선 $ax-by-c=0$은 기울기가 음수이고 원점을 지나므로 직선의 개형은 오른쪽 그림과 같다.
따라서 직선 $ax-by-c=0$이 지나는 사분면은 제2, 4사분면이다.

03
주어진 식을 k에 대하여 정리하면
$(x+y-4)+k(2x-y-5)=0$
위의 식이 k의 값에 관계없이 항상 성립하려면
$x+y-4=0$, $2x-y-5=0$
위의 두 식을 연립하여 풀면
$x=3$, $y=1$
따라서 점 P의 좌표는 $(3, 1)$이므로 점 P$(3, 1)$과 원점을 지나는 직선의 기울기는 $\frac{1}{3}$이다.

04

선분 AB를 2 : 1로 내분하는 점의 좌표는

$\left(\frac{2\times3+1\times(-1)}{2+1}, \frac{2\times(-2)+1\times1}{2+1}\right) \quad \therefore \left(\frac{5}{3}, -1\right)$

또한, 구하는 직선은 직선 $y=-x+4$와 평행하므로 기울기가 -1이다.

따라서 점 $\left(\frac{5}{3}, -1\right)$을 지나고 기울기가 -1인 직선의 방정식은

$y-(-1)=-\left(x-\frac{5}{3}\right)$

$\therefore y=-x+\frac{2}{3}$

05

선분 AB의 중점의 좌표는

$\left(\frac{-4+2}{2}, \frac{7+1}{2}\right) \quad \therefore (-1, 4)$

두 점 $A(-4, 7)$, $B(2, 1)$을 지나는 직선의 기울기는

$\frac{1-7}{2-(-4)}=-1$

이때 선분 AB의 수직이등분선의 기울기를 m이라 하면

$m\times(-1)=-1 \quad \therefore m=1$

따라서 구하는 수직이등분선은 점 $(-1, 4)$를 지나고 기울기가 1인 직선이므로 그 방정식은

$y-4=x-(-1) \quad \therefore y=x+5$

06

(i) 주어진 두 직선이 서로 평행하려면

$\frac{k-3}{k}=\frac{1}{2}\neq\frac{1}{-5}$

$\frac{k-3}{k}=\frac{1}{2}$에서 $2(k-3)=k$, $2k-6=k$

$\therefore k=6$

(ii) 주어진 두 직선이 서로 수직이려면

$(k-3)k+1\times2=0$

$k^2-3k+2=0$, $(k-1)(k-2)=0$

$\therefore k=1$ 또는 $k=2$

(i), (ii)에서 $a=6$, $b=2$ ($\because b>1$)

$\therefore a+b=6+2=8$

07

구하는 직선은 직선 $4x-3y+2=0$과 평행하므로 이 직선의 방정식을

$4x-3y+k=0\ (k\neq2)$ ...... ㉠

이라 하면 직선 ㉠과 원점 사이의 거리가 1이므로

$\frac{|k|}{\sqrt{4^2+(-3)^2}}=1$

$\frac{|k|}{\sqrt{25}}=1$, $|k|=5$

$\therefore k=-5$ 또는 $k=5$

따라서 구하는 직선의 방정식은

$4x-3y-5=0$ 또는 $4x-3y+5=0$

08

직선 $x-y+4=0$의 x절편은 -4, y절편은 4이므로

$A(-4, 0)$, $B(0, 4)$

선분 AB의 길이는

$\overline{AB}=\sqrt{\{0-(-4)\}^2+(4-0)^2}=4\sqrt{2}$

점 $C(-3, a)$와 직선 $x-y+4=0$ 사이의 거리를 h라 하면

$h=\frac{|-3-a+4|}{\sqrt{1^2+(-1)^2}}=\frac{|1-a|}{\sqrt{2}}$

이때 삼각형 ABC의 넓이는 14이므로

$\frac{1}{2}\times\overline{AB}\times h=14$에서

$\frac{1}{2}\times4\sqrt{2}\times\frac{|1-a|}{\sqrt{2}}=14$, $|1-a|=7$

즉, $1-a=\pm7$이므로

$a=-6$ 또는 $a=8$

이때 a는 양수이므로 $a=8$

09

x축 위의 점 $D(a, 0)$에 대하여 삼각형 ABD의 넓이가 삼각형 ABC의 넓이와 같으려면 직선 AB와 점 C 사이의 거리와 직선 AB와 점 D 사이의 거리가 같아야 하므로 점 C를 지나고 직선 AB에 평행한 직선 위에 점 D가 있어야 한다.

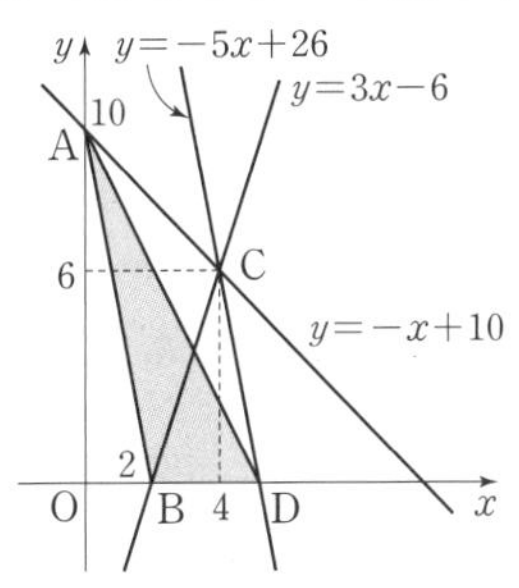

직선 $y=-x+10$의 y절편이 10이므로 점 A의 좌표는 $(0, 10)$이고, 직선 $y=3x-6$의 x절편이 2이므로 점 B의 좌표는 $(2, 0)$이다.

직선 AB의 기울기는 $\frac{0-10}{2-0}=-5$이고

두 직선의 방정식 $y=-x+10$, $y=3x-6$을 연립하여 풀면

$x=4$, $y=6$

이므로 교점 C의 좌표를 구하면 $(4, 6)$이다.

즉, 점 $C(4, 6)$을 지나고 직선 AB에 평행한 직선의 방정식은

$y-6=-5(x-4) \quad \therefore y=-5x+26$

이때 점 $D(a, 0)$이 직선 $y=-5x+26$ 위의 점이므로

$0=-5a+26 \quad \therefore a=\frac{26}{5}$

10

ㄱ. $a=0$이면 직선 l의 방정식은

$-y+2=0 \quad \therefore l: y=2$

직선 m의 방정식은

$4x+8=0 \quad \therefore m: x=-2$

즉, $a=0$일 때, 두 직선 l, m은 서로 수직이다.

ㄴ. 직선의 방정식 $ax-y+a+2=0$을 a에 대하여 정리하면

$a(x+1)-y+2=0$

앞의 식이 a의 값에 관계없이 항상 성립하려면
$x+1=0,\ -y+2=0$
$\therefore x=-1,\ y=2$
즉, 직선 l은 a의 값에 관계없이 항상 점 $(-1, 2)$를 지난다.
ㄷ. 직선 $ax-y+a+2=0$과 직선 $4x+ay+3a+8=0$이 평행하려면
$\frac{a}{4}=\frac{-1}{a}\neq\frac{a+2}{3a+8}$
$\frac{a}{4}=\frac{-1}{a}$에서 $a^2=-4$
이때 실수 a에 대하여 $a^2\geq0$이므로 $a^2=-4$를 만족시키는 a의 값은 존재하지 않는다.
따라서 옳은 것은 ㄱ, ㄷ이다.

개념으로 단원 마무리

• 본문 028쪽

1 답 (1) $y_2-y_1,\ x_2-x_1$ (2) 직선 (3) $m',\ n'$ (4) $=,\ \neq$ (5) 0
(6) $ax_1+by_1+c,\ a^2+b^2$

2 답 (1) ○ (2) ○ (3) × (4) × (5) × (6) ○
(3) $x+y=-1$에서 $x+y+1=0$
즉, 두 직선 $x+y-1=0,\ x+y+1=0$은
$\frac{1}{1}=\frac{1}{1}\neq\frac{-1}{1}$이므로 두 직선은 서로 평행하다.
(4) 두 직선 $y=mx+n,\ y=m'x+n'$이 서로 수직이면
$mm'=-1$이다.
(5) 두 직선 $y=mx+n,\ y=m'x+n'$이 일치하면
$m=m',\ n=n'$이다.

03 원의 방정식

교과서 개념 확인하기

본문 031쪽

1 답 (1) $(x-1)^2+(y-2)^2=16$ (2) $x^2+y^2=36$

2 답 (1) $(x-2)^2+(y-5)^2=25$ (2) $(x+3)^2+(y-1)^2=9$
(3) $(x+4)^2+(y+4)^2=16$
(1) 중심이 점 $(2, 5)$이고 x축에 접하는 원의 반지름의 길이는
$|5|=5$이므로
$(x-2)^2+(y-5)^2=25$
(2) 중심이 점 $(-3, 1)$이고 y축에 접하는 원의 반지름의 길이는
$|-3|=3$이므로
$(x+3)^2+(y-1)^2=9$
(3) 중심이 점 $(-4, -4)$이고 x축과 y축에 동시에 접하는 원의 반지름의 길이는 $|-4|=4$이므로
$(x+4)^2+(y+4)^2=16$

3 답 (1) 서로 다른 두 점에서 만난다.
(2) 한 점에서 만난다.(접한다.) (3) 만나지 않는다.

[방법 1] 판별식을 이용

(1) $y=-x+1$을 $x^2+y^2=4$에 대입하면 ($x+y-1=0$에서 $y=-x+1$)
$x^2+(-x+1)^2=4 \quad \therefore 2x^2-2x-3=0$
위의 이차방정식의 판별식을 D라 할 때,
$\frac{D}{4}=(-1)^2-2\times(-3)=7>0$
따라서 원과 직선은 서로 다른 두 점에서 만난다.
(2) $y=x-2\sqrt{2}$를 $x^2+y^2=4$에 대입하면
$x^2+(x-2\sqrt{2})^2=4 \quad \therefore x^2-2\sqrt{2}x+2=0$ ($x-y-2\sqrt{2}=0$에서 $y=x-2\sqrt{2}$)
위의 이차방정식의 판별식을 D라 할 때,
$\frac{D}{4}=(-\sqrt{2})^2-1\times2=0$
따라서 원과 직선은 한 점에서 만난다.(접한다.)
(3) $y=2x-5$를 $x^2+y^2=4$에 대입하면
$x^2+(2x-5)^2=4 \quad \therefore 5x^2-20x+21=0$ ($2x-y-5=0$에서 $y=2x-5$)
위의 이차방정식의 판별식을 D라 할 때,
$\frac{D}{4}=(-10)^2-5\times21=-5<0$
따라서 원과 직선은 만나지 않는다.

[방법 2] 원의 중심과 직선 사이의 거리를 이용

(1) 원의 중심 $(0, 0)$과 직선 $x+y-1=0$ 사이의 거리는
$\frac{|-1|}{\sqrt{1^2+1^2}}=\frac{\sqrt{2}}{2}$
따라서 원의 반지름의 길이는 2이고 $\frac{\sqrt{2}}{2}<2$이므로 원과 직선은 서로 다른 두 점에서 만난다.
(2) 원의 중심 $(0, 0)$과 직선 $x-y-2\sqrt{2}=0$ 사이의 거리는
$\frac{|-2\sqrt{2}|}{\sqrt{1^2+(-1)^2}}=2$
따라서 원의 반지름의 길이는 2이고 $2=2$이므로 원과 직선은 한 점에서 만난다.(접한다.)

(3) 원의 중심 $(0,\ 0)$과 직선 $2x-y-5=0$ 사이의 거리는

$$\frac{|-5|}{\sqrt{2^2+(-1)^2}}=\sqrt{5}$$

따라서 원의 반지름의 길이는 2이고 $\sqrt{5}>2$이므로 원과 직선은 만나지 않는다.

4 답 (1) $y=x\pm\sqrt{2}$ (2) $y=-3x\pm\sqrt{10}$

[방법 1] 공식을 이용

(1) 원의 반지름의 길이가 1이므로 기울기가 1인 접선의 방정식은

$y=x\pm\sqrt{1^2+1}$ $\quad\therefore y=x\pm\sqrt{2}$

(2) 원의 반지름의 길이가 1이므로 기울기가 -3인 접선의 방정식은

$y=-3x\pm\sqrt{(-3)^2+1}$

$\therefore y=-3x\pm\sqrt{10}$

[방법 2] 판별식을 이용

(1) 기울기가 1인 직선의 방정식을 $y=x+k$라 하고 원의 방정식 $x^2+y^2=1$에 대입하면

$x^2+(x+k)^2=1$ $\quad\therefore 2x^2+2kx+k^2-1=0$

위의 x에 대한 이차방정식의 판별식을 D라 할 때,

$\frac{D}{4}=k^2-2(k^2-1)=0$

$-k^2+2=0,\ k^2=2$

$\therefore k=\pm\sqrt{2}$

따라서 구하는 직선의 방정식은

$y=x\pm\sqrt{2}$

(2) 기울기가 -3인 직선의 방정식을 $y=-3x+k$라 하고 원의 방정식 $x^2+y^2=1$에 대입하면

$x^2+(-3x+k)^2=1$ $\quad\therefore 10x^2-6kx+k^2-1=0$

위의 x에 대한 이차방정식의 판별식을 D라 할 때,

$\frac{D}{4}=(-3k)^2-10(k^2-1)=0$

$-k^2+10=0,\ k^2=10$

$\therefore k=\pm\sqrt{10}$

따라서 구하는 직선의 방정식은

$y=-3x\pm\sqrt{10}$

[방법 3] 원의 중심과 직선 사이의 거리를 이용

(1) 기울기가 1인 직선의 방정식을 $y=x+k$라 하면 원의 중심 $(0,\ 0)$과 직선 $y=x+k$, 즉 $x-y+k=0$ 사이의 거리는 원의 반지름의 길이 1과 같으므로

$\frac{|k|}{\sqrt{1^2+(-1)^2}}=1,\ |k|=\sqrt{2}$

$\therefore k=\pm\sqrt{2}$

따라서 구하는 직선의 방정식은

$y=x\pm\sqrt{2}$

(2) 기울기가 -3인 직선의 방정식을 $y=-3x+k$라 하면 원의 중심 $(0,\ 0)$과 직선 $y=-3x+k$, 즉 $3x+y-k=0$ 사이의 거리는 원의 반지름의 길이 1과 같으므로

$\frac{|-k|}{\sqrt{3^2+1^2}}=1,\ |-k|=\sqrt{10}$

$\therefore k=\pm\sqrt{10}$

따라서 구하는 직선의 방정식은

$y=-3x\pm\sqrt{10}$

5 답 (1) $x-2\sqrt{2}y+9=0$ (2) $\sqrt{5}x-2y-9=0$

[방법 1] 공식을 이용

(1) 원 위의 점 $(-1,\ 2\sqrt{2})$에서의 접선의 방정식은

$(-1)\times x+2\sqrt{2}\times y=9$

$\therefore x-2\sqrt{2}y+9=0$

(2) 원 위의 점 $(\sqrt{5},\ -2)$에서의 접선의 방정식은

$\sqrt{5}\times x+(-2)\times y=9$

$\therefore \sqrt{5}x-2y-9=0$

[방법 2] 서로 수직인 직선을 이용

(1) 원의 중심 $(0,\ 0)$과 접점 $(-1,\ 2\sqrt{2})$를 지나는 직선의 기울기는

$\frac{2\sqrt{2}-0}{-1-0}=-2\sqrt{2}$

원의 중심과 접점을 지나는 직선은 접선에 수직이므로

접선의 기울기는 $\frac{1}{2\sqrt{2}}$이다.

즉, 점 $(-1,\ 2\sqrt{2})$를 지나고 기울기가 $\frac{1}{2\sqrt{2}}$인 직선의 방정식은

$y-2\sqrt{2}=\frac{1}{2\sqrt{2}}\{x-(-1)\}$

$\therefore x-2\sqrt{2}y+9=0$

(2) 원의 중심 $(0,\ 0)$과 접점 $(\sqrt{5},\ -2)$를 지나는 직선의 기울기는

$\frac{-2-0}{\sqrt{5}-0}=-\frac{2}{\sqrt{5}}$

원의 중심과 접점을 지나는 직선은 접선에 수직이므로

접선의 기울기는 $\frac{\sqrt{5}}{2}$이다.

즉, 점 $(\sqrt{5},\ -2)$를 지나고 기울기가 $\frac{\sqrt{5}}{2}$인 직선의 방정식은

$y-(-2)=\frac{\sqrt{5}}{2}(x-\sqrt{5})$

$\therefore \sqrt{5}x-2y-9=0$

교과서 예제로 개념 익히기

• 본문 032~037쪽

필수 예제 1 답 (1) $(x+1)^2+(y+2)^2=2$

(2) $\left(x+\frac{5}{2}\right)^2+\left(y-\frac{3}{2}\right)^2=\frac{1}{2}$

(1) 원의 반지름의 길이를 r라 하면 원의 방정식은

$(x+1)^2+(y+2)^2=r^2$ $\quad\cdots\cdots$ ㉠

원 ㉠이 점 $(-2,\ -3)$을 지나므로

$(-2+1)^2+(-3+2)^2=r^2$ $\quad\therefore r^2=2$

$r^2=2$를 ㉠에 대입하면 구하는 원의 방정식은

$(x+1)^2+(y+2)^2=2$

다른 풀이

원의 반지름의 길이는 두 점 $(-1,\ -2)$, $(-2,\ -3)$ 사이의 거리와 같으므로

$\sqrt{\{-2-(-1)\}^2+\{-3-(-2)\}^2}=\sqrt{2}$

따라서 구하는 원의 방정식은

$(x+1)^2+(y+2)^2=2$

(2) 두 점을 지름의 양 끝 점으로 하는 원의 중심은 두 점을 이은 선분의 중점이므로 원의 중심의 좌표는

$\left(\frac{-2+(-3)}{2}, \frac{2+1}{2}\right)$ $\quad\therefore \left(-\frac{5}{2}, \frac{3}{2}\right)$

또한, 두 점을 이은 선분이 원의 지름이므로 원의 반지름의 길이는

$\frac{1}{2}\sqrt{\{-3-(-2)\}^2+(1-2)^2}=\frac{\sqrt{2}}{2}$

따라서 구하는 원의 방정식은

$\left(x+\frac{5}{2}\right)^2+\left(y-\frac{3}{2}\right)^2=\frac{1}{2}$

1-1 답 (1) $(x-4)^2+(y-1)^2=1$
(2) $(x-2)^2+(y-3)^2=10$

(1) 원의 반지름의 길이를 r라 하면 원의 방정식은

$(x-4)^2+(y-1)^2=r^2$ ...... ㉠

원 ㉠이 점 $(3, 1)$을 지나므로

$(3-4)^2+(1-1)^2=r^2$

$\therefore r^2=1$

$r^2=1$을 ㉠에 대입하면 구하는 원의 방정식은

$(x-4)^2+(y-1)^2=1$

다른 풀이

원의 반지름의 길이는 두 점 $(4, 1)$, $(3, 1)$ 사이의 거리와 같으므로

$\sqrt{(3-4)^2+(1-1)^2}=1$

따라서 구하는 원의 방정식은

$(x-4)^2+(y-1)^2=1$

(2) 두 점을 지름의 양 끝 점으로 하는 원의 중심은 두 점을 이은 선분의 중점이므로 원의 중심의 좌표는

$\left(\frac{-1+5}{2}, \frac{2+4}{2}\right)$ $\quad\therefore (2, 3)$

또한, 두 점을 이은 선분이 원의 지름이므로 원의 반지름의 길이는

$\frac{1}{2}\sqrt{\{5-(-1)\}^2+(4-2)^2}=\sqrt{10}$

따라서 구하는 원의 방정식은

$(x-2)^2+(y-3)^2=10$

1-2 답 -2

두 점 A, B를 지름의 양 끝 점으로 하는 원의 중심은 선분 AB의 중점이므로 원의 중심의 좌표는

$\left(\frac{-3+1}{2}, \frac{-1+5}{2}\right)$ $\quad\therefore (-1, 2)$

또한, 선분 AB는 원의 지름이므로 원의 반지름의 길이는

$\frac{1}{2}\overline{AB}=\frac{1}{2}\sqrt{\{1-(-3)\}^2+\{5-(-1)\}^2}=\sqrt{13}$

즉, 구하는 원의 방정식은

$(x+1)^2+(y-2)^2=13$

원 $(x+1)^2+(y-2)^2=13$이 점 $(k, 0)$을 지나므로

$(k+1)^2+(0-2)^2=13$, $k^2+2k-8=0$

$(k+4)(k-2)=0$

$\therefore k=-4$ 또는 $k=2$

따라서 모든 k의 값의 합은 $-4+2=-2$이다.

필수 예제 2 답 $(2, 2)$, $(10, -6)$

원의 중심의 좌표를 (a, b)라 하면 이 원이 y축에 접하므로 반지름의 길이는 $|a|$이다.

즉, 원의 방정식은 $(x-a)^2+(y-b)^2=a^2$ ...... ㉠

원 ㉠이 점 $(4, 2)$를 지나므로

$(4-a)^2+(2-b)^2=a^2$

$\therefore b^2-4b-8a+20=0$ ...... ㉡

원 ㉠이 점 $(2, 0)$을 지나므로

$(2-a)^2+(0-b)^2=a^2$

$b^2-4a+4=0$ $\quad\therefore a=\frac{b^2+4}{4}$ ...... ㉢

㉢을 ㉡에 대입하면

$b^2-4b-8\times\frac{b^2+4}{4}+20=0$

$b^2+4b-12=0$, $(b+6)(b-2)=0$

$\therefore b=-6$ 또는 $b=2$

이를 ㉢에 대입하면

$b=-6$일 때, $a=10$

$b=2$일 때, $a=2$

따라서 구하는 두 원의 중심의 좌표는 $(2, 2)$, $(10, -6)$이다.

2-1 답 $(x+4)^2+(y-5)^2=25$ 또는 $x^2+(y-1)^2=1$

원의 중심의 좌표를 (a, b)라 하면 이 원이 x축에 접하므로 반지름의 길이는 $|b|$이다.

즉, 원의 방정식은 $(x-a)^2+(y-b)^2=b^2$ ...... ㉠

원 ㉠이 점 $(0, 2)$를 지나므로

$(0-a)^2+(2-b)^2=b^2$

$a^2-4b+4=0$

$\therefore b=\frac{a^2+4}{4}$ ...... ㉡

원 ㉠이 점 $(-1, 1)$을 지나므로

$(-1-a)^2+(1-b)^2=b^2$

$a^2+2a-2b+2=0$ ...... ㉢

㉡을 ㉢에 대입하면

$a^2+2a-2\times\frac{a^2+4}{4}+2=0$

$a^2+4a=0$, $a(a+4)=0$

$\therefore a=-4$ 또는 $a=0$

이를 ㉡에 대입하면

$a=-4$일 때, $b=5$

$a=0$일 때, $b=1$

따라서 구하는 원의 방정식은

$(x+4)^2+(y-5)^2=25$ 또는 $x^2+(y-1)^2=1$

2-2 답 8

중심이 점 $(a, 1)$이고 x축에 접하는 원의 반지름의 길이는 1이다.

즉, 원의 방정식은 $(x-a)^2+(y-1)^2=1$

이 원이 점 $(3, 1)$을 지나므로

$(3-a)^2+(1-1)^2=1$

$a^2-6a+8=0$, $(a-2)(a-4)=0$

$\therefore a=2$ 또는 $a=4$

따라서 모든 a의 값의 곱은 $2\times4=8$이다.

필수 예제 3 답 $-3+2\sqrt{2}$

$x^2+y^2+2x-ay-6=0$에서

$(x^2+2x+1)+\left(y^2-ay+\frac{a^2}{4}\right)=7+\frac{a^2}{4}$

$\therefore (x+1)^2+\left(y-\frac{a}{2}\right)^2=7+\frac{a^2}{4}$

중심의 좌표가 $(b, -1)$이므로

$-1=b, \frac{a}{2}=-1 \quad \therefore a=-2, b=-1$

반지름의 길이 r는 $\sqrt{7+\frac{a^2}{4}}$이므로 $a=-2$를 대입하면

$r=\sqrt{7+\frac{(-2)^2}{4}}=2\sqrt{2}$

$\therefore a+b+r=-2+(-1)+2\sqrt{2}=-3+2\sqrt{2}$

3-1 답 24

$x^2+y^2+ax-6y+9=0$에서

$\left(x^2+ax+\frac{a^2}{4}\right)+(y^2-6y+9)=\frac{a^2}{4}$

$\therefore \left(x+\frac{a}{2}\right)^2+(y-3)^2=\frac{a^2}{4}$

중심의 좌표가 $(-2, b)$이므로

$-\frac{a}{2}=-2, 3=b \quad \therefore a=4, b=3$

반지름의 길이 r는 $\frac{a}{2}$이므로 $a=4$를 대입하면

$r=\frac{4}{2}=2$

$\therefore abr=4\times3\times2=24$

3-2 답 2

$x^2+y^2-2ax+6ay+5a-10=0$에서

$(x^2-2ax+a^2)+(y^2+6ay+9a^2)=10a^2-5a+10$

$\therefore (x-a)^2+(y+3a)^2=10a^2-5a+10$

이 원의 넓이가 40π이므로

$10a^2-5a+10=40, 2a^2-a-6=0$

$(2a+3)(a-2)=0 \quad \therefore a=-\frac{3}{2}$ 또는 $a=2$

이때 a는 양수이므로 $a=2$

3-3 답 $-3<m<3$

$x^2+y^2+4x-2my+2m^2-5=0$에서

$(x^2+4x+4)+(y^2-2my+m^2)=9-m^2$

$\therefore (x+2)^2+(y-m)^2=9-m^2$

이 방정식이 원을 나타내려면

$9-m^2>0, m^2<9$

$\therefore -3<m<3$

필수 예제 4 답 (1) $-\sqrt{5}<k<\sqrt{5}$ (2) $k=-\sqrt{5}$ 또는 $k=\sqrt{5}$
(3) $k<-\sqrt{5}$ 또는 $k>\sqrt{5}$

[방법 1] 판별식을 이용

$y=2x+k$를 $x^2+y^2=1$에 대입하면

$x^2+(2x+k)^2=1$

$\therefore 5x^2+4kx+k^2-1=0 \quad \cdots\cdots$ ㉠

이차방정식 ㉠의 판별식을 D라 할 때,

$\frac{D}{4}=(2k)^2-5(k^2-1)$

$=-k^2+5$

(1) 원과 직선이 서로 다른 두 점에서 만나려면 $D>0$이어야 하므로

$-k^2+5>0, k^2<5$

$\therefore -\sqrt{5}<k<\sqrt{5}$

(2) 원과 직선이 한 점에서 만나려면 $D=0$이어야 하므로

$-k^2+5=0, k^2=5$

$\therefore k=-\sqrt{5}$ 또는 $k=\sqrt{5}$

(3) 원과 직선이 만나지 않으려면 $D<0$이어야 하므로

$-k^2+5<0, k^2>5$

$\therefore k<-\sqrt{5}$ 또는 $k>\sqrt{5}$

[방법 2] 원의 중심과 직선 사이의 거리를 이용

원 $x^2+y^2=1$의 중심 $(0, 0)$과 직선 $y=2x+k$, 즉

$2x-y+k=0$ 사이의 거리를 d, 원의 반지름의 길이를 r라 하면

$d=\frac{|k|}{\sqrt{2^2+(-1)^2}}=\frac{|k|}{\sqrt{5}}, r=1$

(1) 원과 직선이 서로 다른 두 점에서 만나려면 $d<r$이어야 하므로

$\frac{|k|}{\sqrt{5}}<1, |k|<\sqrt{5}$

$\therefore -\sqrt{5}<k<\sqrt{5}$

(2) 원과 직선이 한 점에서 만나려면 $d=r$이어야 하므로

$\frac{|k|}{\sqrt{5}}=1, |k|=\sqrt{5}$

$\therefore k=-\sqrt{5}$ 또는 $k=\sqrt{5}$

(3) 원과 직선이 만나지 않으려면 $d>r$이어야 하므로

$\frac{|k|}{\sqrt{5}}>1, |k|>\sqrt{5}$

$\therefore k<-\sqrt{5}$ 또는 $k>\sqrt{5}$

4-1 답 (1) $-6<k<6$ (2) $k=-6$ 또는 $k=6$
(3) $k<-6$ 또는 $k>6$

[방법 1] 판별식을 이용

$y=\sqrt{3}x+k$를 $x^2+y^2=9$에 대입하면

$x^2+(\sqrt{3}x+k)^2=9$

$\therefore 4x^2+2\sqrt{3}kx+k^2-9=0 \quad \cdots\cdots$ ㉠

이차방정식 ㉠의 판별식을 D라 할 때,

$\frac{D}{4}=(\sqrt{3}k)^2-4(k^2-9)$

$=-k^2+36$

(1) 원과 직선이 서로 다른 두 점에서 만나려면 $D>0$이어야 하므로

$-k^2+36>0, k^2<36$

$\therefore -6<k<6$

(2) 원과 직선이 한 점에서 만나려면 $D=0$이어야 하므로

$-k^2+36=0, k^2=36$

$\therefore k=-6$ 또는 $k=6$

(3) 원과 직선이 만나지 않으려면 $D<0$이어야 하므로

$-k^2+36<0, k^2>36$

$\therefore k<-6$ 또는 $k>6$

[방법 2] 원의 중심과 직선 사이의 거리를 이용

원 $x^2+y^2=9$의 중심 $(0, 0)$과 직선 $y=\sqrt{3}x+k$, 즉 $\sqrt{3}x-y+k=0$ 사이의 거리를 d, 원의 반지름의 길이를 r라 하면

$d=\frac{|k|}{\sqrt{(\sqrt{3})^2+(-1)^2}}=\frac{|k|}{2}$, $r=3$

(1) 원과 직선이 서로 다른 두 점에서 만나려면 $d<r$이어야 하므로

$\frac{|k|}{2}<3$, $|k|<6$ $\therefore -6<k<6$

(2) 원과 직선이 한 점에서 만나려면 $d=r$이어야 하므로

$\frac{|k|}{2}=3$, $|k|=6$ $\therefore k=-6$ 또는 $k=6$

(3) 원과 직선이 만나지 않으려면 $d>r$이어야 하므로

$\frac{|k|}{2}>3$, $|k|>6$ $\therefore k<-6$ 또는 $k>6$

4-2 답 9

원 $(x+1)^2+(y-2)^2=5$의 중심 $(-1, 2)$와 직선 $y=2x+k$, 즉 $2x-y+k=0$ 사이의 거리를 d, 원의 반지름의 길이를 r라 하면

$d=\frac{|2\times(-1)-2+k|}{\sqrt{2^2+(-1)^2}}=\frac{|-4+k|}{\sqrt{5}}$, $r=\sqrt{5}$

원과 직선이 서로 다른 두 점에서 만나려면 $d<r$이어야 하므로

$\frac{|-4+k|}{\sqrt{5}}<\sqrt{5}$, $|k-4|<5$

$-5<k-4<5$ $\therefore -1<k<9$

따라서 $-1<k<9$를 만족시키는 정수 k의 개수는 0, 1, 2, 3, 4, 5, 6, 7, 8의 9이다.

플러스 강의

원점이 아닌 점을 중심으로 하는 원과 직선의 위치 관계를 조사할 때, 판별식을 이용하여 미지수의 값의 범위를 구하면 식이 복잡하여 계산이 어려워진다.
따라서 원점이 아닌 점을 중심으로 하는 원과 직선의 위치 관계를 조사할 때는 원의 중심과 직선 사이의 거리를 이용하는 것이 좋다.

필수 예제 5 답 $2\sqrt{7}$

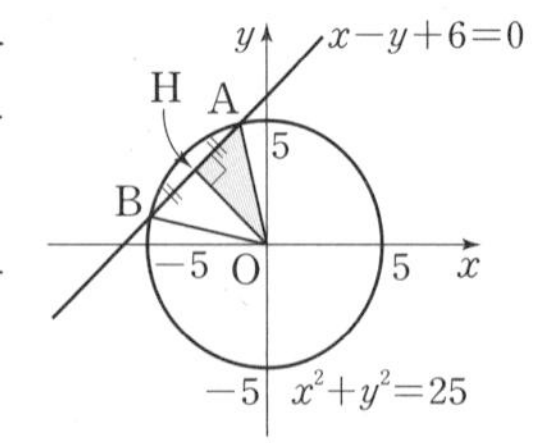

오른쪽 그림과 같이 원과 직선의 두 교점을 각각 A, B, 원의 중심을 O(0, 0), 점 O에서 직선 $x-y+6=0$에 내린 수선의 발을 H라 하자.

$\overline{OH}$의 길이는 원점 O와 직선 $x-y+6=0$ 사이의 거리와 같으므로

$\overline{OH}=\frac{|6|}{\sqrt{1^2+(-1)^2}}=3\sqrt{2}$

$\overline{OA}$의 길이는 원의 반지름의 길이 5와 같으므로 $\overline{OA}=5$

$\overline{OA}=5$, $\overline{OH}=3\sqrt{2}$이므로 직각삼각형 OAH에서

$\overline{AH}=\sqrt{\overline{OA}^2-\overline{OH}^2}=\sqrt{5^2-(3\sqrt{2})^2}=\sqrt{7}$

따라서 구하는 현의 길이는 $\overline{AB}=2\overline{AH}=2\sqrt{7}$

5-1 답 6

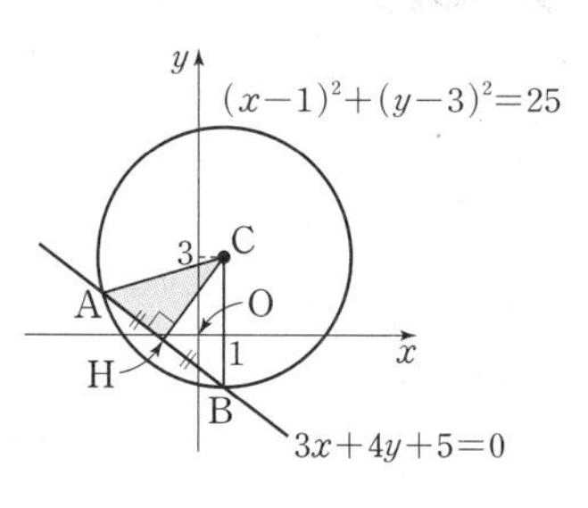

오른쪽 그림과 같이 원과 직선의 두 교점을 각각 A, B, 원의 중심을 C(1, 3), 점 C에서 직선 $3x+4y+5=0$에 내린 수선의 발을 H라 하자.

$\overline{CH}$의 길이는 점 C와 직선 $3x+4y+5=0$ 사이의 거리와 같으므로

$\overline{CH}=\frac{|3\times1+4\times3+5|}{\sqrt{3^2+4^2}}=4$

$\overline{CA}$의 길이는 원의 반지름의 길이 5와 같으므로 $\overline{CA}=5$

$\overline{CA}=5$, $\overline{CH}=4$이므로 직각삼각형 CAH에서

$\overline{AH}=\sqrt{\overline{CA}^2-\overline{CH}^2}=\sqrt{5^2-4^2}=3$

따라서 구하는 현의 길이는 $\overline{AB}=2\overline{AH}=6$

5-2 답 $6\sqrt{5}$

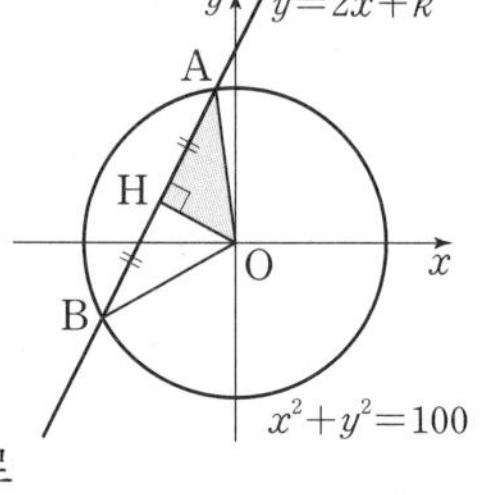

오른쪽 그림과 같이 원과 직선의 두 교점을 각각 A, B, 원의 중심을 O(0, 0), 점 O에서 직선 $y=2x+k$, 즉 $2x-y+k=0$에 내린 수선의 발을 H라 하자.

$\overline{OH}$의 길이는 원점 O와 직선 $2x-y+k=0$ 사이의 거리와 같으므로

$\overline{OH}=\frac{|k|}{\sqrt{2^2+(-1)^2}}=\frac{|k|}{\sqrt{5}}$

이때 $\overline{AB}=16$이고, 선분 AB의 중점이 H이므로

$\overline{AH}=\frac{\overline{AB}}{2}=\frac{16}{2}=8$

$\overline{OA}$의 길이는 원의 반지름의 길이 10과 같으므로 $\overline{OA}=10$

$\overline{OA}=10$, $\overline{OH}=\frac{|k|}{\sqrt{5}}$이므로 직각삼각형 OAH에서

$\overline{OH}=\sqrt{\overline{OA}^2-\overline{AH}^2}$에서

$\frac{|k|}{\sqrt{5}}=\sqrt{10^2-8^2}$, $|k|=6\sqrt{5}$ $\therefore k=\pm6\sqrt{5}$

따라서 양수 k의 값은 $6\sqrt{5}$이다.

필수 예제 6 답 $y=2x\pm2\sqrt{5}$

구하는 접선은 직선 $2x-y+1=0$, 즉 $y=2x+1$에 평행하므로 접선의 기울기는 2이다.

[방법 1] 공식을 이용

반지름의 길이가 2인 원의 접선의 기울기가 2일 때, 접선의 방정식은

$y=2x\pm2\sqrt{2^2+1}$ $\therefore y=2x\pm2\sqrt{5}$

[방법 2] 판별식을 이용

기울기가 2인 접선의 방정식을 $y=2x+k$라 하고 $x^2+y^2=4$에 대입하면

$x^2+(2x+k)^2=4$ $\therefore 5x^2+4kx+k^2-4=0$

위의 이차방정식의 판별식을 D라 할 때,

$\frac{D}{4}=(2k)^2-5(k^2-4)=0$

$-k^2+20=0$, $k^2=20$　　$\therefore k=\pm 2\sqrt{5}$

따라서 구하는 접선의 방정식은

$y=2x\pm 2\sqrt{5}$

[방법 3] 원의 중심과 직선 사이의 거리를 이용

기울기가 2인 접선의 방정식을 $y=2x+k$라 하면 원의 중심 $(0, 0)$과 직선 $y=2x+k$, 즉 $2x-y+k=0$ 사이의 거리는 원의 반지름의 길이 2와 같으므로

$\frac{|k|}{\sqrt{2^2+(-1)^2}}=2$, $\frac{|k|}{\sqrt{5}}=2$

$|k|=2\sqrt{5}$　　$\therefore k=\pm 2\sqrt{5}$

따라서 구하는 접선의 방정식은

$y=2x\pm 2\sqrt{5}$

6-1 답 $y=-x\pm 2$

구하는 접선은 직선 $y=x+5$에 수직이므로 접선의 기울기는 -1이다.

[방법 1] 공식을 이용

반지름의 길이가 $\sqrt{2}$인 원의 접선의 기울기가 -1일 때, 접선의 방정식은

$y=-x\pm\sqrt{2}\sqrt{(-1)^2+1}$

$\therefore y=-x\pm 2$

[방법 2] 판별식을 이용

기울기가 -1인 접선의 방정식을 $y=-x+k$라 하고 $x^2+y^2=2$에 대입하면

$x^2+(-x+k)^2=2$　　$\therefore 2x^2-2kx+k^2-2=0$

위의 이차방정식의 판별식을 D라 할 때,

$\frac{D}{4}=(-k)^2-2(k^2-2)=0$

$-k^2+4=0$, $k^2=4$　　$\therefore k=\pm 2$

따라서 구하는 접선의 방정식은 $y=-x\pm 2$

[방법 3] 원의 중심과 직선 사이의 거리를 이용

기울기가 -1인 접선의 방정식을 $y=-x+k$라 하면 원의 중심 $(0, 0)$과 직선 $y=-x+k$, 즉 $x+y-k=0$ 사이의 거리는 원의 반지름의 길이 $\sqrt{2}$와 같으므로

$\frac{|-k|}{\sqrt{1^2+1^2}}=\sqrt{2}$, $\frac{|-k|}{\sqrt{2}}=\sqrt{2}$

$|-k|=2$　　$\therefore k=\pm 2$

따라서 구하는 접선의 방정식은 $y=-x\pm 2$

6-2 답 -5

기울기가 $\frac{1}{2}$인 접선의 방정식을 $y=\frac{1}{2}x+k$라 하면 원 $(x-1)^2+(y+2)^2=20$의 중심 $(1, -2)$와 직선 $y=\frac{1}{2}x+k$, 즉 $x-2y+2k=0$ 사이의 거리는 원의 반지름의 길이 $2\sqrt{5}$와 같으므로

$\frac{|1-2\times(-2)+2k|}{\sqrt{1^2+(-2)^2}}=2\sqrt{5}$, $\frac{|5+2k|}{\sqrt{5}}=2\sqrt{5}$

$|5+2k|=10$

즉, $5+2k=\pm 10$이므로

$k=-\frac{15}{2}$ 또는 $k=\frac{5}{2}$

즉, 구하는 접선의 방정식은

$y=\frac{1}{2}x-\frac{15}{2}$ 또는 $y=\frac{1}{2}x+\frac{5}{2}$

따라서 접선의 y절편은 $-\frac{15}{2}$ 또는 $\frac{5}{2}$이므로 그 합은

$-\frac{15}{2}+\frac{5}{2}=-5$

6-3 답 8

두 점 $(-1, 7)$, $(3, 3)$을 지나는 직선의 기울기는

$\frac{3-7}{3-(-1)}=-1$

기울기가 -1인 접선의 방정식을 $y=-x+k$라 하고 $x^2+y^2=8$에 대입하면

$x^2+(-x+k)^2=8$　　$\therefore 2x^2-2kx+k^2-8=0$

위의 이차방정식의 판별식을 D라 할 때,

$\frac{D}{4}=(-k)^2-2(k^2-8)=0$

$-k^2+16=0$, $k^2=16$　　$\therefore k=\pm 4$

즉, 접선의 방정식은

$y=-x\pm 4$

이때 접선은 원과 제1사분면에서 접하므로

$y=-x+4$

따라서 접선 $y=-x+4$가 x축과 만나는 점 A의 좌표는 $(4, 0)$, y축과 만나는 점 B의 좌표는 $(0, 4)$이므로 삼각형 OAB의 넓이는

$\frac{1}{2}\times\overline{OA}\times\overline{OB}=\frac{1}{2}\times 4\times 4=8$

필수 예제 7 답 2

점 $(a, 2)$가 원 $x^2+y^2=5$ 위에 있으므로

$a^2+2^2=5$, $a^2=1$　　$\therefore a=-1$ $(\because a<0)$

[방법 1] 공식을 이용

원 $x^2+y^2=5$ 위의 점 $(-1, 2)$에서의 접선의 방정식은

$(-1)\times x+2\times y=5$　　$\therefore x-2y+5=0$

이 접선이 점 $(1, b)$를 지나므로

$1-2b+5=0$, $2b=6$　　$\therefore b=3$

따라서 $a=-1$, $b=3$이므로

$a+b=-1+3=2$

[방법 2] 서로 수직인 두 직선을 이용

원 $x^2+y^2=5$의 중심 $(0, 0)$과 접점 $(-1, 2)$를 지나는 직선의 기울기는

$\frac{2-0}{-1-0}=-2$

원의 중심과 접점을 지나는 직선은 접선에 수직이므로 접선의 기울기는 $\frac{1}{2}$이다.

즉, 점 $(-1, 2)$를 지나고 기울기가 $\frac{1}{2}$인 접선의 방정식은

$y-2=\frac{1}{2}\{x-(-1)\}$　　$\therefore y=\frac{1}{2}x+\frac{5}{2}$

이 접선이 점 $(1, b)$를 지나므로

$b=\frac{1}{2}\times 1+\frac{5}{2}=3$

따라서 $a=-1$, $b=3$이므로
$a+b=-1+3=2$

7-1 답 3
점 $(3, a)$가 원 $x^2+y^2=10$ 위에 있으므로
$3^2+a^2=10$, $a^2=1$ $\quad\therefore a=1$ $(\because a>0)$
[방법 1] 공식을 이용
원 $x^2+y^2=10$ 위의 점 $(3, 1)$에서의 접선의 방정식은
$3\times x+1\times y=10$ $\quad\therefore 3x+y-10=0$
이 접선이 점 $(b, 1)$을 지나므로
$3b+1-10=0$, $3b=9$
$\therefore b=3$
따라서 $a=1$, $b=3$이므로
$ab=1\times 3=3$
[방법 2] 서로 수직인 두 직선을 이용
원 $x^2+y^2=10$의 중심 $(0, 0)$과 접점 $(3, 1)$을 지나는 직선의 기울기는
$\frac{1-0}{3-0}=\frac{1}{3}$
원의 중심과 접점을 지나는 직선은 접선에 수직이므로 접선의 기울기는 -3이다.
즉, 점 $(3, 1)$을 지나고 기울기가 -3인 접선의 방정식은
$y-1=-3(x-3)$ $\quad\therefore y=-3x+10$
이 접선이 점 $(b, 1)$을 지나므로
$1=-3b+10$, $3b=9$
$\therefore b=3$
따라서 $a=1$, $b=3$이므로
$ab=1\times 3=3$

7-2 답 -6
원 $(x-1)^2+(y-2)^2=8$의 중심 $(1, 2)$와 접점 $(3, 4)$를 지나는 직선의 기울기는
$\frac{4-2}{3-1}=1$
원의 중심과 접점을 지나는 직선은 접선에 수직이므로 접선의 기울기는 -1이다.
즉, 점 $(3, 4)$를 지나고 기울기가 -1인 접선의 방정식은
$y-4=-(x-3)$ $\quad\therefore x+y-7=0$
이 접선과 직선 $ax+y+b=0$이 일치하므로
$a=1$, $b=-7$
$\therefore a+b=1+(-7)=-6$

7-3 답 0
원 $x^2+y^2=25$ 위의 점 $(-3, 4)$에서의 접선의 방정식은
$-3\times x+4\times y=25$ $\quad\therefore 3x-4y+25=0$ $\quad\cdots\cdots$ ㉠
원 $x^2+y^2-8x-6y+k=0$에서
$(x^2-8x+16)+(y^2-6y+9)=25-k$
$\therefore (x-4)^2+(y-3)^2=25-k$ $\quad\cdots\cdots$ ㉡
직선 ㉠과 원 ㉡이 접하므로 직선 ㉠과 원 ㉡의 중심 $(4, 3)$ 사이의 거리는 원 ㉡의 반지름의 길이 $\sqrt{25-k}$와 같다.
$\frac{|3\times 4+(-4)\times 3+25|}{\sqrt{3^2+(-4)^2}}=\sqrt{25-k}$에서
$\sqrt{25-k}=5$
위의 식의 양변을 제곱하면
$25-k=25$ $\quad\therefore k=0$

필수 예제 8 답 $3x+y-10=0$ 또는 $x-3y-10=0$
[방법 1] 원 위의 점에서의 접선의 방정식을 이용
점 $(4, -2)$를 지나는 접선과 원의 접점의 좌표를 (x_1, y_1)이라 하면 접선의 방정식은
$x_1x+y_1y=10$ $\quad\cdots\cdots$ ㉠
직선 ㉠이 점 $(4, -2)$를 지나므로
$4x_1-2y_1=10$ $\quad\therefore y_1=2x_1-5$ $\quad\cdots\cdots$ ㉡
접점 (x_1, y_1)은 원 $x^2+y^2=10$ 위의 점이므로
${x_1}^2+{y_1}^2=10$ $\quad\cdots\cdots$ ㉢
㉡을 ㉢에 대입하면
${x_1}^2+(2x_1-5)^2=10$, $5{x_1}^2-20x_1+15=0$
${x_1}^2-4x_1+3=0$, $(x_1-1)(x_1-3)=0$
$\therefore x_1=1$ 또는 $x_1=3$
이를 $y_1=2x_1-5$에 각각 대입하면
$x_1=1$일 때 $y_1=-3$, $x_1=3$일 때 $y_1=1$
따라서 접점의 좌표는 $(1, -3)$ 또는 $(3, 1)$이므로 이를 ㉠에 대입하여 접선의 방정식을 구하면
$x-3y-10=0$ 또는 $3x+y-10=0$
[방법 2] 판별식을 이용
점 $(4, -2)$를 지나는 접선의 기울기를 m이라 하면 점 $(4, -2)$를 지나는 접선의 방정식은
$y-(-2)=m(x-4)$ $\quad\therefore y=mx-4m-2$
위의 식을 $x^2+y^2=10$에 대입하면
$x^2+(mx-4m-2)^2=10$
$\therefore (1+m^2)x^2-2m(4m+2)x+16m^2+16m-6=0$
원과 접선이 접하므로 위의 이차방정식의 판별식을 D라 할 때,
$\frac{D}{4}=\{m(4m+2)\}^2-(1+m^2)(16m^2+16m-6)=0$
$3m^2+8m-3=0$, $(3m-1)(m+3)=0$
$\therefore m=-3$ 또는 $m=\frac{1}{3}$
따라서 구하는 접선의 방정식은
$x-3y-10=0$ 또는 $3x+y-10=0$
[방법 3] 원의 중심과 접선 사이의 거리를 이용
점 $(4, -2)$를 지나는 접선의 기울기를 m이라 하면 점 $(4, -2)$를 지나는 접선의 방정식은
$y-(-2)=m(x-4)$ $\quad\therefore mx-y-4m-2=0$
원의 중심 $(0, 0)$과 접선 $mx-y-4m-2=0$ 사이의 거리가 원의 반지름의 길이 $\sqrt{10}$과 같으므로
$\frac{|-4m-2|}{\sqrt{m^2+(-1)^2}}=\sqrt{10}$
$|-4m-2|=\sqrt{10(m^2+1)}$
위의 식의 양변을 제곱하면
$(-4m-2)^2=10(m^2+1)$
$3m^2+8m-3=0$, $(3m-1)(m+3)=0$
$\therefore m=-3$ 또는 $m=\frac{1}{3}$

따라서 구하는 접선의 방정식은
$3x+y-10=0$ 또는 $x-3y-10=0$

8-1 답 -3

[방법 1] 원 위의 점에서의 접선의 방정식을 이용

점 $(0,\ 2)$를 지나는 접선과 원의 접점의 좌표를 $(x_1,\ y_1)$이라 하면 접선의 방정식은

$x_1x+y_1y=1$ $\cdots\cdots$ ㉠

직선 ㉠이 점 $(0,\ 2)$를 지나므로

$2y_1=1$ $\quad\therefore y_1=\dfrac{1}{2}$ $\cdots\cdots$ ㉡

접점 $(x_1,\ y_1)$은 원 $x^2+y^2=1$ 위의 점이므로

${x_1}^2+{y_1}^2=1$ $\cdots\cdots$ ㉢

㉡을 ㉢에 대입하면

${x_1}^2+\left(\dfrac{1}{2}\right)^2=1,\ {x_1}^2=\dfrac{3}{4}$

$\therefore x_1=-\dfrac{\sqrt{3}}{2}$ 또는 $x_1=\dfrac{\sqrt{3}}{2}$

즉, 접점의 좌표는 $\left(-\dfrac{\sqrt{3}}{2},\ \dfrac{1}{2}\right)$ 또는 $\left(\dfrac{\sqrt{3}}{2},\ \dfrac{1}{2}\right)$이므로 이를 ㉠에 대입하여 접선의 방정식을 구하면

$\sqrt{3}x-y+2=0$ 또는 $\sqrt{3}x+y-2=0$

$\therefore y=\sqrt{3}x+2$ 또는 $y=-\sqrt{3}x+2$

따라서 모든 접선의 기울기의 곱은

$\sqrt{3}\times(-\sqrt{3})=-3$

[방법 2] 판별식을 이용

점 $(0,\ 2)$를 지나는 접선의 기울기를 m이라 하면 점 $(0,\ 2)$를 지나는 접선의 방정식은

$y-2=m(x-0)$

$\therefore y=mx+2$

위의 식을 $x^2+y^2=10$에 대입하면

$x^2+(mx+2)^2=1$

$\therefore (1+m^2)x^2+4mx+3=0$

원과 접선이 접하므로 위의 이차방정식의 판별식을 D라 할 때,

$\dfrac{D}{4}=(2m)^2-3(1+m^2)=0$

$m^2=3$ $\quad\therefore m=-\sqrt{3}$ 또는 $m=\sqrt{3}$

따라서 모든 접선의 기울기의 곱은

$\sqrt{3}\times(-\sqrt{3})=-3$

[방법 3] 원의 중심과 접선 사이의 거리를 이용

점 $(0,\ 2)$를 지나는 접선의 기울기를 m이라 하면 점 $(0,\ 2)$를 지나는 접선의 방정식은

$y-2=m(x-0)$ $\quad\therefore mx-y+2=0$

원의 중심 $(0,\ 0)$과 접선 $mx-y+2=0$ 사이의 거리가 원의 반지름의 길이 1과 같으므로

$\dfrac{|2|}{\sqrt{m^2+(-1)^2}}=1$

$\sqrt{m^2+1}=2$

위의 식의 양변을 제곱하면

$m^2+1=4,\ m^2=3$

$\therefore m=-\sqrt{3}$ 또는 $m=\sqrt{3}$

따라서 모든 접선의 기울기의 곱은

$\sqrt{3}\times(-\sqrt{3})=-3$

8-2 답 $x+2y+7=0$ 또는 $2x-y-1=0$

점 $(-1,\ -3)$을 지나는 접선의 기울기를 m이라 하면 점 $(-1,\ -3)$을 지나는 접선의 방정식은

$y-(-3)=m\{x-(-1)\}$

$\therefore mx-y+m-3=0$ $\cdots\cdots$ ㉠

원의 중심 $(2,\ -2)$와 접선 ㉠ 사이의 거리가 원의 반지름의 길이 $\sqrt{5}$와 같으므로

$\dfrac{|2m-(-2)+m-3|}{\sqrt{m^2+(-1)^2}}=\sqrt{5},\ |3m-1|=\sqrt{5(m^2+1)}$

양변을 제곱하면

$9m^2-6m+1=5(m^2+1),\ 2m^2-3m-2=0$

$(2m+1)(m-2)=0$ $\quad\therefore m=-\dfrac{1}{2}$ 또는 $m=2$

이를 ㉠에 대입하여 정리하면 구하는 접선의 방정식은

$x+2y+7=0$ 또는 $2x-y-1=0$

8-3 답 $x+y-6=0$ 또는 $x-7y+10=0$

직선 l이 원 $(x-4)^2+(y-2)^2=1$의 넓이를 이등분하므로 직선 l은 원 $(x-4)^2+(y-2)^2=1$의 중심 $(4,\ 2)$를 지난다.

점 $(4,\ 2)$를 지나는 접선의 기울기를 m이라 하면 점 $(4,\ 2)$를 지나는 접선의 방정식은

$y-2=m(x-4)$

$\therefore mx-y-4m+2=0$ $\cdots\cdots$ ㉠

이때 원 $(x-1)^2+(y-3)^2=2$의 중심 $(1,\ 3)$과 접선 ㉠ 사이의 거리가 이 원의 반지름의 길이 $\sqrt{2}$와 같으므로

$\dfrac{|-3m-1|}{\sqrt{m^2+(-1)^2}}=\sqrt{2},\ |-3m-1|=\sqrt{2(m^2+1)}$

양변을 제곱하면

$9m^2+6m+1=2(m^2+1),\ 7m^2+6m-1=0$

$(m+1)(7m-1)=0$ $\quad\therefore m=-1$ 또는 $m=\dfrac{1}{7}$

이를 ㉠에 대입하여 정리하면 구하는 직선 l의 방정식은

$x+y-6=0$ 또는 $x-7y+10=0$

실전 문제로 단원 마무리

• 본문 038~039쪽

01 8	**02** $4\sqrt{2}$	**03** 10π	**04** 1
05 17π	**06** $y=-\dfrac{1}{2}x\pm\sqrt{5}$	**07** 5	
08 7	**09** 8	**10** ④	

01

두 점을 지름의 양 끝 점으로 하는 원의 중심은 두 점을 이은 선분의 중점이므로 원의 중심의 좌표는

$\left(\dfrac{-2+4}{2},\ \dfrac{-2+6}{2}\right)$ $\quad\therefore (1,\ 2)$

또한, 두 점을 이은 선분이 원의 지름이므로 원의 반지름의 길이는

$\dfrac{1}{2}\overline{\mathrm{AB}}=\dfrac{1}{2}\sqrt{\{4-(-2)\}^2+\{6-(-2)\}^2}=\dfrac{10}{2}=5$

이때 원의 중심은 점 (a, b), 반지름의 길이는 r이므로
$a=1$, $b=2$, $r=5$
$\therefore a+b+r=1+2+5=8$

02

점 $(2, 1)$을 지나고 x축, y축에 동시에 접하므로 원의 중심은 제1사분면 위에 있다.
즉, 원의 중심을 (a, a) $(a>0)$라 하면 원의 방정식은
$(x-a)^2+(y-a)^2=a^2$
이 원이 점 $(2, 1)$을 지나므로
$(2-a)^2+(1-a)^2=a^2$, $a^2-6a+5=0$
$(a-1)(a-5)=0$ $\quad\therefore a=1$ 또는 $a=5$
따라서 두 원의 중심의 좌표는 $(1, 1)$, $(5, 5)$이므로 두 원의 중심 사이의 거리는
$\sqrt{(5-1)^2+(5-1)^2}=4\sqrt{2}$

03

구하는 원의 방정식을 $x^2+y^2+Ax+By+C=0$이라 하면 이 원이 원점을 지나므로 $C=0$
즉, 원 $x^2+y^2+Ax+By=0$이 두 점 $(0, 2)$, $(-2, 4)$를 지나므로
$4+2B=0$, $4+16-2A+4B=0$
위의 두 식을 연립하여 풀면
$A=6$, $B=-2$
즉, 원의 방정식은 $x^2+y^2+6x-2y=0$이므로
$(x+3)^2+(y-1)^2=10$
따라서 원의 반지름의 길이가 $\sqrt{10}$이므로 구하는 원의 넓이는 $\pi\times(\sqrt{10})^2=10\pi$이다.

04

[방법 1] 판별식을 이용
$y=-mx+2$를 $x^2+y^2=1$에 대입하면
$x^2+(-mx+2)^2=1$
$\therefore (1+m^2)x^2-4mx+3=0$
위의 이차방정식의 판별식을 D라 할 때,
$\frac{D}{4}=(-2m)^2-(1+m^2)\times3<0$
$m^2-3<0$, $m^2<3$
$\therefore -\sqrt{3}<m<\sqrt{3}$
따라서 정수 m의 최댓값은 1이다.
[방법 2] 원의 중심과 직선 사이의 거리를 이용
원 $x^2+y^2=1$의 중심 $(0, 0)$과 직선 $y=-mx+2$, 즉 $mx+y-2=0$ 사이의 거리를 d, 원의 반지름의 길이를 r라 하면
$d=\frac{|-2|}{\sqrt{m^2+1}}=\frac{2}{\sqrt{m^2+1}}$, $r=1$
원과 직선이 만나지 않으려면 $d>r$이어야 하므로
$\frac{2}{\sqrt{m^2+1}}>1$, $\sqrt{m^2+1}<2$
$m^2+1<4$, $m^2<3$
$\therefore -\sqrt{3}<m<\sqrt{3}$
따라서 정수 m의 최댓값은 1이다.

05

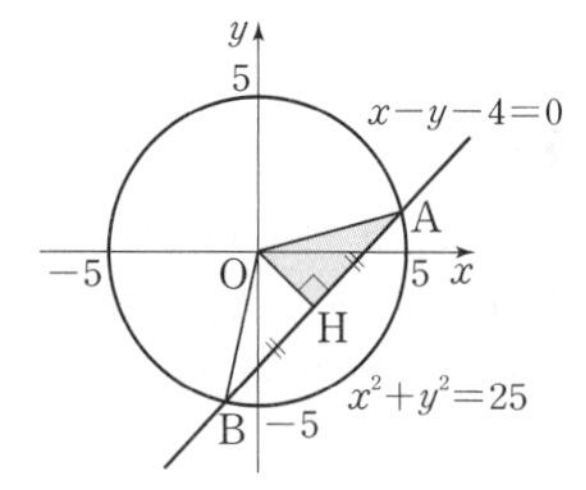

오른쪽 그림과 같이 원과 직선의 두 교점을 각각 A, B라 하면 두 점 A, B를 지나는 원 중에서 넓이가 최소인 것은 $\overline{AB}$를 지름으로 하는 원이다.
원의 중심 O에서 직선 $x-y-4=0$에 내린 수선의 발을 H라 하자.
$\overline{OH}$의 길이는 원점 O와 직선 $x-y-4=0$ 사이의 거리와 같으므로
$\overline{OH}=\frac{|-4|}{\sqrt{1^2+(-1)^2}}=\frac{4}{\sqrt{2}}=2\sqrt{2}$
$\overline{OH}=2\sqrt{2}$, $\overline{OA}=5$이므로 직각삼각형 OAH에서
$\overline{AH}=\sqrt{\overline{OA}^2-\overline{OH}^2}=\sqrt{5^2-(2\sqrt{2})^2}=\sqrt{17}$
따라서 중심이 H이고, 반지름이 $\overline{AH}$인 원의 넓이는
$\pi\times(\sqrt{17})^2=17\pi$

06

두 점 $(1, -4)$, $(5, 4)$를 지나는 직선의 기울기를 구하면
$\frac{4-(-4)}{5-1}=\frac{8}{4}=2$
구하는 접선은 두 점 $(1, -4)$, $(5, 4)$를 지나는 직선에 수직이므로 접선의 기울기는 $-\frac{1}{2}$이다.
[방법 1] 공식을 이용
원의 반지름의 길이는 2이므로 구하는 접선의 방정식은
$y=-\frac{1}{2}x\pm2\sqrt{\left(-\frac{1}{2}\right)^2+1}$ $\quad\therefore y=-\frac{1}{2}x\pm\sqrt{5}$
[방법 2] 판별식을 이용
기울기가 $-\frac{1}{2}$인 접선의 방정식을 $y=-\frac{1}{2}x+k$라 하고
$x^2+y^2=4$에 대입하면
$x^2+\left(-\frac{1}{2}x+k\right)^2=4$
$\therefore 5x^2-4kx+4k^2-16=0$
위의 이차방정식의 판별식을 D라 할 때,
$\frac{D}{4}=(-2k)^2-5(4k^2-16)=0$
$-16k^2+80=0$, $k^2=5$ $\quad\therefore k=\pm\sqrt{5}$
따라서 구하는 접선의 방정식은
$y=-\frac{1}{2}x\pm\sqrt{5}$
[방법 3] 원의 중심과 직선 사이의 거리를 이용
기울기가 $-\frac{1}{2}$인 접선의 방정식을 $y=-\frac{1}{2}x+k$라 하면 원의 중심 $(0, 0)$과 직선 $y=-\frac{1}{2}x+k$, 즉 $x+2y-2k=0$ 사이의 거리는 원의 반지름의 길이 2와 같으므로
$\frac{|-2k|}{\sqrt{1^2+2^2}}=2$, $\frac{|-2k|}{\sqrt{5}}=2$
$|-2k|=2\sqrt{5}$, $-2k=\pm2\sqrt{5}$ $\quad\therefore k=\pm\sqrt{5}$
따라서 구하는 접선의 방정식은
$y=-\frac{1}{2}x\pm\sqrt{5}$

07

원 $x^2+y^2=5$ 위의 점 $\mathrm{A}(2,\ 1)$에서의 접선의 방정식은

$2\times x+1\times y=5 \qquad \therefore y=-2x+5$

원 $x^2+y^2=5$ 위의 점 $\mathrm{B}(-1,\ 2)$에서의 접선의 방정식은

$(-1)\times x+2\times y=5 \qquad \therefore y=\frac{1}{2}x+\frac{5}{2}$

두 접선 $y=-2x+5$, $y=\frac{1}{2}x+\frac{5}{2}$의 기울기의 곱은

$-2\times\frac{1}{2}=-1$

이므로 두 접선은 서로 수직으로 만난다.

이때 원 $x^2+y^2=5$의 반지름과 두 접선은 수직으로 만나므로 사각형 OACB는 한 변의 길이가 $\sqrt{5}$인 정사각형이다.

따라서 사각형 OACB의 넓이는

$\sqrt{5}\times\sqrt{5}=5$이다.

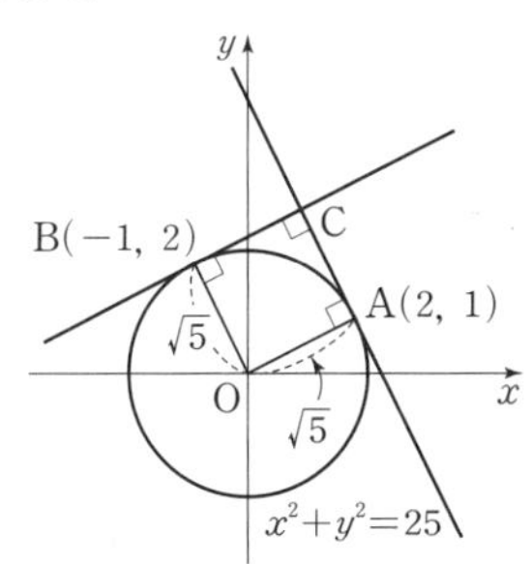

08

점 $\mathrm{P}(5,\ a)$에서 원에 그은 접선의 접점이 T이고, 원의 중심을 C라 하면 선분 CT는 반지름이다.

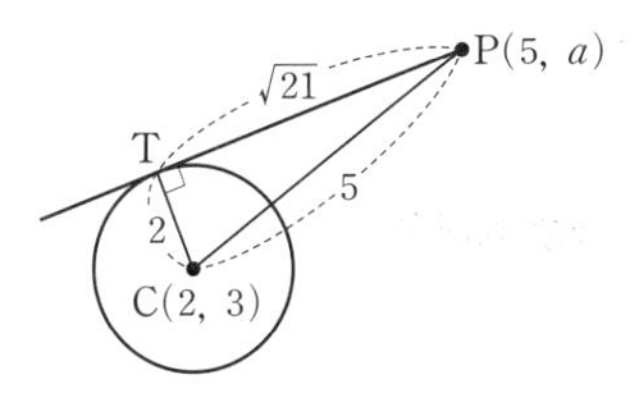

원 $(x-2)^2+(y-3)^2=4$의 중심 C의 좌표는 $(2,\ 3)$이고, $\overline{\mathrm{CT}}=2$이다.

이때 접선 PT와 원의 중심과 접점 T를 이은 선분은 수직으로 만나므로, 삼각형 PTC는 직각삼각형이다.

선분 CP의 길이를 구하면

$\overline{\mathrm{CP}}=\sqrt{(5-2)^2+(a-3)^2}=\sqrt{a^2-6a+18}$

직각삼각형 PTC에서 $\overline{\mathrm{CP}}^2=\overline{\mathrm{PT}}^2+\overline{\mathrm{TC}}^2$이므로

$(\sqrt{a^2-6a+18})^2=(\sqrt{21})^2+2^2$

$a^2-6a+18=25,\ a^2-6a-7=0$

$(a+1)(a-7)=0 \qquad \therefore a=-1$ 또는 $a=7$

따라서 양수 a의 값은 7이다.

09

원 $x^2+y^2=25$ 위의 점 $(3,\ -4)$에서의 접선의 방정식은

$3x-4y-25=0 \qquad \cdots\cdots ㉠$

원 $(x-6)^2+(y-8)^2=r^2$의 중심 $(6,\ 8)$과 직선 ㉠ 사이의 거리를 d라 하면

$d=\frac{|3\times 6+(-4)\times 8-25|}{\sqrt{3^2+(-4)^2}}=\frac{39}{5}$

직선 ㉠과 원 $(x-6)^2+(y-8)^2=r^2$이 만나려면 $d\le r$이어야 하므로 $\frac{39}{5}\le r$

원의 반지름의 길이

따라서 자연수 r의 최솟값은 8이다.

10

점 P의 좌표를 $(x_1,\ y_1)$이라 하면 원 C 위의 점 P에서의 접선의 방정식은 $x_1x+y_1y=4$

접선이 x축과 만나는 점이 점 B이므로

B의 좌표는 $\left(\frac{4}{x_1},\ 0\right) \qquad \cdots\cdots ㉠$

점 H의 x좌표는 x_1이고 $2\overline{\mathrm{AH}}=\overline{\mathrm{HB}}$에서

$2(x_1+2)=\frac{4}{x_1}-x_1,\ 3x_1^{\ 2}+4x_1-4=0$

$(x_1+2)(3x_1-2)=0 \qquad \therefore x_1=\frac{2}{3}\ (\because x_1>0)$

$x_1=\frac{2}{3}$를 ㉠에 대입하면 $\mathrm{B}(6,\ 0)$

이때 점 $\mathrm{A}(-2,\ 0)$이므로

$\overline{\mathrm{AB}}=\overline{\mathrm{AO}}+\overline{\mathrm{OB}}=2+6=8 \qquad \cdots\cdots ㉡$

또한, 점 $\mathrm{P}(x_1,\ y_1)$은 원 $C:x^2+y^2=4$ 위에 있으므로

$x_1^{\ 2}+y_1^{\ 2}=4$

$x_1=\frac{2}{3}$를 대입하면

$\left(\frac{2}{3}\right)^2+y_1^{\ 2}=4,\ y_1^{\ 2}=\frac{32}{9} \qquad \therefore y_1=\frac{4\sqrt{2}}{3}\ (\because y_1>0)$

즉, 점 $\mathrm{P}\left(\frac{2}{3},\ \frac{4\sqrt{2}}{3}\right)$이므로

$\overline{\mathrm{PH}}=\frac{4\sqrt{2}}{3} \qquad \cdots\cdots ㉢$

따라서 ㉡, ㉢에 의하여 삼각형 PAB의 넓이는

$\frac{1}{2}\times\overline{\mathrm{AB}}\times\overline{\mathrm{PH}}=\frac{1}{2}\times 8\times\frac{4\sqrt{2}}{3}=\frac{16\sqrt{2}}{3}$

개념으로 **단원 마무리**

• 본문 040쪽

1 답 (1) $a,\ b,\ r^2$ (2) $b^2,\ a^2$ (3) $>,\ =,\ <$ (4) m^2+1 (5) $x_1,\ y_1,\ r^2$

2 답 (1) ○ (2) × (3) ○ (4) × (5) ○

(2) 방정식 $(x-a)^2+(y-b)^2=c$가 나타내는 도형이 원이 되도록 하는 조건은 $c>0$이다.

(4) 원의 중심과 직선 사이의 거리를 d, 원의 반지름의 길이를 r라 할 때, $d<r$이면 원과 직선은 서로 다른 두 점에서 만난다.

04 도형의 이동

교과서 개념 확인하기

본문 043쪽

1 답 (1) $(-3, 5)$ (2) $(-1, -1)$

(1) 점 $(1, 2)$를 x축의 방향으로 -4만큼, y축의 방향으로 3만큼 평행이동한 점의 좌표는
$(1-4, 2+3)$ $\therefore (-3, 5)$

(2) 점 $(3, -4)$를 x축의 방향으로 -4만큼, y축의 방향으로 3만큼 평행이동한 점의 좌표는
$(3-4, -4+3)$ $\therefore (-1, -1)$

2 답 (1) $x-3y-7=0$ (2) $(x-3)^2+(y+2)^2=4$

(1) $x-3y+2=0$에 x 대신 $x-3$을, y 대신 $y+2$를 대입하면
$(x-3)-3(y+2)+2=0$
$\therefore x-3y-7=0$

(2) $x^2+y^2=4$에 x 대신 $x-3$을, y 대신 $y+2$를 대입하면
$(x-3)^2+(y+2)^2=4$

3 답 (1) $(2, -5)$ (2) $(-2, 5)$ (3) $(-2, -5)$ (4) $(5, 2)$

(1) x축에 대하여 대칭이동하면 y좌표의 부호가 바뀌므로
$(2, -5)$

(2) y축에 대하여 대칭이동하면 x좌표의 부호가 바뀌므로
$(-2, 5)$

(3) 원점에 대하여 대칭이동하면 x, y좌표의 부호가 바뀌므로
$(-2, -5)$

(4) 직선 $y=x$에 대하여 대칭이동하면 x좌표, y좌표가 서로 바뀌므로
$(5, 2)$

4 답 (1) $x+3y-1=0$ (2) $x+3y+1=0$
(3) $x-3y+1=0$ (4) $3x-y+1=0$

(1) y 대신 $-y$를 대입하면
$x-3\times(-y)-1=0$ $\therefore x+3y-1=0$

(2) x 대신 $-x$를 대입하면
$(-x)-3y-1=0$ $\therefore x+3y+1=0$

(3) x 대신 $-x$를, y 대신 $-y$를 대입하면
$(-x)-3\times(-y)-1=0$ $\therefore x-3y+1=0$

(4) x 대신 y를, y 대신 x를 대입하면
$y-3x-1=0$ $\therefore 3x-y+1=0$

교과서 예제로 개념 익히기

• 본문 044~047쪽

필수 예제 1 답 -5

평행이동 $(x, y) \longrightarrow (x-1, y+2)$는 x축의 방향으로 -1만큼, y축의 방향으로 2만큼 평행이동하는 것이므로 이 평행이동에 의하여 점 (a, b)가 옮겨지는 점의 좌표는 $(a-1, b+2)$
이 점이 점 $(-1, -3)$과 일치하므로
$a-1=-1$, $b+2=-3$
따라서 $a=0$, $b=-5$이므로
$a+b=0+(-5)=-5$

1-1 답 0

평행이동 $(x, y) \longrightarrow (x+2, y-3)$은 x축의 방향으로 2만큼, y축의 방향으로 -3만큼 평행이동하는 것이므로 이 평행이동에 의하여 점 (a, b)가 옮겨지는 점의 좌표는 $(a+2, b-3)$
이 점이 점 $(1, -2)$와 일치하므로
$a+2=1$, $b-3=-2$
따라서 $a=-1$, $b=1$이므로
$a+b=-1+1=0$

1-2 답 18

점 $(3, 1)$을 점 $(1, 3)$으로 옮기는 것은 x축의 방향으로 -2만큼, y축의 방향으로 2만큼 평행이동하는 것이고, 이 평행이동에 의하여 점 (a, b)를 평행이동한 점의 좌표는
$(a-2, b+2)$
이 점이 점 $(4, 5)$와 일치하므로
$a-2=4$, $b+2=5$
따라서 $a=6$, $b=3$이므로
$ab=6\times3=18$

필수 예제 2 답 -7

직선 $2x-5y-k=0$을 x축의 방향으로 1만큼, y축의 방향으로 -1만큼 평행이동한 직선의 방정식을 구하기 위하여 직선의 방정식 $2x-5y-k=0$에 x 대신 $x-1$을, y 대신 $y+1$을 대입하면
$2(x-1)-5(y+1)-k=0$ $\therefore 2x-5y-7-k=0$
이 직선이 원점을 지나므로
$-7-k=0$ $\therefore k=-7$

2-1 답 3

직선 $x-ky+3=0$을 x축의 방향으로 -1만큼, y축의 방향으로 2만큼 평행이동한 직선의 방정식을 구하기 위하여 직선의 방정식 $x-ky+3=0$에 x 대신 $x+1$을, y 대신 $y-2$를 대입하면
$(x+1)-k(y-2)+3=0$ $\therefore x-ky+2k+4=0$
이 직선이 점 $(2, 4)$를 지나므로
$2-4k+2k+4=0$, $-2k=-6$ $\therefore k=3$

2-2 답 0

점 $(1, 3)$을 점 $(4, -2)$로 옮기는 것은 x축의 방향으로 3만큼, y축의 방향으로 -5만큼 평행이동하는 것이다.
[방법 1] 원의 평행이동
주어진 원의 방정식 $(x-a)^2+(y-b)^2=4$에 x 대신 $x-3$을, y 대신 $y+5$를 대입하면
$(x-3-a)^2+(y+5-b)^2=4$
이 원의 방정식은 원의 방정식 $x^2+(y+2)^2=4$와 일치하므로
$-3-a=0$, $5-b=2$
따라서 $a=-3$, $b=3$이므로
$a+b=-3+3=0$

[방법 2] 원의 중심의 평행이동

원 $(x-a)^2+(y-b)^2=4$의 중심 (a, b)가 주어진 평행이동에 의하여 옮겨지는 점의 좌표는 $(a+3, b-5)$이다.

점 $(a+3, b-5)$는 원 $x^2+(y+2)^2=4$의 중심 $(0, -2)$와 일치하므로

$a+3=0$, $b-5=-2$

따라서 $a=-3$, $b=3$이므로

$a+b=-3+3=0$

플러스 강의

원은 평행이동해도 반지름의 길이가 바뀌지 않고, 포물선은 평행이동해도 폭이나 볼록한 방향이 바뀌지 않으므로 원, 포물선의 평행이동은 각각 원의 중심, 꼭짓점의 평행이동으로 바꾸어 생각할 수 있다.

필수 예제 3 답 $2\sqrt{5}$

점 P(1, 3)을 x축에 대하여 대칭이동한 점 Q는

Q(1, −3)

점 P(1, 3)을 직선 $y=x$에 대하여 대칭이동한 점 R는

R(3, 1)

$\therefore \overline{QR}=\sqrt{(3-1)^2+\{1-(-3)\}^2}=2\sqrt{5}$

3-1 답 (−3, −1)

점 P(2, −4)를 y축에 대하여 대칭이동한 점 Q는

Q(−2, −4)

점 P(2, −4)를 직선 $y=x$에 대하여 대칭이동한 점 R는

R(−4, 2)

따라서 선분 QR의 중점의 좌표는

$\left(\frac{-2+(-4)}{2}, \frac{-4+2}{2}\right)$ $\quad\therefore (-3, -1)$

3-2 답 4

점 A(2, 1)을 원점에 대하여 대칭이동한 점 P는

P(−2, −1)

점 A(2, 1)을 x축에 대하여 대칭이동한 점 Q는

Q(2, −1)

오른쪽 그림의 삼각형 APQ에서

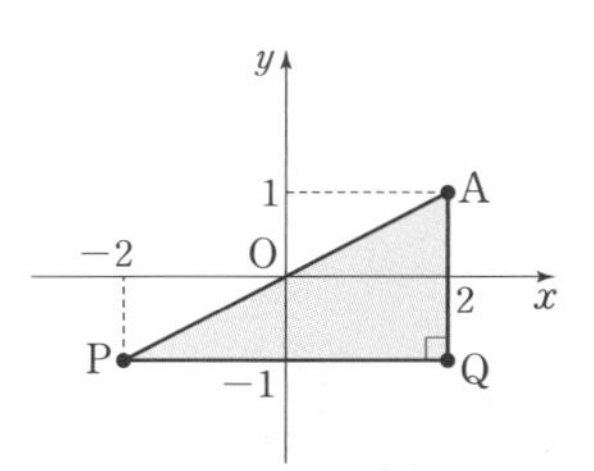

$\overline{PQ}=|2-(-2)|=4$

$\overline{AQ}=|1-(-1)|=2$

따라서 삼각형 APQ의 넓이는

$\frac{1}{2}\times\overline{PQ}\times\overline{AQ}=\frac{1}{2}\times 4\times 2=4$

3-3 답 $6\sqrt{2}$

점 B(6, 4)를 x축에 대하여 대칭이동한 점을 B′이라 하면

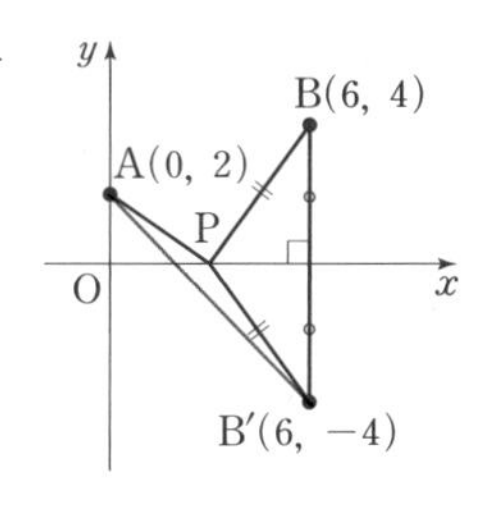

B′(6, −4)

이때 $\overline{BP}=\overline{B'P}$이므로

$\overline{AP}+\overline{BP}=\overline{AP}+\overline{B'P}$

$\geq\overline{AB'}$

$=\sqrt{(6-0)^2+(-4-2)^2}$

$=6\sqrt{2}$

따라서 $\overline{AP}+\overline{BP}$의 최솟값은 $6\sqrt{2}$이다.

필수 예제 4 답 −1

직선 $ax+y-2=0$을 y축에 대하여 대칭이동한 직선의 방정식을 구하기 위하여 직선의 방정식 $ax+y-2=0$에 x 대신 $-x$를 대입하면

$-ax+y-2=0$

이 직선이 점 (4, −2)를 지나므로

$-a\times 4+(-2)-2=0$, $-4a-4=0$

$\therefore a=-1$

4-1 답 $-\frac{1}{3}$

직선 $2x+ay-3=0$을 x축에 대하여 대칭이동한 직선의 방정식을 구하기 위하여 직선의 방정식 $2x+ay-3=0$에 y 대신 $-y$를 대입하면

$2x-ay-3=0$

이 직선이 점 (1, 3)을 지나므로

$2\times 1-a\times 3-3=0$, $-3a-1=0$

$\therefore a=-\frac{1}{3}$

4-2 답 −3

[방법 1] 원의 대칭이동

원의 방정식 $(x+3)^2+(y-1)^2=8$을 직선 $y=x$에 대하여 대칭이동한 원의 방정식을 구하기 위하여 원의 방정식 $(x+3)^2+(y-1)^2=8$에 x 대신 y를, y 대신 x를 대입하면

$(x-1)^2+(y+3)^2=8$

이 원의 중심 $(1, -3)$이 직선 $y=ax+b$ 위에 있으므로

$a+b=-3$

[방법 2] 원의 중심의 대칭이동

원 $(x+3)^2+(y-1)^2=8$의 중심 $(-3, 1)$을 직선 $y=x$에 대하여 대칭이동한 점의 좌표는 $(1, -3)$이다.

점 $(1, -3)$이 직선 $y=ax+b$ 위에 있으므로

$a+b=-3$

플러스 강의

원은 대칭이동해도 반지름의 길이가 바뀌지 않고, 포물선은 대칭이동해도 폭이나 볼록한 방향이 바뀌지 않으므로 원, 포물선의 대칭이동은 각각 원의 중심, 꼭짓점의 대칭이동으로 바꾸어 생각할 수 있다.

4-3 답 −5

직선 $x-2y+3=0$을 직선 $y=x$에 대하여 대칭이동한 직선의 방정식을 구하기 위하여 직선의 방정식 $x-2y+3=0$에 x 대신 y를, y 대신 x를 대입하면

$y-2x+3=0$ $\quad\therefore 2x-y-3=0$

이 직선을 y축의 방향으로 k만큼 평행이동한 직선의 방정식을 구하기 위하여 직선의 방정식 $2x-y-3=0$에 y 대신 $y-k$를 대입하면

$2x-(y-k)-3=0$ $\quad\therefore 2x-y+k-3=0$

이 직선이 점 (3, −2)를 지나므로

$2\times 3-1\times(-2)+k-3=0$

$\therefore k=-5$

필수 예제 5 답 11

점 A(a, b)를 점 B$(2, 3)$에 대하여 대칭이동한 점이 C$(4, -5)$이므로 점 B$(2, 3)$은 선분 AC의 중점이다.

선분 AC의 중점의 좌표를 구하면

$\left(\frac{a+4}{2}, \frac{b+(-5)}{2}\right)$

이 점은 점 B$(2, 3)$과 일치하므로

$\frac{a+4}{2}=2, \frac{b+(-5)}{2}=3$에서

$a+4=4, b-5=6$

$\therefore a=0, b=11$

$\therefore b-a=11-0=11$

5-1 답 6

점 A(a, b)를 점 B$(3, 1)$에 대하여 대칭이동한 점이 C$(-1, 3)$이므로 점 B$(3, 1)$은 선분 AC의 중점이다.

선분 AC의 중점의 좌표를 구하면

$\left(\frac{a+(-1)}{2}, \frac{b+3}{2}\right)$

이 점은 점 B$(3, 1)$과 일치하므로

$\frac{a+(-1)}{2}=3, \frac{b+3}{2}=1$에서

$a-1=6, b+3=2$

$\therefore a=7, b=-1$

$\therefore a+b=7+(-1)=6$

5-2 답 $(x-3)^2+(y-5)^2=9$

원 $x^2+y^2-2x+6y+1=0$, 즉 $(x-1)^2+(y+3)^2=9$의 중심의 좌표는 $(1, -3)$이다.

원의 중심 $(1, -3)$을 점 $(2, 1)$에 대하여 대칭이동한 점의 좌표를 (a, b)라 할 때, 점 $(2, 1)$은 두 점 $(1, -3)$, (a, b)를 이은 선분의 중점이다.

두 점 $(1, -3)$, (a, b)를 이은 선분의 중점의 좌표를 구하면

$\left(\frac{1+a}{2}, \frac{-3+b}{2}\right)$

이 점이 점 $(2, 1)$과 일치하므로

$\frac{1+a}{2}=2, \frac{-3+b}{2}=1$

$\therefore a=3, b=5$

따라서 대칭이동한 원은 중심의 좌표가 $(3, 5)$이고 반지름의 길이가 3이므로 구하는 원의 방정식은

$(x-3)^2+(y-5)^2=9$

필수 예제 6 답 $(5, 2)$

점 P$(1, 4)$를 직선 $2x-y-3=0$에 대하여 대칭이동한 점을 Q(a, b)라 하자.

선분 PQ의 중점 $\left(\frac{1+a}{2}, \frac{4+b}{2}\right)$가 직선 $2x-y-3=0$ 위에 있으므로

$2\times\frac{1+a}{2}-\frac{4+b}{2}-3=0$

$\therefore 2a-b-8=0$ ...... ㉠

또한, 직선 PQ와 직선 $2x-y-3=0$은 서로 수직이므로 ($y=2x-3$에서 기울기가 2)

$\frac{b-4}{a-1}\times 2=-1$

$\therefore a+2b-9=0$ ...... ㉡

㉠, ㉡을 연립하여 풀면 $a=5, b=2$

따라서 구하는 점의 좌표는 $(5, 2)$이다.

6-1 답 -5

점 P$(2, 5)$를 직선 $y=-2x-1$에 대하여 대칭이동한 점 Q(a, b)에 대하여 선분 PQ의 중점 $\left(\frac{2+a}{2}, \frac{5+b}{2}\right)$가 직선 $y=-2x-1$ 위에 있으므로

$\frac{5+b}{2}=-2\times\frac{2+a}{2}-1$

$\therefore 2a+b+11=0$ ...... ㉠

또한, 직선 PQ와 직선 $y=-2x-1$은 서로 수직이므로

$\frac{b-5}{a-2}\times(-2)=-1$

$\therefore a-2b+8=0$ ...... ㉡

㉠, ㉡을 연립하여 풀면 $a=-6, b=1$

$\therefore a+b=-6+1=-5$

6-2 답 $4\sqrt{5}$

점 A$(2, -3)$을 y축에 대하여 대칭이동한 점 B의 좌표는 $(-2, -3)$

점 A$(2, -3)$을 직선 $x+y-3=0$에 대하여 대칭이동한 점 C의 좌표를 (a, b)라 하자. ($y=-x+3$에서 기울기가 -1)

선분 AC의 중점 $\left(\frac{2+a}{2}, \frac{-3+b}{2}\right)$가 직선 $x+y-3=0$ 위에 있으므로

$\frac{2+a}{2}+\frac{-3+b}{2}-3=0$

$\therefore a+b-7=0$ ...... ㉡

또한, 직선 AC와 직선 $x+y-3=0$은 서로 수직이므로

$\frac{b-(-3)}{a-2}\times(-1)=-1$

$\therefore a-b-5=0$ ...... ㉢

㉡, ㉢을 연립하여 풀면 $a=6, b=1$

따라서 점 B$(-2, -3)$과 C$(6, 1)$을 이은 선분 BC의 길이는

$\overline{BC}=\sqrt{\{6-(-2)\}^2+\{1-(-3)\}^2}=4\sqrt{5}$

실전 문제로 단원 마무리 • 본문 048~049쪽

01 $\sqrt{13}$	**02** -7	**03** 3	**04** $5\sqrt{2}$
05 5	**06** 3	**07** 16	**08** -1
09 4	**10** 7		

01

점 P$(-2, -1)$을 x축의 방향으로 -2만큼, y축의 방향으로 3만큼 평행이동한 점 P′의 좌표를 구하면

$(-2-2, -1+3)$ $\quad\therefore$ P′$(-4, 2)$

$\therefore \overline{PP'}=\sqrt{\{-4-(-2)\}^2+\{2-(-1)\}^2}=\sqrt{13}$

02

직선 $3x+y-5=0$을 x축의 방향으로 1만큼, y축의 방향으로 n만큼 평행이동한 직선의 방정식을 구하기 위하여 직선의 방정식 $3x+y-5=0$에 x 대신 $x-1$을, y 대신 $y-n$을 대입하면

$3(x-1)+(y-n)-5=0$

$\therefore 3x+y-8-n=0$

이 직선이 직선 $3x+y-1=0$과 일치하므로

$-8-n=-1 \qquad \therefore n=-7$

03

[방법 1] 포물선의 평행이동

주어진 포물선의 방정식 $y=x^2+4x-5$에 x 대신 $x+3$을, y 대신 $y-1$을 대입하면

$y-1=(x+3)^2+4(x+3)-5$

$\therefore y=x^2+10x+17$

$\quad =(x+5)^2-8$

따라서 포물선 $y=(x+5)^2-8$의 꼭짓점의 좌표는 $(-5, -8)$이고, 주어진 조건에서 평행이동된 포물선의 꼭짓점의 좌표는 (a, b)이므로

$a=-5$, $b=-8$

$\therefore a-b=-5-(-8)=3$

[방법 2] 포물선의 꼭짓점의 평행이동

포물선 $y=x^2+4x-5$, 즉 $y=(x+2)^2-9$의 꼭짓점의 좌표는 $(-2, -9)$이다.

이 점을 x축의 방향으로 -3만큼, y축의 방향으로 1만큼 평행이동한 점의 좌표는

$(-2-3, -9+1) \qquad \therefore (-5, -8)$

주어진 조건에서 평행이동된 포물선의 꼭짓점의 좌표는 (a, b)이므로

$a=-5$, $b=-8$

$\therefore a-b=-5-(-8)=3$

04

점 B(3, 5)를 직선 $y=x$에 대하여 대칭이동한 점을 B′이라 하면

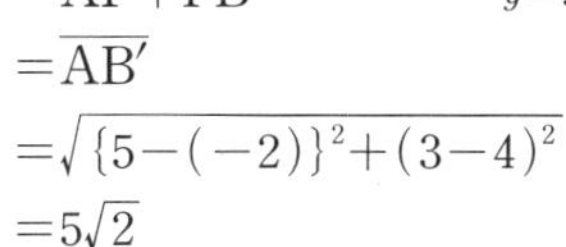

B′(5, 3)

이때 $\overline{BP}=\overline{PB'}$이므로

$\overline{AP}+\overline{BP}=\overline{AP}+\overline{PB'}$

$=\overline{AB'}$

$=\sqrt{\{5-(-2)\}^2+(3-4)^2}$

$=5\sqrt{2}$

따라서 $\overline{AP}+\overline{BP}$의 최솟값은 $5\sqrt{2}$이다.

05

점 A(2, a)를 x축에 대하여 대칭이동한 점 B는

B(2, $-a$)

점 A(2, a)를 y축에 대하여 대칭이동한 점 C는

C(-2, a)

점 A(2, a)를 원점에 대하여 대칭이동한 점 D는

D(-2, $-a$)

$a>0$이므로 오른쪽 그림과 같은 직사각형 ACDB에서

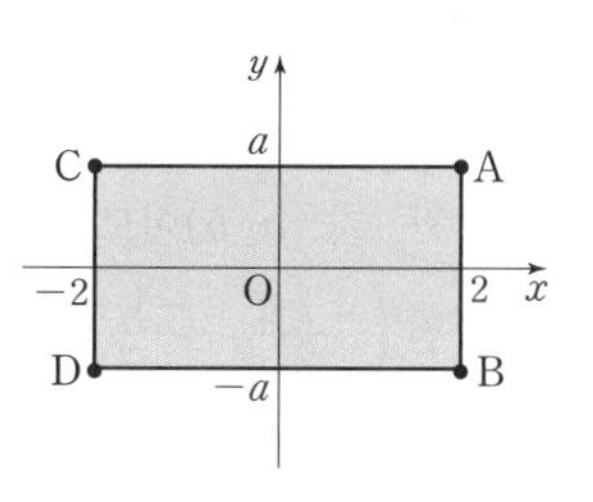

$\overline{AB}=|a-(-a)|=2a$

$\overline{DB}=|2-(-2)|=4$

이때 사각형 ACDB의 넓이는 40이므로

$\overline{AB}\times\overline{DB}=2a\times 4=40$

$\therefore a=5$

06

포물선 $y=x^2+1$을 x축에 대하여 대칭이동한 포물선의 방정식을 구하기 위하여 포물선의 방정식 $y=x^2+1$에 y 대신 $-y$를 대입하면

$-y=x^2+1 \qquad \therefore y=-x^2-1$

포물선 $y=x^2-1$을 y축의 방향으로 k만큼 평행이동한 포물선의 방정식을 구하기 위하여 y 대신 $y-k$를 대입하면

$y-k=-x^2-1 \qquad \therefore y=-x^2+k-1$

이 포물선이 y축과 점 (0, 2)에서 만나므로

$2=0+k-1$

$\therefore k=3$

07

주어진 원은 점 (4, -5)를 중심으로 하고 x축에 접하므로 원의 반지름의 길이는 원의 중심의 y좌표의 절댓값이다.

즉, 주어진 원의 방정식은 $(x-4)^2+(y+5)^2=25$이다.

이 원의 중심 (4, -5)를 점 (2, 3)에 대하여 대칭이동한 점을 (a, b)라 할 때, 점 (2, 3)은 두 점 (4, -5), (a, b)를 이은 선분의 중점이다.

두 점 (4, -5), (a, b)를 이은 선분의 중점의 좌표를 구하면

$\left(\frac{4+a}{2}, \frac{-5+b}{2}\right)$

이 점이 점 (2, 3)과 일치하므로

$\frac{4+a}{2}=2$, $\frac{-5+b}{2}=3$

$\therefore a=0$, $b=11 \qquad \therefore (0, 11)$

즉, 대칭이동한 원은 중심의 좌표가 (0, 11)이고 반지름의 길이가 5이므로 구하는 원의 방정식은

$x^2+(y-11)^2=25$

이 원의 방정식이 $(x-p)^2+(y-q)^2=R^2$과 일치하므로

$p=0$, $q=11$, $R^2=25$

따라서 $p=0$, $q=11$, $R=5$ ($\because R>0$)이므로

$p+q+R=0+11+5=16$

플러스 강의

x축에 접하는 원은

(반지름의 길이)$=|$(중심의 y좌표)$|$

y축에 접하는 원은

(반지름의 길이)$=|$(중심의 x좌표)$|$

임을 이용하여 원의 반지름의 길이를 구할 수 있다.

08

원 $x^2+y^2-8x+2y-8=0$, 즉 $(x-4)^2+(y+1)^2=25$의 중심의 좌표는 $(4,\ -1)$이다.
원의 중심 $(4,\ -1)$을 직선 $y=2x+1$에 대하여 대칭이동한 점의 좌표가 $(a,\ b)$이므로 두 점 $(4,\ -1)$, $(a,\ b)$를 이은 선분의 중점 $\left(\frac{4+a}{2},\ \frac{-1+b}{2}\right)$는 직선 $y=2x+1$ 위에 있다.

즉, $\frac{-1+b}{2}=2\times\frac{4+a}{2}+1$

$\therefore\ 2a-b+11=0$ ⋯⋯ ㉠

또한, 두 점 $(4,\ -1)$, $(a,\ b)$를 지나는 직선과 직선 $y=2x+1$은 서로 수직이므로

$\frac{b-(-1)}{a-4}\times2=-1$

$\therefore\ a+2b-2=0$ ⋯⋯ ㉡

㉠, ㉡을 연립하여 풀면

$a=-4,\ b=3$

$\therefore\ a+b=-4+3=-1$

09

직선 $3x+4y+17=0$을 x축의 방향으로 n만큼 평행이동한 직선의 방정식을 구하기 위하여 직선의 방정식 $3x+4y+17=0$에 x 대신 $x-n$을 대입하면

$3(x-n)+4y+17=0$

$\therefore\ 3x+4y+17-3n=0$

직선 $3x+4y+17-3n=0$이 원 $x^2+y^2=1$에 접하므로 직선과 원의 중심 사이의 거리는 원의 반지름의 길이와 같다.
즉, 직선 $3x+4y+17-3n=0$과 원 $x^2+y^2=1$의 중심 $(0,\ 0)$ 사이의 거리는

$\frac{|17-3n|}{\sqrt{3^2+4^2}}=\frac{|17-3n|}{5}$

원 $x^2+y^2=1$의 반지름의 길이는 1이므로

$\frac{|17-3n|}{5}=1,\ |17-3n|=5$

즉, $17-3n=\pm5$이므로

$n=\frac{22}{3}$ 또는 $n=4$

따라서 자연수 n의 값은 4이다.

10

$\overline{BP}=3$이므로 점 P는 중심이 B이고 반지름의 길이가 3인 원 위에 있다.
점 $A(-3,\ 2)$를 x축에 대하여 대칭이동한 점을 A'이라 하면 점 A'의 좌표는 $(-3,\ -2)$이다.

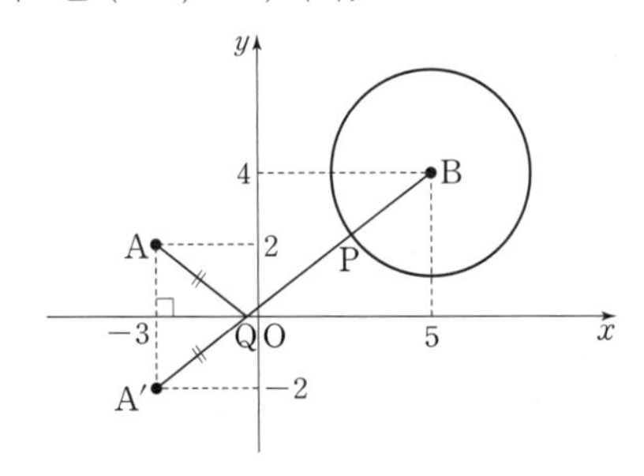

이때 앞의 그림과 같이 $\overline{AQ}=\overline{A'Q}$이므로 $\overline{AQ}+\overline{QP}$의 최솟값은 네 점 A′, Q, P, B가 한 직선 위에 있을 때의 선분 A′B의 길이에서 선분 BP의 길이를 뺀 것과 같다.
따라서 $\overline{AQ}+\overline{QP}+\overline{PB}=\overline{A'Q}+\overline{QP}+\overline{PB}\ge\overline{A'B}$이므로

$\overline{AQ}+\overline{QP}\ge\overline{A'B}-\overline{BP}$

$=\sqrt{\{5-(-3)\}^2+\{4-(-2)\}^2}-3$

$=10-3=7$

개념으로 단원 마무리

• 본문 050쪽

1 답 (1) $+,\ +$ (2) $-,\ -$ (3) $-y,\ -x,\ -x,\ -y,\ y,\ x$
(4) 중점, 수직, -1

2 답 (1) × (2) ○ (3) ○ (4) × (5) ○ (6) ○ (7) ×

(1) 점 $(x,\ y)$를 x축의 방향으로 a만큼 평행이동하면 점 $(x+a,\ y)$이다.

(4) 직선 위의 점을 그 직선에 대하여 대칭이동한 점은 자기 자신이다. 즉 점 $(1,\ 1)$을 직선 $y=x$에 대하여 대칭이동한 점의 좌표는 $(1,\ 1)$이다.

(7) 좌표평면 위의 점 $(x,\ y)$를 직선 $y=x$에 대하여 대칭이동하면 점 $(x,\ y)$의 x좌표, y좌표가 서로 바뀐다.

05 집합의 뜻과 표현

교과서 개념 확인하기

본문 053쪽

1 답 (1) 1, 2 (2) 1, 3, 5, 7, 9

2 답 (1) $\in$ (2) $\notin$

3 답 (1) $A=\{1, 2, 3, 4, 5\}$
(2) $A=\{x|x$는 6 미만인 자연수$\}$
(3)

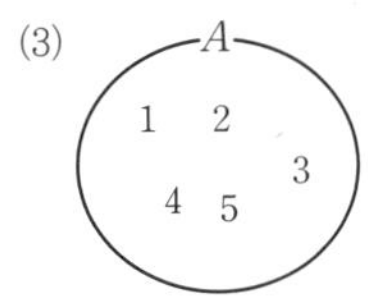

4 답 (1) 유 (2) 무
(2) $\{3, 6, 9, \cdots\}$이므로 무한집합이다.

5 답 (1) $n(A)=4$ (2) $n(B)=4$ (3) $n(C)=0$
(1) 집합 A의 원소는 1, 2, 3, 4로 4개이므로 $n(A)=4$이다.
(2) 집합 B의 원소는 1, 2, 3, 6으로 4개이므로 $n(B)=4$이다.
(3) $0<x<1$을 만족시키는 자연수는 없다.
따라서 집합 C의 원소는 없으므로 $n(C)=0$이다.

6 답 (1) $\subset$, $\not\subset$ (2) $\not\subset$, $\subset$
(2) $A=\{1, 2, 4\}$, $B=\{1, 2\}$이므로 $A\not\subset B$, $B\subset A$이다.

7 답 (1) $=$ (2) $\neq$
(1) $A=\{1, 2, 3\}$, $B=\{1, 2, 3\}$이므로 $A=B$이다.
(2) $A=\{1, 3, 5\}$, $B=\{1\}$이므로 $A\neq B$이다.

교과서 예제로 개념 익히기

• 본문 054~057쪽

필수 예제 1 답 집합: (1), (3) (1) 1, 3, 9 (3) 4, 8, 12, 16
(1) 9의 약수의 모임은 그 대상이 1, 3, 9로 분명하므로 집합이다. 이때 이 집합의 원소는 1, 3, 9이다.
(2), (4) '가까운', '아름다운'은 기준이 명확하지 않아 대상을 분명하게 정할 수 없으므로 집합이 아니다.
(3) 20보다 작은 4의 배수의 모임은 그 대상이 4, 8, 12, 16으로 분명하므로 집합이다. 이때 이 집합의 원소는 4, 8, 12, 16이다.

1-1 답 집합: (1), (4) (1) 1, 2, 3, 4, 5 (4) 1, 2
(1) 5 이하의 자연수의 모임은 그 대상이 1, 2, 3, 4, 5로 분명하므로 집합이다. 이때 이 집합의 원소는 1, 2, 3, 4, 5이다.
(2), (3) '유명한', '큰'은 기준이 명확하지 않아 대상을 분명하게 정할 수 없으므로 집합이 아니다.
(4) 이차방정식 $x^2-3x+2=0$에서
$(x-1)(x-2)=0$ $\quad\therefore x=1$ 또는 $x=2$
이차방정식 $x^2-3x+2=0$의 해의 모임은 그 대상이 1, 2로 분명하므로 집합이다. 이때 이 집합의 원소는 1, 2이다.

1-2 답 ⑤
18의 약수의 집합 A는 $A=\{1, 2, 3, 6, 9, 18\}$이므로
①, ③, ⑤ 1, 6, 18은 집합 A의 원소이므로
$1\in A$, $6\in A$, $18\in A$
②, ④ 4, 10은 집합 A의 원소가 아니므로
$4\notin A$, $10\notin A$
따라서 옳지 않은 것은 ⑤이다.

1-3 답 $\{-2, -1, 0, 1, 2, 4\}$
집합 A의 원소 a와 b의 합 $a+b$를 표를 이용하여 구하면 오른쪽과 같다.
따라서 집합 X를 구하면
$X=\{-2, -1, 0, 1, 2, 4\}$

$+$	-1	0	2
-1	-2	-1	1
0	-1	0	2
2	1	2	4

필수 예제 2 답 ④
① 공집합 $\varnothing$은 원소가 하나도 없는 집합이므로
$n(\varnothing)=0$
② 집합 $\{3\}$의 원소는 1개이므로 $n(\{3\})=1$
③ 집합 $\{\varnothing\}$의 원소는 $\varnothing$로 1개이므로 $n(\{\varnothing\})=1$
④ 집합 $\{5, 6, 7\}$의 원소는 3개이므로 $n(\{5, 6, 7\})=3$
집합 $\{5, 6\}$의 원소는 2개이므로 $n(\{5, 6\})=2$
$\therefore n(\{5, 6, 7\})-n(\{5, 6\})=3-2=1$
⑤ 7 이하의 소수는 2, 3, 5, 7이므로 집합 A의 원소는 4개이다.
$\therefore n(A)=4$
따라서 옳지 않은 것은 ④이다.

2-1 답 ①, ⑤
① 집합 $\{\{1\}, 3\}$의 원소는 $\{1\}$, 3으로 2개이므로
$\{\{1\}, 3\}=2$
② 집합 $\{\varnothing, 1\}$의 원소는 $\varnothing$, 1로 2개이므로 $n(\{\varnothing\})=2$
③ 집합 $\{0\}$의 원소는 1개이므로 $n(\{0\})=1$
④ 두 집합 $\{0\}$, $\{1\}$의 원소는 모두 1개이므로
$n(\{0\})=1$, $n(\{1\})=1$
$\therefore n(\{0\})=n(\{1\})$
⑤ 집합 $A=\{1, 2, 3, 4, 5\}$의 원소는 5개이므로 $n(A)=5$
16의 약수는 1, 2, 4, 8, 16이므로 $n(B)=5$
$\therefore n(A)=n(B)$
따라서 옳은 것은 ①, ⑤이다.

2-2 답 5
집합 A의 $|x|<2$에서 $-2<x<2$
이때 x는 정수이므로
$A=\{-1, 0, 1\}$ $\quad\therefore n(A)=3$
집합 B에서 10보다 작은 두 자리의 자연수는 없으므로
$n(B)=0$
$C=\{1, 3\}$이므로 $n(C)=2$
$\therefore n(A)+n(B)+n(C)=3+0+2=5$

2-3 답 ④

$A=\{2, 3, 5, 7\}$이므로 $n(A)=4$

주어진 조건에서 $n(A)=n(B)$이므로 $n(B)=4$

즉, 집합 B의 원소는 4개이어야 하므로 약수의 개수가 4인 자연수를 주어진 보기에서 확인한다.

① $a=4$이면 1, 2, 4로 약수가 3개이다.

② $a=7$이면 1, 7로 약수가 2개이다.

③ $a=9$이면 1, 3, 9로 약수가 3개이다.

④ $a=10$이면 1, 2, 5, 10으로 약수가 4개이다.

⑤ $a=12$이면 1, 2, 3, 4, 6, 12로 약수가 6개이다.

따라서 집합 $B=\{x|x$는 a의 약수$\}$에 대하여 $n(B)=4$를 만족시키는 a의 값이 될 수 있는 것은 ④ 10이다.

필수 예제 3 답 ③, ⑤

① d는 집합 A의 원소가 아니므로 $d \notin A$이다.

② a는 집합 A의 원소이므로 $a \in A$이다.

③ $\{a, b\}$는 집합 A의 부분집합이므로 $\{a, b\} \subset A$이다.

④ $\{a, c\}$는 집합 A의 부분집합이므로 $\{a, c\} \subset A$이다.

⑤ $A=\{a, b, c\}$이고, 모든 집합은 자기 자신의 부분집합이므로 $\{a, b, c\} \subset A$이다.

따라서 옳은 것은 ③, ⑤이다.

3-1 답 ③

① 0은 집합 A의 원소이므로 $0 \in A$이다.

② 공집합은 모든 집합의 부분집합이므로 $\varnothing \subset A$이다.

③ $\{0\}$은 집합 A의 부분집합이므로 $\{0\} \subset A$이다.

④ $\{0, 1\}$은 집합 A의 부분집합이므로 $\{0, 1\} \subset A$이다.

⑤ $A=\{0, 1, 2\}$이고, 모든 집합은 자기 자신의 부분집합이므로 $\{0, 1, 2\} \subset A$이다.

따라서 옳지 않은 것은 ③이다.

3-2 답 ③, ⑤

①, ② $\varnothing$은 집합 A의 원소이므로 $\varnothing \in A$, $\{\varnothing\} \subset A$이다.

③ 2는 집합 A의 원소이므로 $2 \in A$, $\{2\} \subset A$이다.

④, ⑤ $\{1, 2\}$는 집합 A의 원소이므로
$\{1, 2\} \in A$, $\{\{1, 2\}\} \subset A$이다.

따라서 옳지 않은 것은 ③, ⑤이다.

필수 예제 4 답 5

$2 \in A$이므로 $A \subset B$이려면 $2 \in B$이어야 한다.

$2 \in B$에서 $a-3=2$ 또는 $4a-6=2$

$\therefore a=5$ 또는 $a=2$

(i) $a=5$일 때, 두 집합 A, B는
$A=\{2, 9\}$, $B=\{2, 9, 14\}$ $\quad \therefore A \subset B$

(ii) $a=2$일 때, 두 집합 A, B는
$A=\{2, 3\}$, $B=\{-1, 2, 9\}$ $\quad \therefore A \not\subset B$

(i), (ii)에서 $a=5$

4-1 답 6

$3 \in A$이므로 $A \subset B$이려면 $3 \in B$이어야 한다.

$3 \in B$에서 $a-2=3$ 또는 $2a-9=3$

$\therefore a=5$ 또는 $a=6$

(i) $a=5$일 때, 두 집합 A, B는
$A=\{3, 6\}$, $B=\{1, 3, 7\}$ $\quad \therefore A \not\subset B$

(ii) $a=6$일 때, 두 집합 A, B는
$A=\{3, 7\}$, $B=\{3, 4, 7\}$ $\quad \therefore A \subset B$

(i), (ii)에서 $a=6$

4-2 답 9

$3 \in B$이므로 $A=B$이려면 $3 \in A$이어야 한다.

$3 \in A$에서 $a-1=3$ $\quad \therefore a=4$

$a=4$일 때, 두 집합 A, B는

$A=\{1, 3, 4\}$, $B=\{1, 3, b-1\}$

$A=B$이려면 $4 \in B$이어야 하므로

$b-1=4$ $\quad \therefore b=5$

$\therefore a+b=4+5=9$

필수 예제 5 답 8

구하는 부분집합의 개수는 집합 A에서 1, 4, 5를 제외한 집합 $\{2, 3, 6\}$의 부분집합의 개수와 같으므로

$2^{6-3}=2^3=8$

5-1 답 8

구하는 부분집합의 개수는 집합 A에서 a, c, e, f를 제외한 집합 $\{b, d, g\}$의 부분집합의 개수와 같으므로

$2^{7-4}=2^3=8$

5-2 답 16

구하는 부분집합의 개수는 집합 S에서 1, 2, 5를 제외한 집합 $\{3, 4, 6, 7\}$의 부분집합의 개수와 같으므로

$2^{7-3}=2^4=16$

5-3 답 4

$A \subset X \subset B$를 만족시키는 집합 X의 개수는 집합 B의 부분집합 중에서 집합 A의 원소 2, 3, 5를 반드시 원소로 갖는 부분집합의 개수와 같으므로

$2^{5-3}=2^2=4$

플러스 강의

$A \subset X \subset B$를 만족시키는 집합 X의 개수는 집합 B의 부분집합 중에서 집합 A의 모든 원소를 반드시 원소로 갖는 부분집합의 개수와 같다.
즉, $n(A)=p$, $n(B)=q$ $(p<q)$일 때, $A \subset X \subset B$를 만족시키는 집합 X의 개수는 2^{q-p}이다.

실전 문제로 단원 마무리

• 본문 058~059쪽

01 ①, ⑤	**02** ④	**03** ㄴ, ㅁ	**04** 6
05 ④	**06** 5	**07** 64	**08** 32
09 3	**10** 48		

01

①, ⑤ '착한', '아름다운'은 기준이 명확하지 않아 대상을 분명하게 정할 수 없으므로 집합이 아니다.

② 태양계 행성의 모임은 그 대상이 수성, 금성, 지구, 화성, 목성, 토성, 천왕성, 해왕성으로 분명하므로 집합이다.
③ 우리 학교에서 키가 가장 큰 학생의 모임은 그 대상이 1명으로 분명하므로 집합이다.
④ 3보다 큰 자연수의 모임은 그 대상이 4, 5, 6, …으로 분명하므로 집합이다.
따라서 집합인 것은 ①, ⑤이다.

02

각 집합의 원소를 구하면
① 집합 $\{1, 2, 3, \cdots, 9\}$의 원소는 1, 2, 3, …, 9이다.
② 한 자리의 자연수는 1, 2, 3, …, 9이다.
③ $0<x<10$을 만족시키는 정수 x는 1, 2, 3, …, 9이다.
④ 9 이하의 정수는 …, -2, -1, 0, 1, 2, …, 8, 9이다.
⑤ 10보다 작은 자연수는 1, 2, 3, …, 9이다.
따라서 나머지 넷과 다른 하나는 ④이다.

03

ㄱ. 집합 $\{0, 1, 2, 3\}$의 원소는 4개이므로
$n(\{0, 1, 2, 3\})=4$
ㄴ. 공집합 $\varnothing$은 원소가 없으므로 $n(\varnothing)=0$
ㄷ. 3의 약수는 1, 3이므로 집합 $\{1, 3\}$의 원소는 2개이다.
$\therefore n(\{1, 3\})=2$
ㄹ. 집합 $\{1, 2, 3\}$의 원소는 3개이므로 $n(\{1, 2, 3\})=3$
집합 $\{\varnothing\}$의 원소는 1개이므로 $n(\{\varnothing\})=1$
$\therefore n(\{1, 2, 3\})-n(\{\varnothing\})=3-1=2$
ㅁ. 집합 $\{0\}$의 원소는 1개이므로 $n(\{0\})=1$
따라서 옳은 것은 ㄴ, ㅁ이다.

04

집합 A에서 8의 약수는 1, 2, 4, 8이므로
$A=\{1, 2, 4, 8\}$ $\quad \therefore n(A)=4$
집합 B에서 $1\le x\le 15$를 만족시키는 소수 x는 2, 3, 5, 7, 11, 13이므로
$B=\{2, 3, 5, 7, 11, 13\}$ $\quad \therefore n(B)=6$
집합 C의 $x^2-x-6<0$에서
$(x+2)(x-3)<0$ $\quad \therefore -2<x<3$
$-2<x<3$을 만족시키는 정수 x는 -1, 0, 1, 2이므로
$C=\{-1, 0, 1, 2\}$ $\quad \therefore n(C)=4$
$\therefore n(A)+n(B)-n(C)=4+6-4=6$

05

① $\varnothing$은 집합 A의 원소이므로 $\varnothing\in A$이다.
② $\{1, 2\}$는 집합 A의 원소이므로 $\{1, 2\}\in A$이다.
③ $\varnothing\in A$, $0\in A$이므로 $\{\varnothing, 0\}$은 집합 A의 부분집합이다.
즉, $\{\varnothing, 0\}\subset A$이다.
④ $\{1, 2\}$는 집합 A의 원소이지만 2는 집합 A의 원소가 아니므로 $2\notin A$이다.
⑤ $\{1, 2\}\in A$, $3\in A$이므로 $\{\{1, 2\}, 3\}$은 집합 A의 부분집합이다.
즉, $\{\{1, 2\}, 3\}\subset A$이다.
따라서 옳지 않은 것은 ④이다.

06

$A\subset B$이고 $B\subset A$이면 $A=B$이므로
$2=b-1$, $a^2-a+2=4$
$2=b-1$에서 $b=3$
$a^2-a+2=4$에서 $a^2-a-2=0$
$(a+1)(a-2)=0$
$\therefore a=-1$ 또는 $a=2$
이때 $a>0$이므로 $a=2$
$\therefore a+b=2+3=5$

07

집합 A에서 $1\le x\le 10$을 만족시키는 자연수 x는
1, 2, 3, …, 10이므로
$A=\{1, 2, 3, \cdots, 10\}$
집합 A의 부분집합 중에서 6의 약수인 1, 2, 3, 6을 원소로 갖는 집합의 개수는 집합 A에서 1, 2, 3, 6을 제외한 집합
$\{4, 5, 7, 8, 9, 10\}$의 부분집합의 개수와 같으므로
$2^{10-4}=2^6=64$

08

집합 A의 $x^2-7x+10=0$에서
$(x-2)(x-5)=0$ $\quad \therefore x=2$ 또는 $x=5$
$\therefore A=\{2, 5\}$
집합 B의 $x^2-6x\le 0$에서
$x(x-6)\le 0$ $\quad \therefore 0\le x\le 6$
이때 x는 정수이므로
$B=\{0, 1, 2, 3, 4, 5, 6\}$
따라서 $A\subset X\subset B$를 만족시키는 집합 X의 개수는 집합 B의 부분집합 중에서 집합 A의 원소 2, 5를 반드시 원소로 갖는 부분집합의 개수와 같으므로
$2^{7-2}=2^5=32$

09

자연수 n에 대하여 i^n의 값은
i, $\quad i^2=-1$, $i^3=-i$, $i^4=1$,
$i^5=i$, $i^6=-1$, $i^7=-i$, $i^8=1$, …
과 같이 i, -1, $-i$, 1이 이 순서로 반복되어 나타나므로 집합 A의 원소는 i, -1, $-i$, 1이다.
$\therefore A=\{i, -1, -i, 1\}$
이때 집합 B에서 $z\in A$이면
$z^2=1$ 또는 $z^2=-1$이므로
집합 $B=\{z_1^2+z_2^2 | z_1\in A, z_2\in A\}$의 원소를 오른쪽 표를 이용하여 구하면

+	-1	1
-1	-2	0
1	0	2

$B=\{-2, 0, 2\}$
따라서 집합 B의 원소의 개수는 3이다.

플러스 강의

자연수 n에 대하여 i^n의 값은 i, -1, $-i$, 1이 이 순서로 반복되어 나타나므로 i의 거듭제곱은 다음과 같은 규칙으로 나타난다.
$$i^{4k+1}=i,\ i^{4k+2}=-1,\ i^{4k+3}=-i,\ i^{4k+4}=1$$
(단, k는 음이 아닌 정수)

10

집합 A_{25}를 구하면

$A_{25}=\{x|x$는 $\sqrt{25}$ 이하의 홀수$\}$

$=\{x|x$는 5 이하의 홀수$\}$

$=\{1, 3, 5\}$

즉, A_n의 임의의 원소 x가

1 이하 또는 2 이하 또는 3 이하 또는 4 이하 또는 5 이하 또는 6 이하 또는 7 미만인 홀수

이면 집합 A_n은 집합 A_{25}의 부분집합이다.

이때 $A_n=\{x|x$는 7 이하의 홀수$\}$이면 집합 A_n은 홀수 7을 포함하므로 집합 A_{25}의 부분집합이 아니다.

즉, $A_n \subset A_{25}$를 만족시키는 A_n은 7 이상의 홀수를 원소로 가질 수 없으므로

$1 \le \sqrt{n} < 7 \quad \therefore 1 \le n < 49$

따라서 자연수 n이 될 수 있는 값은 1, 2, 3, …, 48이므로 n의 최댓값은 48이다.

개념으로 단원 마무리

• 본문 060쪽

1 답 (1) 집합, 원소 (2) 원소나열법, 조건제시법 (3) 공집합, $\varnothing$, $n(A)$ (4) 부분집합, $A \subset B$, 같다, $A=B$ (5) 2^n, 2^n-1, 2^{n-k}

2 답 (1) ○ (2) ○ (3) ○ (4) × (5) × (6) ○ (7) ○

(4) 집합 A가 집합 B의 부분집합이 아닐 때, 기호로 $A \not\subset B$와 같이 나타낸다.

(5) 집합 B가 $A=B$이므로 집합 B는 집합 A의 부분집합이지만 진부분집합은 아니다.

06 집합의 연산

교과서 개념 확인하기

본문 063쪽

1 답 (1) $A \cup B=\{1, 2, 3, 4, 5\}$, $A \cap B=\{1, 2, 3\}$ (2) $A \cup B=\{a, b, c, d, e, f, g\}$, $A \cap B=\{c, f\}$

(1) 집합 A에 속하거나 집합 B에 속하는 원소는 1, 2, 3, 4, 5이므로

$A \cup B=\{1, 2, 3, 4, 5\}$

또한, 집합 A에도 속하고 집합 B에도 속하는 원소는 1, 2, 3이므로

$A \cap B=\{1, 2, 3\}$

(2) 집합 A에 속하거나 집합 B에 속하는 원소는 a, b, c, d, e, f, g이므로

$A \cup B=\{a, b, c, d, e, f, g\}$

또한, 집합 A에도 속하고 집합 B에도 속하는 원소는 c, f이므로

$A \cap B=\{c, f\}$

2 답 (1) 서로소이다. (2) 서로소가 아니다.

(1) $A \cap B=\varnothing$이므로 두 집합 A, B는 서로소이다.

(2) $A \cap B=\{x|1<x<2\}$이므로 두 집합 A, B는 서로소가 아니다.

3 답 (1) $A^C=\{2, 4, 5, 6, 7\}$ (2) $B^C=\{1, 2, 4, 6\}$ (3) $A-B=\{1\}$ (4) $B-A=\{5, 7\}$

(1) 전체집합 U의 원소 중에서 집합 A에 속하지 않는 원소는 2, 4, 5, 6, 7이므로

$A^C=\{2, 4, 5, 6, 7\}$

(2) 전체집합 U의 원소 중에서 집합 B에 속하지 않는 원소는 1, 2, 4, 6이므로

$B^C=\{1, 2, 4, 6\}$

(3) 집합 A에는 속하지만 집합 B에는 속하지 않는 원소는 1이므로

$A-B=\{1\}$

(4) 집합 B에는 속하지만 집합 A에는 속하지 않는 원소는 5, 7이므로

$B-A=\{5, 7\}$

4 답 (1) 25 (2) 4

(1) $n(A \cup B)=n(A)+n(B)-n(A \cap B)$

$=10+20-5=25$

(2) $n(A \cap B)=n(A)+n(B)-n(A \cup B)$

$=14+19-29=4$

5 답 (1) 36 (2) 31 (3) 5 (4) 10

(1) $n(A^C)=n(U)-n(A)=45-9=36$

(2) $n(B^C)=n(U)-n(B)=45-14=31$

(3) $n(A-B)=n(A)-n(A \cap B)=9-4=5$

(4) $n(B-A)=n(B)-n(A \cap B)=14-4=10$

교과서 예제로 개념 익히기

• 본문 064~069쪽

필수 예제 1 답 $\{1, 2, 3, 4\}$

다음 그림과 같이 두 집합 A, B의 공통부분이 있는 벤 다이어그램을 그린 후 각 영역을 (i), (ii), (iii)이라 하자.

$A\cap B=\{1, 4\}$이므로 (ii)에 원소 1, 4를 써넣는다.

$A=\{1, 4, 5, 6\}$이므로 (ii)에 써넣고 남은 원소 5, 6을 (i)에 써넣는다.

이때 $A\cup B=\{1, 2, 3, 4, 5, 6\}$이므로 (i), (ii)에 써넣고 남은 원소 2, 3을 (iii)에 써넣는다.

따라서 구하는 집합 B는 $B=\{1, 2, 3, 4\}$이다.

1-1 답 $\{a, e, f, g, h\}$

오른쪽 그림과 같이 두 집합 A, B의 공통부분이 있는 벤 다이어그램을 그린 후 각 영역을 (i), (ii), (iii)이라 하자.

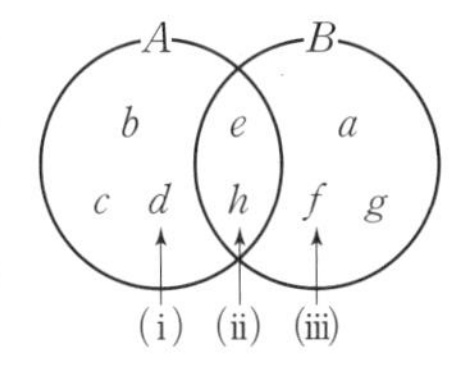

$A\cap B=\{e, h\}$이므로 (ii)에 원소 e, h를 써넣는다.

$A=\{b, c, d, e, h\}$이므로 (ii)에 써넣고 남은 원소 b, c, d를 (i)에 써넣는다.

$A\cup B=\{a, b, c, d, e, f, g, h\}$이므로 (i), (ii)에 써넣고 남은 원소 a, f, g를 (iii)에 써넣는다.

따라서 구하는 집합 B는 $B=\{a, e, f, g, h\}$이다.

1-2 답 (1) $\{1, 2, 3, 4, 6, 8, 10, 12\}$
(2) $\{1, 2, 3, 4, 5, 6, 7, 9, 11, 12\}$

세 집합 A, B, C를 각각 원소나열법으로 나타내면

$A=\{1, 3, 5, 7, 9, 11\}$, $B=\{1, 2, 3, 4, 6, 12\}$,
$C=\{2, 4, 6, 8, 10, 12\}$

(1) $A\cap B=\{1, 3\}$이므로
$(A\cap B)\cup C=\{1, 2, 3, 4, 6, 8, 10, 12\}$

(2) $B\cap C=\{2, 4, 6, 12\}$이므로
$A\cup(B\cap C)=\{1, 2, 3, 4, 5, 6, 7, 9, 11, 12\}$

1-3 답 6

$A\cap B=\{2, 7\}$에서 두 원소 2, 7은 두 집합 A, B에 공통으로 속하는 원소이므로 $7\in A$, $2\in B$이다.

$7\in A$에서 $4a-5=7$, $4a=12$ $\quad\therefore a=3$

$2\in B$에서 $b-1=2$ $\quad\therefore b=3$

$\therefore a+b=3+3=6$

필수 예제 2 답 $\{2, 4, 7\}$

다음 그림과 같이 전체집합과 두 집합 A, B의 공통부분이 있는 벤 다이어그램을 그린 후 각 영역을 (i), (ii), (iii), (iv)라 하자.

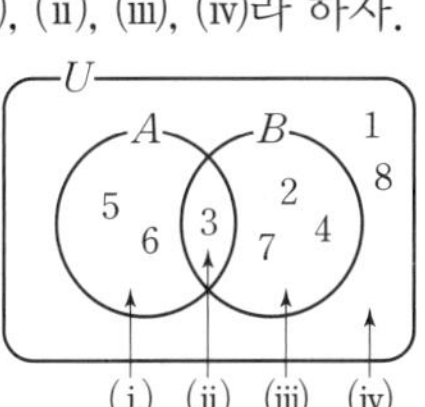

$A\cap B=\{3\}$이므로 (ii)에 원소 3을 써넣는다.

$A\cap B^C=A-B=\{5, 6\}$이므로 (i)에 원소 5, 6을 써넣는다.

$(A\cup B)^C=U-(A\cup B)$
$=\{1, 8\}$

이므로 (iv)에 원소 1, 8을 써넣는다.

$U=\{1, 2, 3, 4, 5, 6, 7, 8\}$이므로 (i), (ii), (iv)에 써넣고 남은 원소 2, 4, 7을 (iii)에 써넣는다.

따라서 구하는 집합 $B-A$는 $\{2, 4, 7\}$이다.

2-1 답 $\{1, 4, 8\}$

다음 그림과 같이 전체집합과 두 집합 A, B의 공통부분이 있는 벤 다이어그램을 그린 후 각 영역을 (i), (ii), (iii), (iv)라 하자.

$A-B=\{4, 8\}$이므로 (i)에 원소 4, 8을 써넣는다.

$B\cap A^C=B-A=\{2, 5, 7\}$이므로 (iii)에 원소 2, 5, 7을 써넣는다.

$(A\cup B)^C=U-(A\cup B)$
$=\{3, 6, 9\}$

이므로 (iv)에 3, 6, 9를 써넣는다.

전체집합 $U=\{x|x$는 10보다 작은 자연수$\}$를 원소나열법으로 나타내면 $U=\{1, 2, 3, 4, 5, 6, 7, 8, 9\}$이므로 (i), (iii), (iv)에 써넣고 남은 원소 1을 (ii)에 써넣는다.

따라서 구하는 집합 A는 $\{1, 4, 8\}$이다.

2-2 답 (1) $\{2, 4\}$ (2) $\{6, 12\}$

전체집합 U와 두 부분집합 A, B를 원소나열법으로 나타내면

$U=\{1, 2, 3, 4, 6, 12\}$, $A=\{2, 4, 6, 12\}$, $B=\{3, 6, 12\}$

(1) $A\cap B^C=A-B=\{2, 4\}$

(2) $A-B^C=A\cap(B^C)^C=A\cap B=\{6, 12\}$

2-3 답 2

두 집합 A, B에서 $a\in(A\cap B)$이고, $A-B=\{0\}$이므로 집합 A에는 속하고 집합 B에는 속하지 않는 원소 중 $a-2$가 0이어야 한다.

즉, $a-2=0$에서 $a=2$

$a=2$일 때, $A=\{0, 2, 5\}$, $B=\{2, 5, 7\}$이므로

$A-B=\{0\}$

따라서 $A-B=\{0\}$을 만족시키므로 상수 a의 값은 2이다.

필수 예제 3 답 ⑤

$A\subset B$를 만족시키는 두 집합 A, B와 전체집합 U를 벤 다이어그램으로 나타내면 오른쪽 그림과 같고, 주어진 보기를 벤 다이어그램 위에 나타내면 다음과 같다.

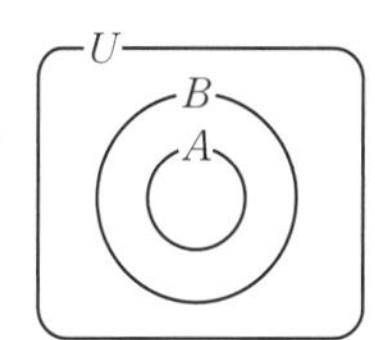

①

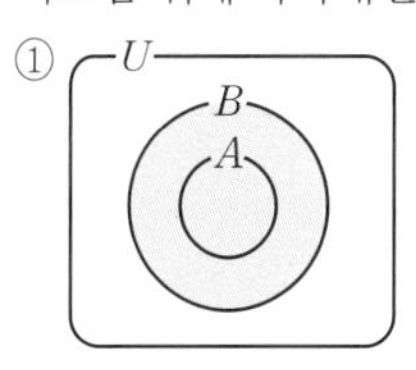

➡ $A\cup B=B$

②

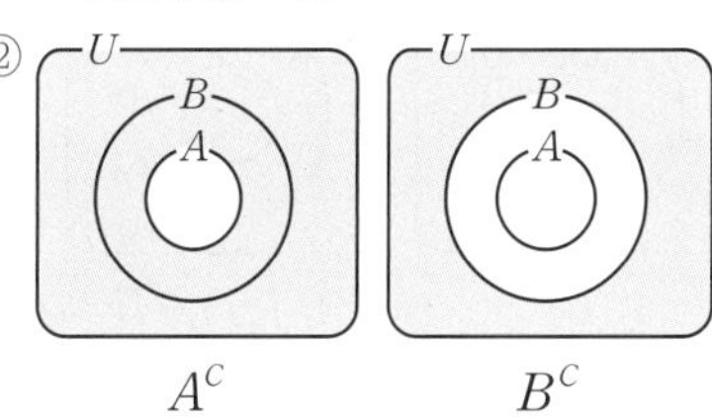

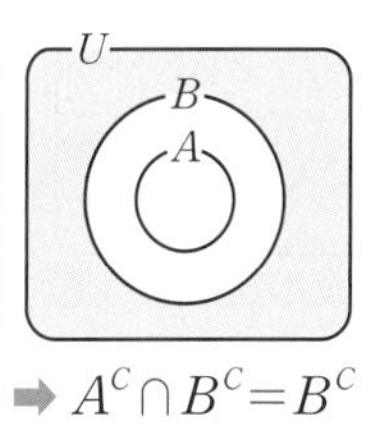

A^C $\quad$ B^C $\quad$ ➡ $A^C\cap B^C=B^C$

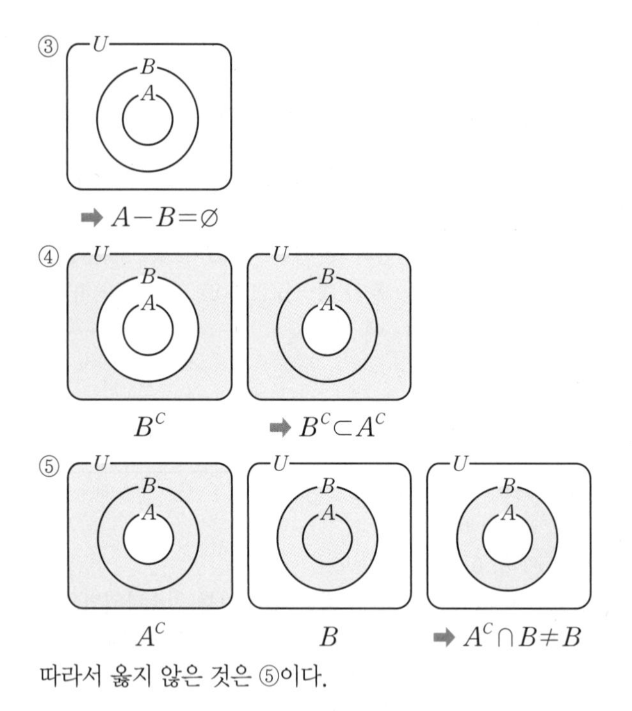

③ ➡ $A-B=\varnothing$

④ B^C ➡ $B^C \subset A^C$

⑤ A^C B ➡ $A^C \cap B \neq B$

따라서 옳지 않은 것은 ⑤이다.

3-1 답 ③, ④

$A \cap B = A$를 만족시키는 두 집합 A, B와 전체집합 U를 벤 다이어그램으로 나타내면 오른쪽 그림과 같고, 주어진 보기를 벤 다이어그램 위에 나타내면 다음과 같다.

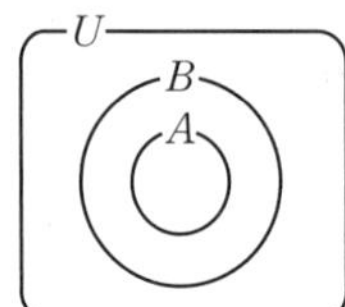

①

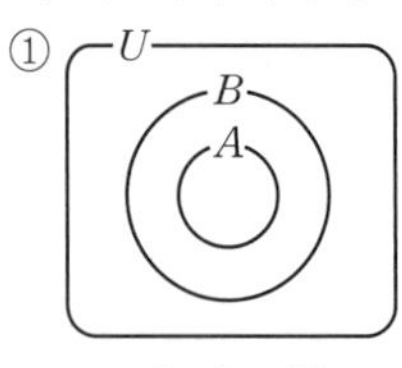

➡ $A \subset B$

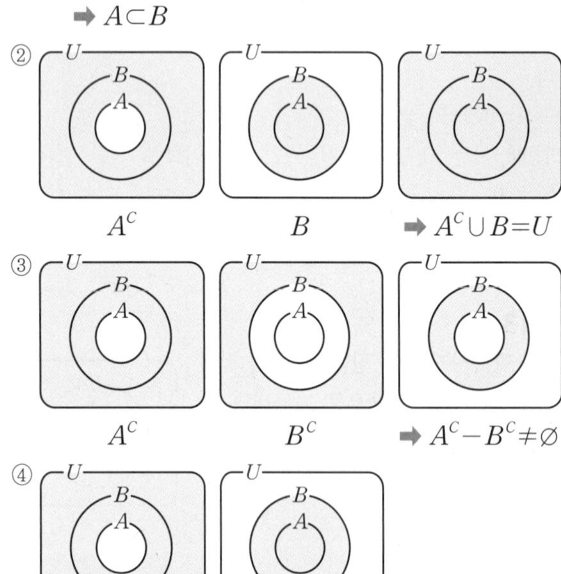

② A^C B ➡ $A^C \cup B = U$

③ A^C B^C ➡ $A^C - B^C \neq \varnothing$

④ A^C ➡ $A^C \not\subset B$

⑤ $A \cup B$ B ➡ $(A \cup B) - B = \varnothing$

따라서 옳지 않은 것은 ③, ④이다.

3-2 답 ③

$A^C \subset B^C$을 만족시키는 집합 A, B와 전체집합 U를 벤 다이어그램으로 나타내면 다음 그림과 같다.

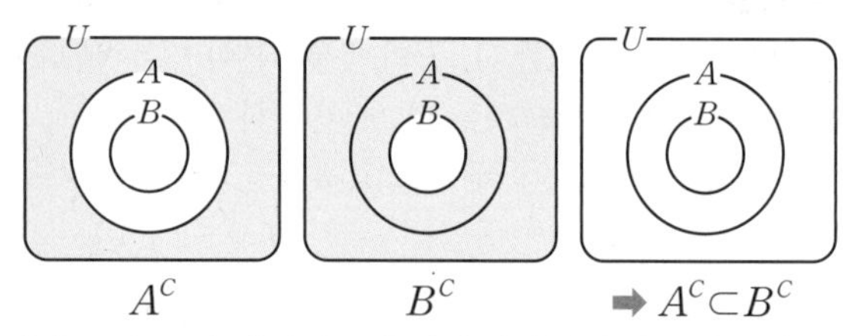

A^C B^C ➡ $A^C \subset B^C$

주어진 보기를 벤 다이어그램 위에 나타내면 다음과 같다.

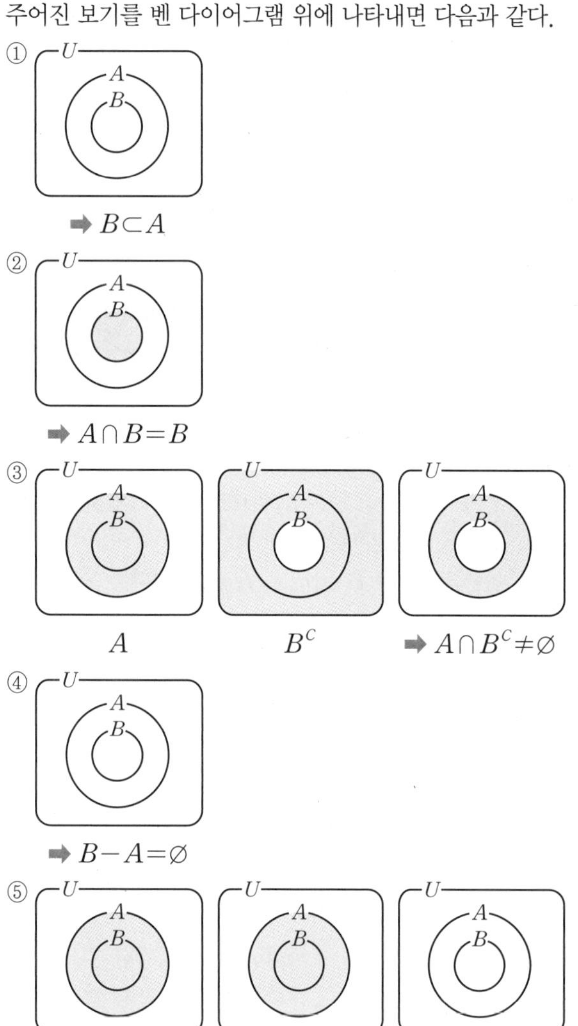

① ➡ $B \subset A$

② ➡ $A \cap B = B$

③ A B^C ➡ $A \cap B^C \neq \varnothing$

④ ➡ $B - A = \varnothing$

⑤ $A \cup B$ A ➡ $(A \cup B) - A = \varnothing$

따라서 옳지 않은 것은 ③이다.

3-3 답 ㄱ, ㄹ

전체집합 U의 두 부분집합 A, B가 서로소이므로 $A \cap B = \varnothing$이다.

$A \cap B = \varnothing$을 만족시키는 집합 A, B와 전체집합 U를 벤 다이어그램으로 나타내면 오른쪽 그림과 같고, 주어진 보기를 벤 다이어그램 위에 나타내면 다음과 같다.

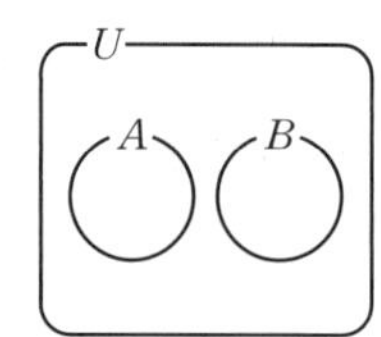

ㄱ.

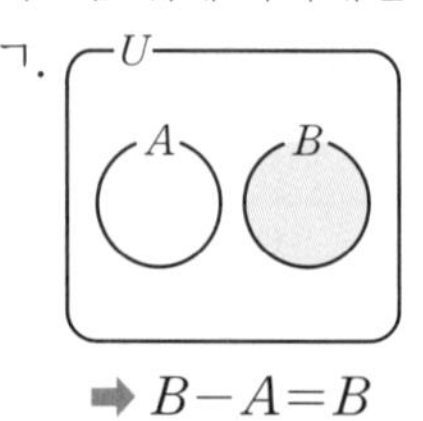

➡ $B - A = B$

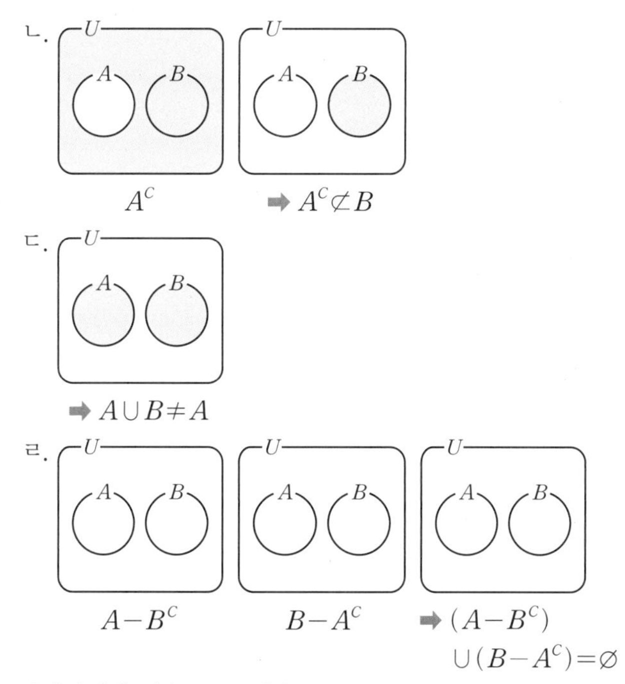

따라서 옳은 것은 ㄱ, ㄹ이다.

필수 예제 4 답 ④

$(A-B)\cap(A-C)$

$=(A\cap B^C)\cap(A\cap C^C)$ ◀ 차집합의 성질

$=A\cap A\cap B^C\cap C^C$ ◀ 교환법칙

$=A\cap(B^C\cap C^C)$ ◀ 교집합의 성질, 결합법칙

$=A\cap(B\cup C)^C$ ◀ 드모르간의 법칙

$=A-(B\cup C)$ ◀ 차집합의 성질

따라서 주어진 집합과 항상 같은 집합은 ④이다.

4-1 답 ④

$(A\cup B)\cap(C-A)^C$

$=(A\cup B)\cap(C\cap A^C)^C$ ◀ 차집합의 성질

$=(A\cup B)\cap(C^C\cup A)$ ◀ 드모르간의 법칙

$=(A\cup B)\cap(A\cup C^C)$ ◀ 교환법칙

$=A\cup(B\cap C^C)$ ◀ 분배법칙

$=A\cup(B-C)$ ◀ 차집합의 성질

따라서 주어진 집합과 항상 같은 집합은 ④이다.

4-2 답 (1) $A\cap B$ (2) $\varnothing$

(1) $A\cap(A^C\cup B)$

$=(A\cap A^C)\cup(A\cap B)$ ◀ 분배법칙

$=\varnothing\cup(A\cap B)$ ◀ 여집합의 성질

$=A\cap B$ ◀ 합집합의 성질

(2) $(A\cup B)\cap(A^C\cap B^C)$

$=(A\cup B)\cap(A\cup B)^C$ ◀ 드모르간의 법칙

$=(A\cup B)-(A\cup B)$ ◀ 차집합의 성질

$=\varnothing$ ◀ 차집합의 성질

4-3 답 $\{2, 4, 10, 20\}$

자연수 전체의 집합의 두 부분집합 A, B를 원소나열법으로 나타내면

$A=\{2, 4, 6, 8, \cdots, 18, 20\}$, $B=\{1, 2, 4, 5, 10, 20\}$

이므로 집합 $\{(A^C\cup B^C)^C\cup(A^C\cup B^C)\}\cap B$를 간단히 하면

$\{(A^C\cup B^C)^C\cup(A^C\cup B^C)\}\cap B$

$=\{(A\cap B)\cup(A\cap B^C)\}\cap B$ ◀ 드모르간의 법칙

$=\{A\cap(B\cup B^C)\}\cap B$ ◀ 분배법칙

$=(A\cap U)\cap B$ ◀ 여집합의 성질

$=A\cap B$ ◀ 교집합의 성질

$=\{2, 4, 10, 20\}$

필수 예제 5 답 ㄴ, ㄹ

$\{(A\cap B^C)\cup(B-A^C)\}\cap B^C=A$의 좌변을 간단히 하면

$[(A\cap B^C)\cup\{B\cap(A^C)^C\}]\cap B^C=A$ ◀ 차집합의 성질

$\{(A\cap B^C)\cup(B\cap A)\}\cap B^C=A$ ◀ 여집합의 성질

$\{(A\cap B^C)\cup(A\cap B)\}\cap B^C=A$ ◀ 교환법칙

$\{A\cap(B^C\cup B)\}\cap B^C=A$ ◀ 분배법칙

$(A\cap U)\cap B^C=A$ ◀ 여집합의 성질

$A\cap B^C=A$ ◀ 교집합의 성질

$A-B=A$ ◀ 차집합의 성질

따라서 두 집합 A, B는 서로소이므로 항상 옳은 것은 ㄴ, ㄹ이다.

5-1 답 ④

$\{(A^C\cup B^C)\cap(A^C\cup B)\}\cap B=B$의 좌변을 간단히 하면

$\{A^C\cup(B^C\cap B)\}\cap B=B$ ◀ 분배법칙

$(A^C\cup\varnothing)\cap B=B$ ◀ 여집합의 성질

$A^C\cap B=B$ ◀ 합집합의 성질

$B\cap A^C=B$ ◀ 교환법칙

$B-A=B$ ◀ 차집합의 성질

따라서 두 집합 A, B는 서로소이므로 항상 옳은 것은 ④이다.

5-2 답 ㄴ, ㄷ

$\{(A-B^C)\cup(A-B)\}\cup B=A$의 좌변을 간단히 하면

$[\{A\cap(B^C)^C\}\cup(A\cap B^C)]\cup B=A$ ◀ 차집합의 성질

$\{(A\cap B)\cup(A\cap B^C)\}\cup B=A$ ◀ 여집합의 성질

$\{A\cap(B\cup B^C)\}\cup B=A$ ◀ 분배법칙

$(A\cap U)\cup B=A$ ◀ 여집합의 성질

$A\cup B=A$ ◀ 교집합의 성질

따라서 $B\subset A$이므로 항상 옳은 것은 ㄴ, ㄷ이다.

5-3 답 1

$(A\cup B)-(A\cap B^C)=A\cap B$의 좌변을 간단히 하면

$(A\cup B)\cap(A\cap B^C)^C=A\cap B$ ◀ 차집합의 성질

$(A\cup B)\cap(A^C\cup B)=A\cap B$ ◀ 드모르간의 법칙

$(A\cap A^C)\cup B=A\cap B$ ◀ 분배법칙

$\varnothing\cup B=A\cap B$ ◀ 여집합의 성질

$B=A\cap B$ ◀ 합집합의 성질

즉, $B\subset A$이므로 두 집합 A, B를 만족시키는 x의 값의 범위의 포함 관계는 오른쪽 그림과 같다.

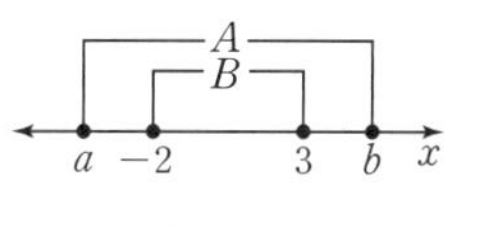

$\therefore a\le -2$ 또는 $b\ge 3$

따라서 실수 a의 최댓값 M, 실수 b의 최솟값 m을 구하면

$M=-2$, $m=3$ $\quad\therefore M+m=-2+3=1$

필수 예제 6 답 10

드모르간의 법칙에 의하여 $A^C \cap B^C = (A \cup B)^C$이므로

$n(A^C \cap B^C) = n((A \cup B)^C) = n(U) - n(A \cup B)$

이때 $n(U) = 30$, $n(A^C \cap B^C) = 3$이므로

$30 - n(A \cup B) = 3 \quad \therefore n(A \cup B) = 27$

$n(A \cup B) = n(A) + n(B) - n(A \cap B)$이므로

$n(A \cap B) = n(A) + n(B) - n(A \cup B)$

$= 20 + 17 - 27 = 10$

6-1 답 31

드모르간의 법칙에 의하여 $A^C \cup B^C = (A \cap B)^C$이므로

$n(A^C \cup B^C) = n((A \cap B)^C) = n(U) - n(A \cap B)$

이때 $n(U) = 35$, $n(A^C \cup B^C) = 26$이므로

$35 - n(A \cap B) = 26 \quad \therefore n(A \cap B) = 9$

$\therefore n(A \cup B) = n(A) + n(B) - n(A \cap B)$

$= 23 + 17 - 9 = 31$

6-2 답 30

$n(A \cup B) = n(A) + n(B) - n(A \cap B)$에서 $n(A \cap B)$를 구하기 위하여

$n(B - A) = n(B) - n(A \cap B)$를 이용하면

$10 = 17 - n(A \cap B) \quad \therefore n(A \cap B) = 7$

$\therefore n(A \cup B) = n(A) + n(B) - n(A \cap B)$

$= 20 + 17 - 7 = 30$

6-3 답 19

$n(A \cup B) = n(A) + n(B) - n(A \cap B)$이므로

$17 = 11 + 10 - n(A \cap B) \quad \therefore n(A \cap B) = 4$

$n(B \cup C) = n(B) + n(C) - n(B \cap C)$이므로

$12 = 10 + 7 - n(B \cap C) \quad \therefore n(B \cap C) = 5$

또한, $A \cap C = \varnothing$에서 $n(A \cap C) = 0$이고

$A \cap B \cap C = (A \cap C) \cap B = \varnothing \cap B = \varnothing$이므로

$n(A \cap B \cap C) = 0$

$\therefore n(A \cup B \cup C)$

$= n(A) + n(B) + n(C) - n(A \cap B) - n(B \cap C) - n(C \cap A) + n(A \cap B \cap C)$

$= 11 + 10 + 7 - 4 - 5 - 0 + 0$

$= 19$

실전 문제로 단원 마무리 • 본문 070~071쪽

01 3	**02** ②	**03** $\{a, g, h, i\}$	
04 ㄷ	**05** ⑤	**06** ③	**07** 13
08 58	**09** 8	**10** 16	

01

$A \cap B = \{3, 4\}$에서 두 원소 3, 4는 두 집합 A, B에 공통으로 속하는 원소이므로 $4 \in A$이다.

즉, $a^2 - 5 = 4$이므로

$a^2 - 9 = 0$, $(a+3)(a-3) = 0$

$\therefore a = -3$ 또는 $a = 3$

(i) $a = -3$일 때

$A = \{1, 3, 4, 5\}$이고

$a - 1 = -4$, $2a - 3 = -9$이므로

$B = \{-9, -4, 4\}$

$B = \{-9, -4, 4\}$이면

$A \cap B = \{4\}$이므로 조건을 만족시키지 않는다.

(ii) $a = 3$일 때

$A = \{1, 3, 4, 5\}$이고

$a - 1 = 2$, $2a - 3 = 3$이므로

$B = \{2, 3, 4\}$

$B = \{2, 3, 4\}$이면

$A \cap B = \{3, 4\}$

(i), (ii)에서 $a = 3$

02

보기의 집합을 원소나열법으로 나타낸 후, 주어진 집합 $\{1, 3, 5, 7\}$과 공통인 원소를 갖지 않는 것을 찾는다.

① $\{1, 3, 5, 7, 9, \cdots\} \cap \{1, 3, 5, 7\} = \{1, 3, 5, 7\} \neq \varnothing$

② $\{2, 4, 6, 8, \cdots\} \cap \{1, 3, 5, 7\} = \varnothing$

③ $\{1, 2, 3, 4, 6, 12\} \cap \{1, 3, 5, 7\} = \{1, 3\} \neq \varnothing$

④ $x^2 - 5x + 6 = 0$에서 $(x-2)(x-3) = 0$

$\therefore x = 2$ 또는 $x = 3$

즉, $\{x \mid x^2 - 5x + 6 = 0\} = \{2, 3\}$이므로

$\{2, 3\} \cap \{1, 3, 5, 7\} = \{3\} \neq \varnothing$

⑤ $x^2 - 2x \leq 0$에서

$x(x-2) \leq 0 \quad \therefore 0 \leq x \leq 2$

x는 자연수이므로 $\{x \mid x^2 - 2x \leq 0\} = \{1, 2\}$

$\therefore \{1, 2\} \cap \{1, 3, 5, 7\} = \{1\} \neq \varnothing$

따라서 집합 $\{1, 3, 5, 7\}$과 서로소인 집합은 ②이다.

03

다음 그림과 같이 전체집합과 두 집합 A, B의 공통부분이 있는 벤 다이어그램을 그린 후 각 영역을 (i), (ii), (iii), (iv)라 하자.

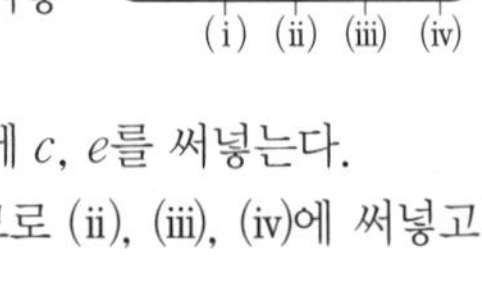

$(A \cup B)^C = U - (A \cup B)$

$= \{b, d, f\}$

이므로 (iv)에 원소 b, d, f를 써넣는다.

$A \cap B = \{g\}$이므로 (ii)에 원소 g를 써넣는다.

$B \cap A^C = B - A = \{c, e\}$이므로 (iii)에 c, e를 써넣는다.

$U = \{a, b, c, d, e, f, g, h, i\}$이므로 (ii), (iii), (iv)에 써넣고 남은 원소 a, h, i를 (i)에 써넣는다.

따라서 집합 A는 $A = \{a, g, h, i\}$이다.

04

전체집합 U와 두 부분집합 A, B를 원소나열법으로 나타내면

$U = \{1, 2, 3, \cdots, 20\}$, $A = \{2, 3, 5, 7, 11\}$,

$B = \{4, 8, 12, 16, 20\}$이므로

$A \cap B = \varnothing$

이를 만족시키는 벤다이어그램은 오른쪽 그림과 같다.

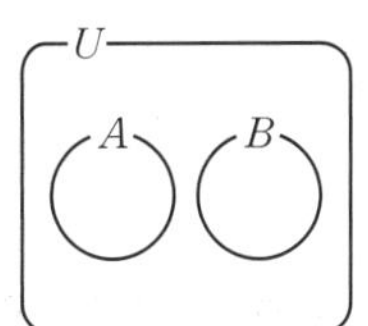

주어진 보기를 벤다이어그램 위에 나타내면 다음과 같다.

ㄱ.

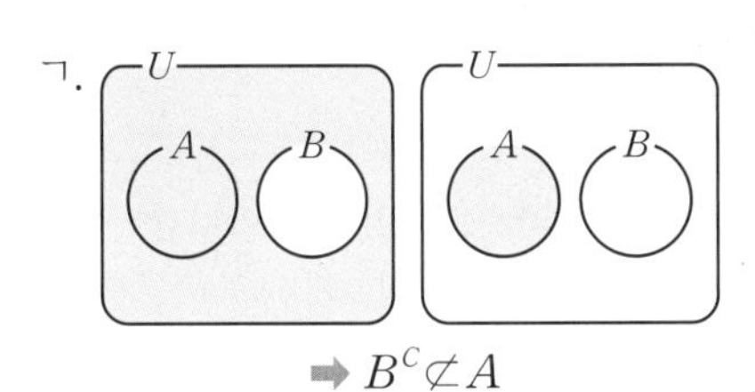

➡ $B^C \not\subset A$

ㄴ.

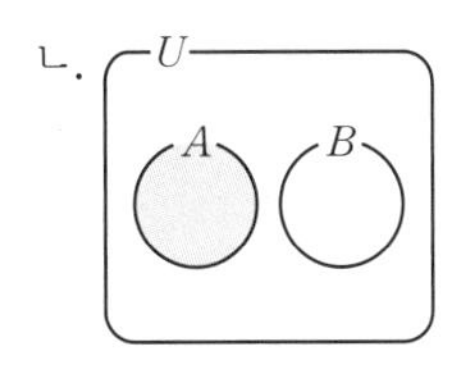

➡ $A-B \neq \varnothing$

ㄷ.

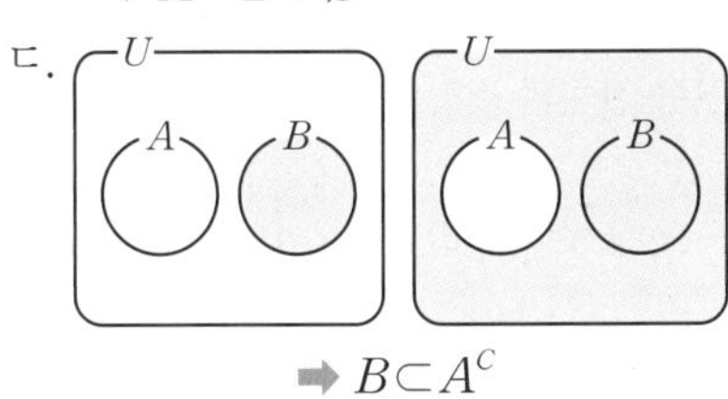

➡ $B \subset A^C$

ㄹ.

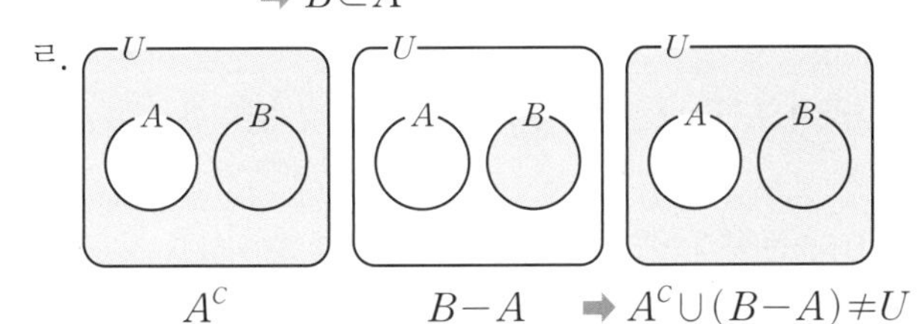

A^C $\quad$ $B-A$ ➡ $A^C \cup (B-A) \neq U$

따라서 옳은 것은 ㄷ이다.

05

① $(A-B)^C=(A\cap B^C)^C$ ◀ 차집합의 성질

$\quad =A^C \cup B$ ◀ 드모르간의 법칙

② $A-B^C=A\cap(B^C)^C$ ◀ 차집합의 성질

$\quad =A\cap B$ ◀ 여집합의 성질

③ $(A\cap B)\cup(A\cap B^C)$

$=A\cap(B\cup B^C)$ ◀ 분배법칙

$=A\cap U$ ◀ 여집합의 성질

$=A$ ◀ 교집합의 성질

④ $(A-B^C)-C$

$=(A\cap B)-C$ ◀ 차집합의 성질

$=(A\cap B)\cap C^C$ ◀ 차집합의 성질

$=A\cap(B\cap C^C)$ ◀ 결합법칙

$=A\cap(B-C)$ ◀ 차집합의 성질

⑤ $(A-B)\cup(B^C\cup A^C)^C$

$=(A\cap B^C)\cup(B^C\cup A^C)^C$ ◀ 차집합의 성질

$=(A\cap B^C)\cup(B\cap A)$ ◀ 드모르간의 법칙

$=(A\cap B^C)\cup(A\cap B)$ ◀ 교환법칙

$=A\cap(B^C\cup B)$ ◀ 분배법칙

$=A\cap U$ ◀ 여집합의 성질

$=A$ ◀ 교집합의 성질

따라서 항상 옳지 않은 것은 ⑤이다.

06

$\{(A\cup B^C)\cap(A^C\cup B^C)\}\cap A=\varnothing$

$\{(A\cap A^C)\cup B^C\}\cap A=\varnothing$ ◀ 분배법칙

$(\varnothing\cup B^C)\cap A=\varnothing$ ◀ 여집합의 성질

$B^C\cap A=\varnothing$ ◀ 합집합의 성질

$A\cap B^C=\varnothing$ ◀ 교환법칙

$A-B=\varnothing$ ◀ 차집합의 성질

따라서 두 집합 A, B는 $A\subset B$를 만족시키므로 항상 옳은 것은 ③이다.

07

두 집합 A와 B가 서로소이므로

$A\cap B=\varnothing \qquad \therefore n(A\cap B)=0$

이때 $A\cap B=\varnothing$이므로

$A\cap B\cap C=(A\cap B)\cap C=\varnothing\cap C=\varnothing$

$\therefore n(A\cap B\cap C)=0$

$n(B)=n(U)-n(B^C)=15-10=5$,

$n(B\cup C)=n((B^C\cap C^C)^C)$

$\qquad =n(U)-n(B^C\cap C^C)$

$\qquad =15-7=8$

이고

$n(B\cup C)=n(B)+n(C)-n(B\cap C)$이므로

$8=5+6-n(B\cap C) \qquad \therefore n(B\cap C)=3$

$n(C\cup A)=n(C)+n(A)-n(C\cap A)$이므로

$11=6+7-n(C\cap A) \qquad \therefore n(C\cap A)=2$

$\therefore n(A\cup B\cup C)$

$\quad =n(A)+n(B)+n(C)-n(A\cap B)-n(B\cap C)$

$\qquad -n(C\cap A)+n(A\cap B\cap C)$

$\quad =7+5+6-0-3-2+0$

$\quad =13$

08

100명의 학생 전체의 집합을 U, A 문제를 푼 학생의 집합을 A, B 문제를 푼 학생의 집합을 B라 하면

$n(U)=100$, $n(A)=68$, $n(B)=42$

두 문제 모두를 푼 학생의 집합은 $A\cap B$이므로

$n(A\cap B)=26$

이때 두 문제 중 한 문제만 푼 학생의 집합은

$(A-B)\cup(B-A)$이므로

$n((A-B)\cup(B-A))$

$=\{n(A)-n(A\cap B)\}+\{n(B)-n(A\cap B)\}$

$=(68-26)+(42-26)$

$=42+16=58$

따라서 두 문제 중 한 문제만 푼 학생은 58명이다.

09

$A-B=\{2, 4\}$이고

$(A-B)\cap C=\varnothing$에서 $\{2, 4\}\cap C=\varnothing$

$A\cap C=C$에서 $C\subset A$

즉, $\{2, 4\}\cap C=\varnothing$, $C\subset A$이므로 집합 C는 2, 4를 원소로 갖지 않는 집합 A의 부분집합이다.

따라서 구하는 집합 C의 개수는
$2^{5-2}=2^3=8$

10
전체집합 U와 부분집합 A를 원소나열법으로 나타내면
$U=\{1, 2, 3, 4, 5, 6, 7, 8, 9, 10\}$
$A=\{1, 2, 5, 10\}$
이때 주어진 조건 $(X-A)\subset(A-X)$와 같은 표현은
$(X-A)\cap(A-X)=X-A$
이므로 이 등식의 좌변을 간단히 하면
$(X\cap A^C)\cap(A\cap X^C)=X-A$ ◀ 차집합의 성질
$X\cap(A^C\cap A)\cap X^C=X-A$ ◀ 결합법칙
$X\cap\varnothing\cap X^C=X-A$ ◀ 교집합의 성질
$\varnothing=X-A$ ◀ 교집합의 성질
$\therefore X\subset A$
따라서 집합 X는 집합 $A=\{1, 2, 5, 10\}$의 부분집합이므로
구하는 부분집합 X의 개수는
$2^4=16$

개념으로 단원 마무리 • 본문 072쪽

1 답 (1) 또는, 그리고, $\varnothing$ (2) $\notin$, $\notin$
(3) B, A, B, A, $\cup$, $\cap$, $\cap$, $\cap$, $\cap$
(4) $A\cap B$, U, $A\cap B$, A, $A\cap B\cap C$

2 답 (1) × (2) ○ (3) ○ (4) ○ (5) × (6) ×
(1) 합집합 $A\cup B$는 두 집합 A, B의 모든 원소를 합쳐 놓은 집합이다.
(5) $(A\cup B)^C=A^C\cap B^C$
(6) $(A\cap B)\neq B$인 경우, $n(A\cap B)<n(B)$
$\therefore n(A-B)=n(A)-n(A\cap B)>n(A)-n(B)$

07 명제

교과서 개념 확인하기 본문 075쪽

1 답 ㄱ, ㄷ
ㄴ. x의 값에 따라 참, 거짓이 달라지므로 명제가 아니다.
ㄹ. '유명하다'는 기준이 명확하지 않아 참, 거짓을 판별할 수 없으므로 명제가 아니다.
따라서 명제인 것은 ㄱ, ㄷ이다.

2 답 (1) $\{1, 2, 3, 4, 6, 12\}$ (2) $\{1, 3, 5, 7, 9, 11\}$
(3) $\{3\}$ (4) $\{1, 2, 3\}$
(3) $x^2-2x-3=0$에서
$(x+1)(x-3)=0$ $\therefore x=-1$ 또는 $x=3$
이때 전체집합은 자연수 전체의 집합이므로
$x=3$
따라서 조건 '$x^2-2x-3=0$'의 진리집합은 $\{3\}$이다.
(4) $2x\leq 6$에서 $x\leq 3$
이때 전체집합은 자연수 전체의 집합이므로 x의 값은 1, 2, 3이다.
따라서 조건 '$2x\leq 6$'의 진리집합은 $\{1, 2, 3\}$이다.

3 답 (1) 2는 무리수가 아니다. (2) $x\neq 1$ (3) $2<-1$
(4) x는 1보다 작다.
(4) 'x는 1보다 크거나 같다.'는 '$x\geq 1$'이므로 그 부정은 '$x<1$'이다.
따라서 'x는 1보다 크거나 같다.'의 부정은 'x는 1보다 작다.'이다.

참고 명제(또는 조건)의 부정의 예
① $<(>)$ ←부정→ $\geq(\leq)$, $=$ ←부정→ $\neq$
② 이고 ←부정→ 또는
③ 짝수 ←부정→ 홀수 (단, 자연수 범위)
④ 음수 ←부정→ 음수가 아니다. (0을 포함한 양수)
⑤ 유리수 ←부정→ 무리수 (단, 실수 범위)
⑥ $x=y=z$ ←부정→ $x\neq y$ 또는 $y\neq z$ 또는 $z\neq x$
⑦ 적어도 하나는 ~이다. ←부정→ 모두 ~가 아니다.

4 답 (1) 참 (2) 거짓 (3) 거짓 (4) 참
(1) p: $x=-1$, q: $x^2-2x-3=0$이라 하고
두 조건 p, q의 진리집합을 각각 P, Q라 하면
q: $x^2-2x-3=0$에서 $(x+1)(x-3)=0$
$\therefore x=-1$ 또는 $x=3$
$\therefore P=\{-1\}$, $Q=\{-1, 3\}$
즉, $P\subset Q$이므로 명제 $p \longrightarrow q$는 참이다.
(2) p: 5의 배수, q: 2의 배수라 하고
두 조건 p, q의 진리집합을 각각 P, Q라 하면
$P=\{5, 10, 15, \cdots\}$, $Q=\{2, 4, 6, 8, 10, 12, \cdots\}$
즉, $P\not\subset Q$이므로 명제 $p \longrightarrow q$는 거짓이다.

(3) [반례] $x=0$이면 $0^2\neq1$이므로 주어진 명제는 거짓이다.
(4) $x=1$이면 $1^2=1$이므로 주어진 명제는 참이다.

5 답 (1) 역: 소수는 1이다.
대우: 소수가 아닌 것은 1이 아니다.
(2) 역: 직사각형은 정사각형이다.
대우: 직사각형이 아닌 것은 정사각형이 아니다.
(3) 역: $x^2=2$이면 $x=\sqrt{2}$이다.
대우: $x^2\neq2$이면 $x\neq\sqrt{2}$이다.
(4) 역: $x^2=y^2$이면 $x=y$이다.
대우 : $x^2\neq y^2$이면 $x\neq y$이다.

6 답 (1) 충분조건 (2) 필요조건 (3) 필요충분조건
(1) $P\subset Q$이므로 p는 q이기 위한 충분조건이다.
(2) $P\supset Q$이므로 p는 q이기 위한 필요조건이다.
(3) $P=Q$이므로 p는 q이기 위한 필요충분조건이다.

교과서 예제로 개념 익히기

• 본문 076~081쪽

필수 예제 1 답 명제: (1), (3), (4) (1) 참 (3) 참 (4) 거짓
(1) 정사각형은 마름모이므로 참인 명제이다.
(2) x의 값에 따라 참, 거짓이 달라지므로 명제가 아니다.
(3) $3x+1>4x-x$에서 $3x+1>3x$ $\therefore 1>0$
즉, x의 값에 관계없이 $3x+1>4x-x$는 항상 성립하므로 참인 명제이다.
(4) 3의 배수 중 하나인 6은 소수가 아니므로 거짓인 명제이다.

플러스 강의

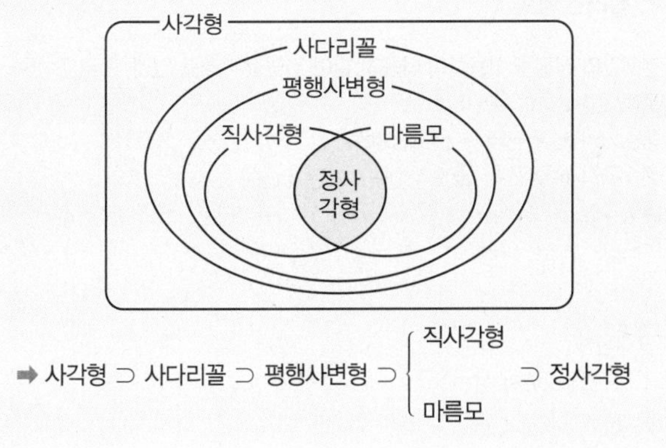

1-1 답 명제: (1), (2), (4) (1) 거짓 (2) 참 (4) 거짓
(1) $\sqrt{4}=2$는 유리수이므로 거짓인 명제이다.
(2) $x+3>x-2$에서 $3>-2$
즉, x의 값에 관계없이 $x+3>x-2$는 항상 성립하므로 참인 명제이다.
(3) x의 값에 따라 참, 거짓이 달라지므로 명제가 아니다.
(4) 네 변의 길이가 같은 사각형은 마름모이고, 정사각형은 네 변의 길이가 같고 네 각이 모두 직각인 사각형이므로 거짓인 명제이다.

1-2 답 ㄴ, ㄷ, ㄹ
ㄱ. '8의 약수의 합은 15이다.'의 부정은 '8의 약수의 합은 15가 아니다.'이다.
이때 8의 약수는 1, 2, 4, 8로 그 합은 15이므로 주어진 명제의 부정은 거짓이다.
ㄴ. '$x+3=x+7$'의 부정은 '$x+3\neq x+7$'이다.
$x+3\neq x+7$에서 $3\neq7$이므로 주어진 명제의 부정은 참이다.
ㄷ. '$4<\sqrt{5}$'의 부정은 '$4\geq\sqrt{5}$'이다.
이때 $4\geq\sqrt{5}$이므로 주어진 명제의 부정은 참이다.
ㄹ. '9는 소수이다.'의 부정은 '9는 소수가 아니다.'이다.
이때 9는 소수가 아니므로 주어진 명제의 부정은 참이다.
따라서 그 부정이 참인 명제는 ㄴ, ㄷ, ㄹ이다.

1-3 답 ㄱ, ㄷ
ㄱ. '$-2<x<3$'은 '$x>-2$이고 $x<3$'이므로 그 부정은 '$x\leq-2$ 또는 $x\geq3$'이다.
ㄴ. 두 실수 x, y에 대하여 '$xy\neq0$'은 '$x\neq0$이고 $y\neq0$'이므로 그 부정은 '$x=0$ 또는 $y=0$'이다.
ㄷ. 두 실수 x, y에 대하여 '$x^2+y^2=0$'은 '$x=0$이고 $y=0$'이므로 그 부정은 '$x\neq0$ 또는 $y\neq0$'이다.
따라서 조건 p의 부정 $\sim p$를 바르게 적은 것은 ㄱ, ㄷ이다.

필수 예제 2 답 (1) $\{3, 5, 6, 7, 9, 10, 11, 12, 13, 14, 15, 16, 17, 18\}$
(2) $\{4, 8\}$
(3) $\{5, 7, 10, 11, 12, 13, 14, 15, 16, 17\}$
두 조건 p, q의 진리집합을 각각 P, Q라 하면
$P=\{1, 2, 4, 8\}$, $Q=\{1, 2, 3, 6, 9, 18\}$
(1) 조건 $\sim p$의 진리집합은 P^C이므로
$P^C=\{3, 5, 6, 7, 9, 10, 11, 12, 13, 14, 15, 16, 17, 18\}$
(2) 조건 'p 그리고 $\sim q$'의 진리집합은 $P\cap Q^C=P-Q$이므로
$P-Q=\{4, 8\}$
(3) 조건 '$\sim p$ 그리고 $\sim q$'의 진리집합은
$P^C\cap Q^C=(P\cup Q)^C=U-(P\cup Q)$
$P\cup Q=\{1, 2, 3, 4, 6, 8, 9, 18\}$이므로
$U-(P\cup Q)=\{5, 7, 10, 11, 12, 13, 14, 15, 16, 17\}$

2-1 답 (1) $\{2, 4, 6, 7, 8, 9, 10, 11, 12, 13, 14, 16\}$ (2) $\{1, 5\}$
(3) $\{1, 2, 4, 5, 6, 7, 8, 9, 10, 11, 12, 13, 14, 16\}$
두 조건 p, q의 진리집합을 각각 P, Q라 하면
$P=\{3, 6, 9, 12, 15\}$, $Q=\{1, 3, 5, 15\}$
(1) 조건 $\sim q$의 진리집합은 Q^C이므로
$Q^C=\{2, 4, 6, 7, 8, 9, 10, 11, 12, 13, 14, 16\}$
(2) 조건 '$\sim p$ 그리고 q'의 진리집합은
$P^C\cap Q=Q\cap P^C=Q-P$이므로
$Q-P=\{1, 5\}$
(3) 조건 '$\sim p$ 또는 $\sim q$'의 진리집합은
$P^C\cup Q^C=(P\cap Q)^C=U-(P\cap Q)$
$P\cap Q=\{3, 15\}$이므로
$U-(P\cap Q)=\{1, 2, 4, 5, 6, 7, 8, 9, 10, 11, 12, 13, 14, 16\}$

2-2 답 6

두 조건 p, q의 진리집합을 각각 P, Q라 하면

$P=\{x|1\le x<6,\ x$는 자연수$\}$,

$Q=\{x|x>3,\ x$는 자연수$\}$

조건 'p이고 $\sim q$'의 진리집합은

$P\cap Q^C=P-Q$이므로

$P-Q=\{x|1\le x\le 3,\ x$는 자연수$\}$

따라서 $1\le x\le 3$을 만족시키는 자연수 x는 1, 2, 3이므로 그 합은

$1+2+3=6$

2-3 답 ③

두 조건 p, q의 진리집합을 각각 P, Q라 하면

$P=\{x|x<-2\}$, $Q=\{x|x\ge 5\}$

조건 '$-2\le x<5$'에서 '$x\ge -2$이고 $x<5$'이므로 이를 두 조건 p, q로 나타내면 '$\sim p$이고 $\sim q$'이다.

따라서 조건 '$\sim p$이고 $\sim q$'의 진리집합은 $P^C\cap Q^C$이다.

필수 예제 3 답 (1) 거짓 (2) 참 (3) 참 (4) 거짓

(1) p: $x^2=4$, q: $x^2-4x+4=0$이라 하고

두 조건 p, q의 진리집합을 각각 P, Q라 하면

p: $x^2=4$에서 $x=-2$ 또는 $x=2$ $\quad\therefore P=\{-2, 2\}$

q: $x^2-4x+4=0$에서 $(x-2)^2=0$ $\quad\therefore x=2$

$\therefore Q=\{2\}$

즉, $P\not\subset Q$이므로 명제 $p\longrightarrow q$는 거짓이다.

(2) p: $x>0$, $y>0$, q: $xy>0$이라 하고

두 조건 p, q의 진리집합을 각각 P, Q라 하면

p: $x>0$, $y>0$이므로

$P=\{(x, y)|x>0, y>0\}$

q: 두 실수 x, y에 대하여 $xy>0$은

$x>0$, $y>0$ 또는 $x<0$, $y<0$

$Q=\{(x, y)|x>0, y>0$ 또는 $x<0, y<0\}$

즉, $P\subset Q$이므로 명제 $p\longrightarrow q$는 참이다.

(3) p: $x^2+y^2=0$, q: $xy=0$이라 하고

두 조건 p, q의 진리집합을 각각 P, Q라 하면

p: 두 실수 x, y에 대하여 $x^2+y^2=0$은 $x=0$이고 $y=0$

$\therefore P=\{(x, y)|x=0, y=0\}$

q: 두 실수 x, y에 대하여 $xy=0$은 $x=0$ 또는 $y=0$

$\therefore Q=\{(x, y)|x=0$ 또는 $y=0\}$

즉, $P\subset Q$이므로 명제 $p\longrightarrow q$는 참이다.

(4) [반례] $x=9$이면 9는 홀수이지만 소수가 아니므로 주어진 명제는 거짓이다.

3-1 답 (1) 참 (2) 참 (3) 거짓 (4) 참

(1) p: 6의 배수, q: 3의 배수라 하고

두 조건 p, q의 진리집합을 각각 P, Q라 하면

$P=\{6, 12, 18, \cdots\}$, $Q=\{3, 6, 9, 12, 15, 18, \cdots\}$

즉, $P\subset Q$이므로 명제 $p\longrightarrow q$는 참이다.

(2) p: $x^2-2x+1=0$, q: $x^2=1$이라 하고

두 조건 p, q의 진리집합을 각각 P, Q라 하면

p: $x^2-2x+1=0$에서 $(x-1)^2=0$ $\quad\therefore x=1$

$\therefore P=\{1\}$

q: $x^2=1$에서 $x=-1$ 또는 $x=1$

$\therefore Q=\{-1, 1\}$

즉, $P\subset Q$이므로 명제 $p\longrightarrow q$는 참이다.

(3) [반례] $x=-1$, $y=-2$이면 $xy=2$는 자연수이지만 x, y는 자연수가 아니므로 주어진 명제는 거짓이다.

(4) p: $x\ge 1$, q: $x^2\ge 1$이라 하고

두 조건 p, q의 진리집합을 각각 P, Q라 하면

p: $x\ge 1$에서 $P=\{x|x\ge 1\}$

q: $x^2\ge 1$에서 $x\le -1$ 또는 $x\ge 1$

$\therefore Q=\{x|x\le -1$ 또는 $x\ge 1\}$

즉, $P\subset Q$이므로 명제 $p\longrightarrow q$는 참이다.

3-2 답 ㄱ, ㄴ

ㄱ. [반례] $x=-3$, $y=-1$, $z=2$이면 $x<y<z$이지만 $xy=3>yz=-2$이므로 주어진 명제는 거짓이다.

ㄴ. p: $x^2=y^2$, q: $x=y$라 하고

두 조건 p, q의 진리집합을 각각 P, Q라 하면

p: 두 실수 x, y에 대하여 $x^2=y^2$는

$x=-y$ 또는 $x=y$

$\therefore P=\{(x, y)|x=-y$ 또는 $x=y\}$

q: $x=y$에서 $Q=\{(x, y)|x=y\}$

즉, $P\not\subset Q$이므로 명제 $p\longrightarrow q$는 거짓이다.

ㄷ. p: $0<|x|<1$, q: $x^2<1$이라 하고

두 조건 p, q의 진리집합을 각각 P, Q라 하면

p: $0<|x|<1$에서 $-1<x<0$ 또는 $0<x<1$

$\therefore P=\{x|-1<x<0$ 또는 $0<x<1\}$

q: 실수 x에 대하여 $x^2<1$은 $-1<x<1$

$\therefore Q=\{x|-1<x<1\}$

즉, $P\subset Q$이므로 명제 $p\longrightarrow q$는 참이다.

따라서 거짓인 명제는 ㄱ, ㄴ이다.

플러스 강의

절댓값의 성질을 이용하여 다음과 같이 절댓값 기호를 없앤 후 부등식을 푼다. (단, $c>0$, $d>0$, $c<d$)

① $|ax+b|<c \Rightarrow -c<ax+b<c$

② $|ax+b|>c \Rightarrow ax+b<-c$ 또는 $ax+b>c$

③ $c<|ax+b|<d \Rightarrow -d<ax+b<-c$ 또는 $c<ax+b<d$

3-3 답 2

p: $|x-2|<k$에서

$-k<x-2<k$

$\therefore 2-k<x<2+k$

두 조건 p, q의 진리집합을 각각 P, Q라 하면

$P=\{x|2-k<x<2+k\}$, $Q=\{x|-2\le x<4\}$

명제 $p\longrightarrow q$가 참이 되려면 $P\subset Q$이어야 하므로 오른쪽 그림에서

$2-k\ge -2$, $2+k\le 4$

$k\le 4$, $k\le 2$ $\quad\therefore k\le 2$

이때 $k>0$이므로 $0<k\le 2$

따라서 구하는 실수 k의 최댓값은 2이다.

필수 예제 4 답 (1) 거짓 (2) 참

(1) [반례] $x=0$이면 $|0|=0$이므로 주어진 명제는 거짓이다.

(2) $x^2-x+\frac{1}{4}\le 0$에서 $\left(x-\frac{1}{2}\right)^2\le 0$

$x=\frac{1}{2}$이면 $0^2\le 0$이므로 주어진 명제는 참이다.

4-1 답 (1) 거짓 (2) 참

(1) [반례] $4x^2+4x+1>0$에서 $(2x+1)^2>0$

$x=-\frac{1}{2}$이면 $0^2=0$이므로 주어진 명제는 거짓이다.

(2) $x=0$이면 $-1<0$이므로 주어진 명제는 참이다.

4-2 답 ②

① p: $-x\in U$라 하고 조건 p의 진리집합을 P라 하면

$P=\{-1, 0, 1\}=U$

즉, 주어진 명제는 참이다.

② [반례] $x=0$이면 $1\ne 0$이므로 주어진 명제는 거짓이다.

③ p: $x^2\ge 0$이라 하고 조건 p의 진리집합을 P라 하면

$P=\{-1, 0, 1\}=U$

즉, 주어진 명제는 참이다.

④ p: $2x\in U$라 하고 조건 p의 진리집합을 P라 하면

$P=\{0\}$

즉, 주어진 명제는 참이다.

⑤ p: $x-1<0$이라 하고 조건 p의 진리집합을 P라 하면

$P=\{-1, 0\}$

즉, 주어진 명제는 참이다.

따라서 주어진 명제 중 거짓인 것은 ②이다.

4-3 답 ㄱ

ㄱ. 부정: 어떤 자연수 x에 대하여 $x^2-2x<0$이다.

$x=1$이면 $x^2-2x=-1<0$이므로 주어진 명제의 부정은 참이다.

ㄴ. 부정: 어떤 홀수 x에 대하여 x^2은 짝수이다.

홀수 x를 $2m-1$ (m은 자연수)이라 할 때,

$x^2=(2m-1)^2=2(2m^2-2m)+1$

이므로 홀수 x를 제곱한 x^2도 홀수이다.

즉, x가 홀수일 때, x^2이 짝수가 되는 경우는 없으므로 주어진 명제의 부정은 거짓이다.

ㄷ. 부정: 모든 실수 x에 대하여 $x^2+1<0$이다.

[반례] $x=0$이면 $x^2+1=1>0$이므로 주어진 명제의 부정은 거짓이다.

따라서 그 명제의 부정이 참인 것은 ㄱ이다.

필수 예제 5 답 해설 참조

(1) 역: $x+y>0$이면 $x>0$, $y>0$이다. (거짓)

[반례] $x=2$, $y=-1$이면 $x+y=1>0$이지만 $x>0$, $y<0$이다.

대우: $x+y\le 0$이면 $x\le 0$ 또는 $y\le 0$이다. (참)

(2) 역: $x=y$이면 $x^2=y^2$이다. (참)

대우: $x\ne y$이면 $x^2\ne y^2$이다. (거짓)

[반례] $x=-1$, $y=1$이면 $x\ne y$이지만 $x^2=y^2$이다.

5-1 답 해설 참조

(1) 역: $x>1$, $y>1$이면 $x+y>2$이다. (참)

대우: $x\le 1$ 또는 $y\le 1$이면 $x+y\le 2$이다. (거짓)

[반례] $x=0$, $y=3$이면 $x\le 1$ 또는 $y\le 1$이지만 $x+y=3>2$이다.

(2) 역: $x=0$, $y=0$이면 $x^2+y^2=0$이다. (참)

대우: $x\ne 0$ 또는 $y\ne 0$이면 $x^2+y^2\ne 0$이다. (참)

5-2 답 ㄱ, ㄷ

ㄱ. 역: $x>0$, $y>0$이면 $xy>0$이다. (참)

대우: $x\le 0$ 또는 $y\le 0$이면 $xy\le 0$이다. (거짓)

[반례] $x=-1$, $y=-2$이면 $x\le 0$ 또는 $y\le 0$이지만 $xy=2>0$이다.

ㄴ. 역: $xy=0$이면 $x^2+y^2=0$이다. (거짓)

[반례] $x=1$, $y=0$이면 $xy=0$이지만 $x^2+y^2=1+0=1\ne 0$이다.

대우: $xy\ne 0$이면 $x^2+y^2\ne 0$이다. (참)

ㄷ. 역: x, y가 모두 짝수이면 xy는 짝수이다. (참)

대우: x, y 중 적어도 하나가 홀수이면 xy는 홀수이다. (거짓)

[반례] $x=2$, $y=3$이면 x, y 중 적어도 하나는 홀수이지만 $xy=6$은 짝수이다.

따라서 역은 참이고 대우는 거짓인 것은 ㄱ, ㄷ이다.

5-3 답 6

주어진 명제가 참이므로 그 대우

'$x-2=0$이면 $x^2-ax+8=0$이다.'

도 참이다.

따라서 $x=2$는 $x^2-ax+8=0$을 만족시키므로

$4-2a+8=0$, $2a=12$ $\therefore a=6$

필수 예제 6 답 (1) 필요조건 (2) 충분조건 (3) 필요충분조건

(1) 두 조건 p, q의 진리집합을 각각 P, Q라 하면

$P=\{1, 2, 3, 4, 6, 12\}$, $Q=\{1, 2, 3, 6\}$

$\therefore Q\subset P$

즉, $q \Longrightarrow p$이므로 p는 q이기 위한 필요조건이다.

(2) 명제 $p \longrightarrow q$: $x>0$, $y>0$이면 $x+y>0$이다. (참)

명제 $q \longrightarrow p$: $x+y>0$이면 $x>0$, $y>0$이다. (거짓)

[반례] $x=2$, $y=-1$이면 $x+y=1>0$이지만 $x>0$, $y<0$이다.

즉, $p \Longrightarrow q$이므로 p는 q이기 위한 충분조건이다.

(3) 두 조건 p, q의 진리집합을 각각 P, Q라 하면

$P=\{-1, 1\}$, $Q=\{-1, 1\}$

$\therefore P=Q$

즉, $p \Longleftrightarrow q$이므로 p는 q이기 위한 필요충분조건이다.

6-1 답 (1) 필요충분조건 (2) 필요조건 (3) 충분조건

(1) 두 실수 x, y에 대하여 p: $x^2=y^2$은 $x=-y$ 또는 $x=y$

두 실수 x, y에 대하여 q: $|x|=|y|$는 $x=-y$ 또는 $x=y$

두 조건 p, q의 진리집합을 각각 P, Q라 하면

$P=\{(x, y)\,|\,x=-y$ 또는 $x=y\}$

$Q=\{(x, y)\,|\,x=-y$ 또는 $x=y\}$

$\therefore P=Q$

즉, $p \Longleftrightarrow q$이므로 p는 q이기 위한 필요충분조건이다.

(2) 명제 $p \longrightarrow q$: $x+y=2$이면 $x=1$, $y=1$이다. (거짓)
[반례] $x=3$, $y=-1$이면 $x+y=2$이지만
$x \neq 1$, $y \neq 1$이다.
명제 $q \longrightarrow p$: $x=1$, $y=1$이면 $x+y=2$이다. (참)
즉, $q \Longrightarrow p$이므로 p는 q이기 위한 필요조건이다.
(3) 두 조건 p, q의 진리집합을 각각 P, Q라 하면
$P=\{x|0<x<1\}$, $Q=\{x|0 \le x<2\}$
$\therefore P \subset Q$
즉, $p \Longrightarrow q$이므로 p는 q이기 위한 충분조건이다.

6-2 답 ㄱ, ㄹ
ㄱ. 두 조건 p, q의 진리집합을 각각 P, Q라 하면
$P=\{x|x>1\}$, $Q=\{x|x>0\}$
$\therefore P \subset Q$
즉, $p \Longrightarrow q$이므로 p는 q이기 위한 충분조건이다.
ㄴ. p: $x-1=0$에서 $x=1$
q: $|x-1|=0$에서 $x-1=0$　　$\therefore x=1$
두 조건 p, q의 진리집합을 각각 P, Q라 하면
$P=\{1\}$, $Q=\{1\}$
$\therefore P=Q$
즉, $p \Longleftrightarrow q$이므로 p는 q이기 위한 필요충분조건이다.
ㄷ. 명제 $p \longrightarrow q$: $x+y=0$이면 $x^2+y^2=0$이다. (거짓)
[반례] $x=1$, $y=-1$이면 $x+y=0$이지만
$x^2+y^2=2 \neq 0$이다. ($x=0$이고 $y=0$)
명제 $q \longrightarrow p$: $x^2+y^2=0$이면 $x+y=0$이다. (참)
즉, $q \Longrightarrow p$이므로 p는 q이기 위한 필요조건이다.
ㄹ. 명제 $p \longrightarrow q$: $x>1$, $y>1$이면 $xy>1$이다. (참)
명제 $q \longrightarrow p$: $xy>1$이면 $x>1$, $y>1$이다. (거짓)
[반례] $x=-2$, $y=-1$이면 $xy=2>1$이지만
$x<1$, $y<1$이다.
즉, $p \Longrightarrow q$이므로 p는 q이기 위한 충분조건이다.
따라서 p가 q이기 위한 충분조건이지만 필요조건은 아닌 것은
ㄱ, ㄹ이다.

6-3 답 3
p: $|x-a| \le 2$에서
$-2 \le x-a \le 2$　　$\therefore a-2 \le x \le a+2$
두 조건 p, q의 진리집합을 각각 P, Q라 하면
$P=\{x|a-2 \le x \le a+2\}$,
$Q=\{x|-3 \le x \le 3\}$
주어진 조건에서 $\sim q$가 $\sim p$이기 위한 충분조건이어야 하므로
$\sim q \Longrightarrow \sim p$
명제와 그 대우는 참, 거짓이 일치하므로
$p \Longrightarrow q$
$\therefore P \subset Q$
오른쪽 그림에서 $P \subset Q$를 만족시키는 a의 값의 범위를 구하면

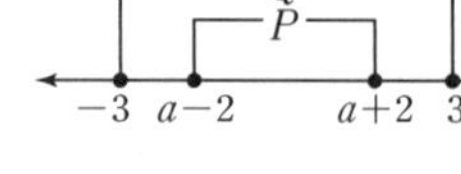

$-3 \le a-2$, $a+2 \le 3$
$\therefore -1 \le a \le 1$
따라서 $-1 \le a \le 1$을 만족시키는 정수 a의 개수는 -1, 0, 1의 3이다.

실전 문제로 단원 마무리

• 본문 082~083쪽

01 ①, ④	**02** {1, 2}	**03** ㄱ, ㄹ	**04** 4
05 ②, ⑤	**06** ㄴ	**07** ⑤	**08** 9
09 ㄱ, ㄷ	**10** ㄱ, ㄴ, ㄷ		

01
① 평행사변형은 사다리꼴이지만 사다리꼴은 평행사변형이 아닐 수 있으므로 거짓인 명제이다.
② 모든 양의 실수 x에 대하여 $2x>x$, 즉 $x>0$이므로 참인 명제이다.
③ 모든 실수 x에 대하여 $x^2 \ge 0$이므로 참인 명제이다.
④ $\angle B \neq 60°$ 또는 $\angle C \neq 60°$인 삼각형 ABC는 정삼각형이 아니므로 거짓인 명제이다.
⑤ $x+3>x-5$에서 $3>-5$
즉, x의 값에 관계없이 $x+3>x-5$는 항상 성립하므로 참인 명제이다.
따라서 거짓인 명제는 ①, ④이다.

02
두 조건 p, q의 진리집합을 각각 P, Q라 하면
p: $x^2+2x-3=0$에서
$(x+3)(x-1)=0$　　$\therefore x=-3$ 또는 $x=1$
이때 전체집합 U의 원소인 것은
$x=1$
이므로
$P=\{1\}$
q: $x^2>4$에서 $x<-2$ 또는 $x>2$
이때 전체집합 U의 원소인 것은
$x=3$ 또는 $x=4$ 또는 $x=5$
이므로
$Q=\{3, 4, 5\}$
$\therefore Q^C=U-Q=\{1, 2\}$
따라서 조건 'p 또는 $\sim q$'의 진리집합은 $P \cup Q^C$이므로
$P \cup Q^C=\{1, 2\}$

03
ㄱ. p: $x=3$, q: $x^2=9$라 하고
두 조건 p, q의 진리집합을 각각 P, Q라 하면
q: $x^2=9$에서 $x=-3$ 또는 $x=3$
$\therefore P=\{3\}$, $Q=\{-3, 3\}$
즉, $P \subset Q$이므로 명제 $p \longrightarrow q$는 참이다.
ㄴ. [반례] $x=1$, $y=2$, $z=0$이면 $xz=yz=0$이지만
$x \neq y$이므로 주어진 명제는 거짓이다.
ㄷ. [반례] $x=2$, $y=\frac{1}{2}$이면 $xy=1$은 정수이지만 x는 정수, y는 정수가 아니므로 주어진 명제는 거짓이다.
ㄹ. $n=2k$ (k는 자연수)라 할 때,
$n^2=4k^2=2(2k^2)$
즉, n이 짝수이면 n^2도 짝수이므로 주어진 명제는 참이다.
따라서 명제 중 참인 것은 ㄱ, ㄹ이다.

04

두 조건 p, q의 진리집합을 각각 P, Q라 하면

p: $x^2+2x-15<0$에서

$(x+5)(x-3)<0$ $\quad\therefore -5<x<3$

$\therefore P=\{x|-5<x<3\}$

q: $|x+1|<k$에서

$-k<x+1<k$ $\quad\therefore -k-1<x<k-1$

$\therefore Q=\{x|-k-1<x<k-1\}$

명제 $q \longrightarrow p$가 참이 되려면 $Q\subset P$이어야 하므로 오른쪽 그림에서

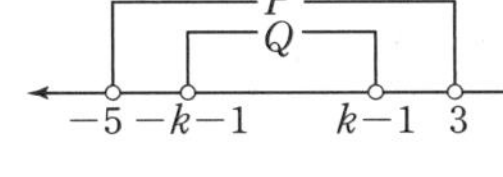

$-k-1\geq-5$, $k-1\leq3$

$\therefore k\leq4$, $k\leq4$

$\therefore k\leq4$

따라서 $k\leq4$를 만족시키는 자연수 k의 개수는 1, 2, 3, 4의 4이다.

05

① 2는 소수이면서 짝수이므로 주어진 명제는 참이다.

② [반례] $x=1+\sqrt{2}$이면 $x^2=3+2\sqrt{2}$는 무리수이므로 주어진 명제는 거짓이다.

③ 두 실수 x, y에 대하여
$x^2\geq0$, $y^2\geq0$이므로 $x^2+y^2\geq0$이다.
즉, 주어진 명제는 참이다.

④ $x=2$이면 $x^2-4=0$이므로 주어진 명제는 참이다.

⑤ [반례] 모든 내각이 직각인 사각형은 직사각형이지만 직사각형 중에는 정사각형이 아닌 것도 있으므로 주어진 명제는 거짓이다.

따라서 주어진 명제 중 거짓인 것은 ②, ⑤이다.

06

ㄱ. 역: $3x^2-x-2=0$이면 $x=1$이다. (거짓)
p: $3x^2-x-2=0$, q: $x=1$이라 하고,
두 조건 p, q의 진리집합을 각각 P, Q라 하면
p: $3x^2-x-2=0$에서 $(3x+2)(x-1)=0$
$\therefore x=-\frac{2}{3}$ 또는 $x=1$
$\therefore P=\left\{-\frac{2}{3}, 1\right\}$, $Q=\{1\}$
즉, $P\not\subset Q$이므로 명제의 역은 거짓이다.

ㄴ. 역: $x=0$, $y=0$이면 $|x|+|y|=0$이다. (참)

ㄷ. 역: $x^2\leq1$이면 $-1<x<1$이다. (거짓)
[반례] $x=-1$이면 $x^2=1\leq1$이지만 $x\leq-1$이다.

ㄹ. 역: xy가 유리수이면 x, y는 유리수이다. (거짓)
[반례] $x=\sqrt{2}$, $y=-\sqrt{2}$이면 $xy=-2$가 유리수이지만 x, y는 무리수이다.

따라서 그 역이 참인 것은 ㄴ이다.

07

p는 q이기 위한 충분조건이므로

$p\Longrightarrow q$ $\quad\therefore P\subset Q$

$P\subset Q$를 만족시키는 벤 다이어그램은 오른쪽 그림과 같고, 주어진 보기를 벤 다이어그램 위에 나타내면 다음과 같다.

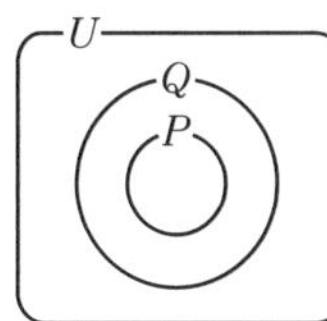

①

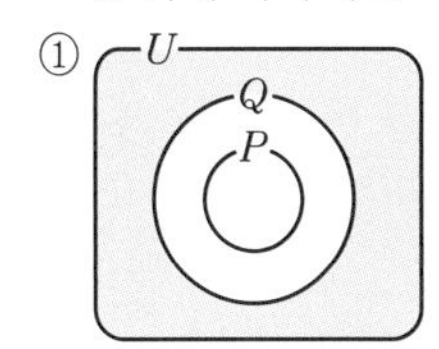

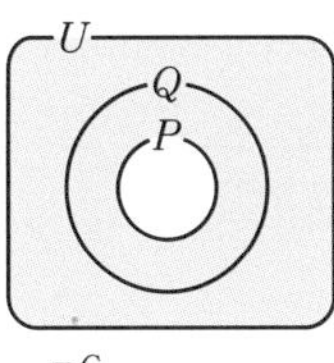

➡ $Q^C\subset P^C$

②

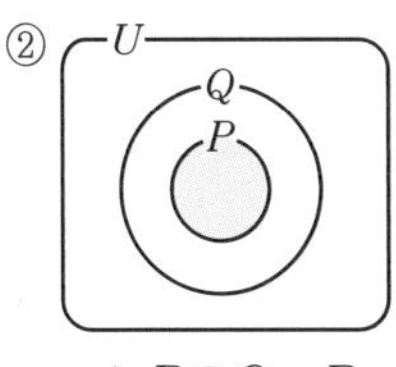

➡ $P\cap Q=P$

③

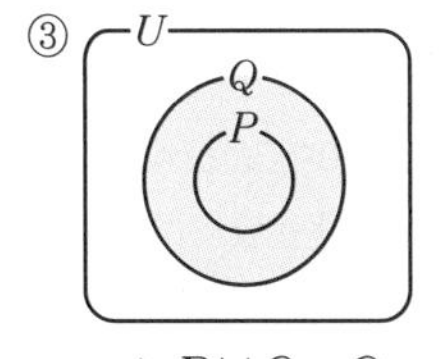

➡ $P\cup Q=Q$

④

➡ $P-Q=\varnothing$

⑤

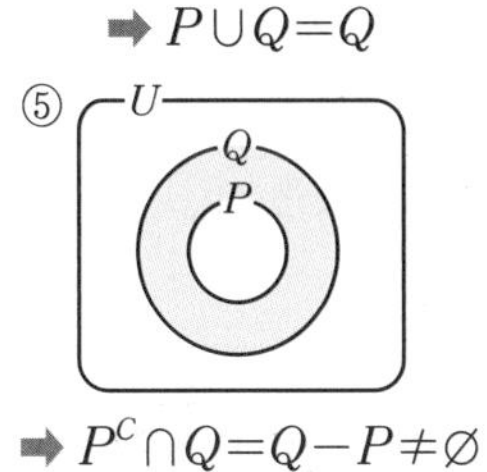

➡ $P^C\cap Q=Q-P\neq\varnothing$

따라서 옳지 않은 것은 ⑤이다.

08

주어진 조건에서 p는 r이기 위한 충분조건이므로

$p\Longrightarrow r$ $\quad\therefore P\subset R$

오른쪽 그림에서 a의 값의 범위를 구하면 $0<a\leq3$

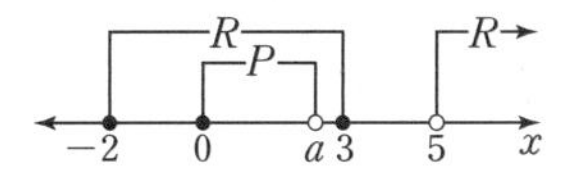

즉, 정수 a의 최댓값 M은 $M=3$

주어진 조건에서 q는 r이기 위한 충분조건이므로

$q\Longrightarrow r$ $\quad\therefore Q\subset R$

오른쪽 그림에서 b의 값의 범위를 구하면 $b>5$

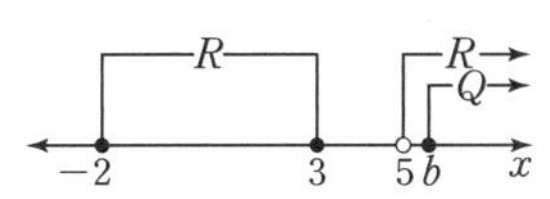

즉, 정수 b의 최솟값 m은 $m=6$

$\therefore M+m=3+6=9$

09

세 명제 $\sim p \longrightarrow r$, $r \longrightarrow \sim q$, $\sim r \longrightarrow q$가 참이므로

$P^C\subset R$, $R\subset Q^C$, $R^C\subset Q$

ㄱ. $P^C\subset R$ (참)

ㄴ. $P^C\subset R$, $R\subset Q^C$이므로 $P^C\subset Q^C$
$\therefore Q\subset P$
즉, $P\subset Q$가 항상 옳다고 할 수 없다. (거짓)

ㄷ. $R\subset Q^C$에서 $Q\subset R^C$ $\quad\cdots\cdots$ ㉠
$R^C\subset Q$ $\quad\cdots\cdots$ ㉡
㉠, ㉡에서 $Q=R^C$
ㄴ에서 $Q\subset P$이므로 $P\cap Q=Q=R^C$ (참)

따라서 옳은 것은 ㄱ, ㄷ이다.

10

p: $|a|+|b|=0$에서 $a=0$이고 $b=0$

q: $a^2-2ab+b^2=0$에서 $(a-b)^2=0$ $\quad\therefore a=b$

r: $|a+b|=|a-b|$에서
$a+b=-(a-b)$ 또는 $a+b=a-b$
$\therefore a=0$ 또는 $b=0$
세 조건 p, q, r를 정리하면
p: $a=0$이고 $b=0$
q: $a=b$
r: $a=0$ 또는 $b=0$
ㄱ. $a=0$이고 $b=0$이면 $a=b$이므로
p는 q이기 위한 충분조건이다. (참)
ㄴ. $\sim p$: $a\neq 0$ 또는 $b\neq 0$
$\sim r$: $a\neq 0$이고 $b\neq 0$
즉, $a\neq 0$이고 $b\neq 0$이면 $a\neq 0$ 또는 $b\neq 0$이므로
$\sim p$는 $\sim r$이기 위한 필요조건이다. (참)
ㄷ. q이고 r이면 $a=0$이고 $b=0$
즉, q이고 r는 p이기 위한 필요충분조건이다. (참)
따라서 옳은 것은 ㄱ, ㄴ, ㄷ이다.

개념으로 단원 마무리

• 본문 084쪽

1 답 (1) 명제, 조건 (2) 부정, $\sim p$, p
(3) $\subset$, $\subset$, $\not\subset$, $\not\subset$ (4) $q \longrightarrow p$, $\sim q \longrightarrow \sim p$
(5) 충분조건, 필요조건, $p \Longrightarrow q$
(6) 필요충분조건, $p \Longleftrightarrow q$

2 답 (1) × (2) ○ (3) × (4) ○ (5) × (6) ○
(1) '작은'은 기준이 명확하지 않아 참, 거짓을 판별할 수 없으므로 명제가 아니고, '$2+4=1$'은 $2+4\neq 1$이므로 거짓인 명제이다.
(3) 2는 짝수이므로 주어진 명제는 참이다.
(5) 명제 $p \longrightarrow q$가 참이면 그 대우 $\sim q \longrightarrow \sim p$도 참이다.

08 명제의 증명

교과서 개념 확인하기

본문 087쪽

1 답 (가) 또는 (나) $=$ (다) $=$
주어진 명제의 대우
'$x=0$ [(가) 또는] $y=0$이면 xy [(나) $=$] 0이다.'
가 참임을 보인다.
$x=0$ 또는 $y=0$인 경우에서 xy의 값을 구하면
$x=0$, $y\neq 0$일 때 xy [(다) $=$] 0이고,
$x\neq 0$, $y=0$일 때 xy [(다) $=$] 0이고,
$x=0$, $y=0$일 때 xy [(다) $=$] 0이다.
즉, $x=0$ 또는 $y=0$이면 $xy=0$이다.
따라서 주어진 명제의 대우가 참이므로 주어진 명제도 참이다.

2 답 (가) 또는 (나) $=$ (다) $\neq$
주어진 명제의 결론을 부정하여
$x=0$ [(가) 또는] $y=0$
이라 가정할 때, $x=0$ 또는 $y=0$인 경우에서 xy의 값을 구하면
$x=0$, $y\neq 0$일 때 xy [(나) $=$] 0이고,
$x\neq 0$, $y=0$일 때 xy [(나) $=$] 0이고,
$x=0$, $y=0$일 때 xy [(나) $=$] 0이다.
즉, $x=0$ 또는 $y=0$이면 $xy=0$이다.
따라서 xy [(다) $\neq$] 0이라는 가정에 모순이므로
$xy\neq 0$이면 $x\neq 0$, $y\neq 0$이다.

3 답 (가) $\sqrt{a}-\sqrt{b}$ (나) 0 (다) $a=b$
$a>0$, $b>0$이므로
$$\frac{a+b}{2}-\sqrt{ab}=\frac{a-2\sqrt{ab}+b}{2}=\frac{(\boxed{^{(가)}\ \sqrt{a}-\sqrt{b}})^2}{2}\geq \boxed{^{(나)}\ 0}$$
따라서 $\frac{a+b}{2}\geq\sqrt{ab}$이다.
이때 등호가 성립하는 경우는 $\sqrt{a}=\sqrt{b}$, 즉 [(다) $a=b$]일 때이다.

4 답 (가) $ay-bx$ (나) 0 (다) $ay=bx$
$(a^2+b^2)(x^2+y^2)-(ax+by)^2$
$=a^2x^2+a^2y^2+b^2x^2+b^2y^2-(a^2x^2+2abxy+b^2y^2)$
$=a^2y^2-2abxy+b^2x^2$
$=(\boxed{^{(가)}\ ay-bx})^2\geq\boxed{^{(나)}\ 0}$
따라서 $(a^2+b^2)(x^2+y^2)\geq(ax+by)^2$이다.
이때 등호가 성립하는 경우는 [(다) $ay=bx$]일 때이다.

교과서 예제로 개념 익히기

• 본문 088~091쪽

필수 예제 1 답 (가) 짝수 (나) $2k$ (다) $2k^2$
주어진 명제의 대우
'자연수 n에 대하여 n이 [(가) 짝수]이면 n^2도 [(가) 짝수]이다.'
가 참임을 보이면 된다.

n이 [(가) 짝수]이면 $n=$[(나) $2k$] (k는 자연수)로 나타낼 수 있으므로

$n^2=($[(나) $2k$]$)^2=2($[(다) $2k^2$]$)$

이때 [(다) $2k^2$]이 자연수이므로 n^2은 [(가) 짝수]이다.

따라서 주어진 명제의 대우가 참이므로 주어진 명제도 참이다.

1-1 답 해설 참조

주어진 명제의 대우

'자연수 n에 대하여 n이 홀수이면 n^2도 홀수이다.'

가 참임을 보이면 된다.

n이 홀수이면 $n=2k-1$ (k는 자연수)로 나타낼 수 있으므로

$n^2=(2k-1)^2=2(2k^2-2k)+1$

이때 $2k^2-2k$가 0 또는 자연수이므로 n^2은 홀수이다.

따라서 주어진 명제의 대우가 참이므로 주어진 명제도 참이다.

1-2 답 해설 참조

주어진 명제의 대우

'두 자연수 a, b에 대하여 a와 b가 모두 짝수이면 a, b가 서로소가 아니다.'

가 참임을 보이면 된다.

a와 b가 모두 짝수이면 $a=2k$, $b=2l$ (k, l은 자연수)

로 나타낼 수 있다.

이때 2는 a와 b의 공약수이므로 a, b는 서로소가 아니다.

따라서 주어진 명제의 대우가 참이므로 주어진 명제도 참이다.

1-3 답 (가) $3k+2$ (나) $3k^2+2k$ (다) $3k^2+4k+1$

주어진 명제의 대우

'자연수 n에 대하여 n이 3의 배수가 아니면 n^2은 3의 배수가 아니다.'

가 참임을 보이면 된다.

n이 3의 배수가 아니므로

$n=3k+1$ 또는 $n=$[(가) $3k+2$] (k는 0 이상의 정수)

로 나타낼 수 있다.

$n=3k+1$일 때, $n^2=3($[(나) $3k^2+2k$]$)+1$

$n=$[(가) $3k+2$]일 때, $n^2=3($[(다) $3k^2+4k+1$]$)+1$

이때 [(나) $3k^2+2k$], [(다) $3k^2+4k+1$]은 0 이상의 정수이므로 n^2은 3의 배수가 아니다.

따라서 주어진 명제의 대우가 참이므로 주어진 명제도 참이다.

필수 예제 2 답 (가) 홀수 (나) $2l-1$ (다) $2kl-k-l$ (라) 짝수

주어진 명제의 결론을 부정하여

a, b를 모두 [(가) 홀수]

라 가정하면 $a=2k-1$, $b=$[(나) $2l-1$] (k, l은 자연수)로 나타낼 수 있으므로

$ab=(2k-1)($[(나) $2l-1$]$)=2($[(다) $2kl-k-l$]$)+1$

이때 [(다) $2kl-k-l$]은 자연수이므로 ab가 [(라) 짝수]라는 가정에 모순이다.

따라서 ab가 짝수이면 a 또는 b는 짝수이다.

2-1 답 해설 참조

주어진 명제의 결론을 부정하여

a, b를 모두 짝수

라 가정하면 $a=2k$, $b=2l$(k, l은 자연수)로 나타낼 수 있으므로

$a^2+ab+b^2=(2k)^2+2k\times2l+(2l)^2$

$=2(2k^2+2kl+2l^2)$

이때 $2k^2+2kl+2l^2$은 자연수이므로 a^2+ab+b^2이 홀수라는 가정에 모순이다.

따라서 a^2+ab+b^2이 홀수이면 a 또는 b는 홀수이다.

2-2 답 해설 참조

주어진 명제의 결론을 부정하여

$a\neq0$ 또는 $b\neq0$

이라 가정하면

$a^2>0$ 또는 $b^2>0$

이때 $a^2+b^2>0$이므로 $a^2+b^2=0$이라는 가정에 모순이다.

따라서 $a^2+b^2=0$이면 $a=0$이고 $b=0$이다.

2-3 답 (가) 짝수 (나) 짝수 (다) 짝수 (라) 짝수 (마) 짝수 (바) 서로소

주어진 명제의 결론을 부정하여

$\sqrt{2}$가 유리수

라 가정하면

$\sqrt{2}=\frac{n}{m}$ (m, n은 서로소인 자연수) ······ ㉠

으로 나타낼 수 있다.

㉠의 양변을 제곱하면

$2=\frac{n^2}{m^2}$ $\therefore n^2=2m^2$ ······ ㉡

즉, n^2이 [(가) 짝수]이므로 n은 [(나) 짝수]이다.

이때 n이 짝수이므로 $n=2k$ (k는 자연수)로 나타낸 후,

이것을 ㉡에 대입하면

$(2k)^2=2m^2$ $\therefore m^2=2k^2$

이때 m^2이 [(다) 짝수]이므로 m은 [(라) 짝수]이다.

즉, m, n이 모두 [(마) 짝수]이므로 m, n이 [(바) 서로소]라는 가정에 모순이다.

따라서 $\sqrt{2}$는 유리수가 아니다.

필수 예제 3 답 해설 참조

(1) $a^2+b^2-2ab=a^2-2ab+b^2=(a-b)^2\geq0$

$\therefore a^2+b^2\geq2ab$

이때 등호는 $a-b=0$, 즉 $a=b$일 때 성립한다.

(2) $(|a|+|b|)^2-|a+b|^2$

$=a^2+2|ab|+b^2-(a^2+2ab+b^2)$

$=2(|ab|-ab)\geq0$ ($\because |ab|\geq ab$)

$\therefore (|a|+|b|)^2\geq|a+b|^2$

$|a|+|b|\geq0$, $|a+b|\geq0$이므로

$|a|+|b|\geq|a+b|$

이때 등호는 $|ab|-ab=0$, 즉 $ab\geq0$일 때 성립한다.

플러스 강의

다음과 같은 절댓값의 성질을 주어진 명제를 증명하는 데 사용한다.

① $|a|\geq0$ ② $|a|^2=a^2$

③ $|a|=\sqrt{a^2}$ ④ $|ab|=|a||b|$, $\frac{|a|}{|b|}=\left|\frac{a}{b}\right|$

3-1 답 해설 참조

(1) $a^2+4b^2-4ab=a^2-4ab+4b^2=(a-2b)^2\ge0$

$\therefore a^2+4b^2\ge4ab$

이때 등호는 $a-2b=0$, 즉 $a=2b$일 때 성립한다.

(2) $(|a|+1)^2-|a+1|^2$

$=a^2+2|a|+1-(a^2+2a+1)$

$=2(|a|-a)\ge0$ ($\because |a|\ge a$)

$\therefore (|a|+1)^2\ge|a+1|^2$

$|a|+1\ge1$, $|a+1|\ge0$이므로

$|a|+1\ge|a+1|$

이때 등호는 $|a|-a=0$, 즉 $a\ge0$일 때 성립한다.

3-2 답 해설 참조

(1) $x^2+y^2-xy=x^2-xy+\frac{1}{4}y^2+\frac{3}{4}y^2$

$=\left(x-\frac{1}{2}y\right)^2+\frac{3}{4}y^2\ge0$

$\therefore x^2+y^2\ge xy$

이때 등호는 $x-\frac{1}{2}y=0$, $y=0$, 즉 $x=y=0$일 때 성립한다.

(2) $x^2+y^2+z^2-xy-yz-zx$

$=\frac{1}{2}(2x^2+2y^2+2z^2-2xy-2yz-2zx)$

$=\frac{1}{2}\{(x^2-2xy+y^2)+(y^2-2yz+z^2)+(z^2-2zx+x^2)\}$

$=\frac{1}{2}\{(x-y)^2+(y-z)^2+(z-x)^2\}\ge0$

$\therefore x^2+y^2+z^2\ge xy+yz+zx$

이때 등호는 $x-y=0$, $y-z=0$, $z-x=0$, 즉 $x=y=z$일 때 성립한다.

3-3 답 해설 참조

(1) $(x+y)^2-(2\sqrt{xy})^2=x^2+2xy+y^2-4xy$

$=x^2-2xy+y^2$

$=(x-y)^2\ge0$

$\therefore (x+y)^2\ge(2\sqrt{xy})^2$

$x\ge0$, $y\ge0$에서 $x+y\ge0$, $2\sqrt{xy}\ge0$이므로

$x+y\ge2\sqrt{xy}$

이때 등호는 $x-y=0$, 즉 $x=y$일 때 성립한다.

(2) $(\sqrt{x}+\sqrt{y})^2-(\sqrt{x+y})^2=x+2\sqrt{xy}+y-(x+y)$

$=2\sqrt{xy}\ge0$

$\therefore (\sqrt{x}+\sqrt{y})^2\ge(\sqrt{x+y})^2$

$x\ge0$, $y\ge0$에서 $\sqrt{x}+\sqrt{y}\ge0$, $\sqrt{x+y}\ge0$이므로

$\sqrt{x}+\sqrt{y}\ge\sqrt{x+y}$

이때 등호는 $xy=0$, 즉 $x=0$ 또는 $y=0$일 때 성립한다.

필수 예제 4 답 (1) 8 (2) 9

(1) $x>0$, $4y>0$이므로 산술평균과 기하평균의 관계에 의하여

$x+4y\ge2\sqrt{x\times4y}=2\sqrt{4xy}$

이때 $xy=4$이므로

$x+4y\ge2\sqrt{16}=8$ (단, 등호는 $x=4y$일 때 성립)

따라서 $x+4y$의 최솟값은 8이다.

(2) $9x>0$, $y>0$이므로 산술평균과 기하평균의 관계에 의하여

$9x+y\ge2\sqrt{9x\times y}=2\sqrt{9xy}=6\sqrt{xy}$

이때 $9x+y=18$이므로

$18\ge6\sqrt{xy}$, $\sqrt{xy}\le3$

$\therefore xy\le9$ (단, 등호는 $9x=y$일 때 성립)

따라서 xy의 최댓값은 9이다.

4-1 답 (1) 16 (2) 6

(1) $4a>0$, $2b>0$이므로 산술평균과 기하평균의 관계에 의하여

$4a+2b\ge2\sqrt{4a\times2b}=2\sqrt{8ab}$

이때 $ab=8$이므로

$4a+2b\ge2\sqrt{8\times8}=16$ (단, 등호는 $2a=b$일 때 성립)

따라서 $4a+2b$의 최솟값은 16이다. → $4a=2b$, 즉 $2a=b$

(2) $3a>0$, $2b>0$이므로 산술평균과 기하평균의 관계에 의하여

$3a+2b\ge2\sqrt{3a\times2b}=2\sqrt{6ab}$

이때 $3a+2b=12$이므로

$12\ge2\sqrt{6ab}$, $\sqrt{6ab}\le6$

위의 식의 양변을 제곱하면

$6ab\le36$ $\therefore ab\le6$ (단, 등호는 $3a=2b$일 때 성립)

따라서 ab의 최댓값은 6이다.

4-2 답 4

주어진 식을 전개하여 정리하면

$(a+b)\left(\frac{1}{a}+\frac{1}{b}\right)=2+\frac{a}{b}+\frac{b}{a}$

$\frac{a}{b}>0$, $\frac{b}{a}>0$이므로 산술평균과 기하평균의 관계에 의하여

$2+\frac{a}{b}+\frac{b}{a}\ge2+2\sqrt{\frac{a}{b}\times\frac{b}{a}}$

$=2+2=4$ (단, 등호는 $a=b$일 때 성립)

따라서 $(a+b)\left(\frac{1}{a}+\frac{1}{b}\right)$의 최솟값은 4이다. → $\frac{a}{b}=\frac{b}{a}$, 즉 $a=b$

필수 예제 5 답 (1) -10 (2) 5

(1) a, b, x, y가 실수이므로 코시-슈바르츠의 부등식에 의하여

$(a^2+b^2)(x^2+y^2)\ge(ax+by)^2$

이때 $a^2+b^2=20$, $x^2+y^2=5$이므로

$20\times5\ge(ax+by)^2$, $(ax+by)^2\le100$

$\therefore -10\le ax+by\le10$ (단, 등호는 $ay=bx$일 때 성립)

따라서 $ax+by$의 최솟값은 -10이다.

(2) x, y가 실수이므로 코시-슈바르츠의 부등식에 의하여

$(1^2+2^2)(x^2+y^2)\ge(x+2y)^2$

이때 $x^2+y^2=5$이므로

$5\times5\ge(x+2y)^2$, $(x+2y)^2\le25$

$\therefore -5\le x+2y\le5$ (단, 등호는 $y=2x$일 때 성립)

따라서 $x+2y$의 최댓값은 5이다.

5-1 답 (1) 15 (2) -20

(1) a, b, x, y가 실수이므로 코시-슈바르츠의 부등식에 의하여

$(a^2+b^2)(x^2+y^2)\ge(ax+by)^2$

이때 $a^2+b^2=45$, $x^2+y^2=5$이므로

$45\times5\ge(ax+by)^2$, $(ax+by)^2\le225$

$\therefore -15\le ax+by\le15$ (단, 등호는 $ay=bx$일 때 성립)

따라서 $ax+by$의 최댓값은 15이다.

(2) x, y가 실수이므로 코시 – 슈바르츠의 부등식에 의하여

$(2^2+4^2)(x^2+y^2) \geq (2x+4y)^2$

이때 $x^2+y^2=20$이므로

$20\times20 \geq (2x+4y)^2$, $(2x+4y)^2 \leq 400$

$\therefore -20 \leq 2x+4y \leq 20$ (단, 등호는 $y=2x$일 때 성립)

따라서 $2x+4y$의 최솟값은 -20이다. ($4x=2y$, 즉 $y=2x$)

5-2 답 1

x, y가 실수이므로 코시 – 슈바르츠의 부등식에 의하여

$(4^2+3^2)(x^2+y^2) \geq (4x+3y)^2$

이때 $4x+3y=5$이므로

$25(x^2+y^2) \geq 5^2$

$\therefore x^2+y^2 \geq 1$ (단, 등호는 $3x=4y$일 때 성립)

따라서 x^2+y^2의 최솟값은 1이다.

실전 문제로 단원 마무리

• 본문 092~093쪽

01 (가) 홀수 (나) 짝수 (다) 홀수			**02** 해설 참조
03 ㄱ, ㄴ	**04** 해설 참조	**05** 9	**06** 5
07 14	**08** 4	**09** 54	**10** ①

01

주어진 명제의 대우는

'a, b, c가 양의 정수일 때, a, b, c가 모두 (가) 홀수 이면 $a^2+b^2 \neq c^2$이다.'가 참임을 보이면 된다.

a, b, c가 모두 (가) 홀수 라 하면 a^2, b^2, c^2이 모두 홀수이므로

a^2+b^2은 (나) 짝수 이고, c^2은 (다) 홀수 이다.

즉, $a^2+b^2 \neq c^2$임을 알 수 있다.

따라서 이 명제의 대우가 참이므로 주어진 명제도 참이다.

02

주어진 명제의 결론을 부정하여

$\sqrt{5}$가 유리수

라 가정하면

$\sqrt{5}=\dfrac{n}{m}$ (m, n은 서로소인 자연수) …… ㉠

으로 나타낼 수 있다.

㉠의 양변을 제곱하면

$5=\dfrac{n^2}{m^2}$ $\quad\therefore n^2=5m^2$ …… ㉡

즉, n^2이 5의 배수이므로 n은 5의 배수이다.

이때 n이 5의 배수이므로 $n=5k$ (k는 자연수)로 나타낸 후, 이것을 ㉡에 대입하면

$(5k)^2=5m^2$ $\quad\therefore m^2=5k^2$

이때 m^2이 5의 배수이므로 m은 5의 배수이다.

즉, m, n이 모두 5의 배수이므로 m, n이 서로소라는 가정에 모순이다.

따라서 $\sqrt{5}$는 유리수가 아니다.

03

ㄱ. $x^2-x+1=x^2-x+\dfrac{1}{4}+\dfrac{3}{4}$

$=\left(x-\dfrac{1}{2}\right)^2+\dfrac{3}{4}>0$

즉, 모든 실수 x에 대하여 주어진 부등식이 성립하므로 절대부등식이다.

ㄴ. $(2x+y)^2-4xy=4x^2+y^2 \geq 0$

$\therefore (2x+y)^2 \geq 4xy$

즉, 모든 실수 x, y에 대하여 주어진 부등식이 성립하므로 절대부등식이다.

ㄷ. $9x^2+1-6x=9x^2-6x+1$

$=(3x-1)^2 \geq 0$

이때 $x=\dfrac{1}{3}$일 때 등호가 성립하므로, 즉 $x=\dfrac{1}{3}$일 때 주어진 부등식이 성립하지 않으므로 절대부등식이 아니다.

따라서 절대부등식인 것은 ㄱ, ㄴ이다.

04

$(|a|+|b|)^2-|a-b|^2$

$=(a^2+2|ab|+b^2)-(a^2-2ab+b^2)$

$=2(|ab|+ab) \geq 0$ ($\because |ab| \geq -ab$)

$\therefore (|a|+|b|)^2 \geq |a-b|^2$

$|a|+|b| \geq 0$, $|a-b| \geq 0$이므로

$|a|+|b| \geq |a-b|$

이때 등호는 $|ab|=-ab$, 즉 $ab \leq 0$일 때 성립한다.

05

주어진 식을 전개하여 정리하면

$\left(x+\dfrac{2}{y}\right)\left(\dfrac{1}{x}+\dfrac{y}{8}\right)=\dfrac{5}{4}+\dfrac{xy}{8}+\dfrac{2}{xy}$

$\dfrac{xy}{8}>0$, $\dfrac{2}{xy}>0$이므로 산술평균과 기하평균의 관계에 의하여

$\dfrac{5}{4}+\dfrac{xy}{8}+\dfrac{2}{xy} \geq \dfrac{5}{4}+2\sqrt{\dfrac{xy}{8}\times\dfrac{2}{xy}}$

$=\dfrac{5}{4}+1=\dfrac{9}{4}$ (단, 등호는 $xy=4$일 때 성립) ($\dfrac{xy}{8}=\dfrac{2}{xy}$, 즉 $xy=4$)

따라서 $\left(x+\dfrac{2}{y}\right)\left(\dfrac{1}{x}+\dfrac{y}{8}\right)$는 $xy=4$일 때, 최솟값 $\dfrac{9}{4}$를 가지므로

$m=4$, $n=\dfrac{9}{4}$

$\therefore mn=4\times\dfrac{9}{4}=9$

06

주어진 식을 변형하면

$x-3+\dfrac{1}{x-3}+3$

$x-3>0$이므로 산술평균과 기하평균의 관계에 의하여

$x-3+\dfrac{1}{x-3}+3 \geq 3+2\sqrt{(x-3)\times\dfrac{1}{x-3}}=5$

(단, 등호는 $x=4$일 때 성립)

따라서 $x+\dfrac{1}{x-3}$의 최솟값은 5이다. ($x-3=\dfrac{1}{x-3}$, 즉 $x=4$)

07

x, y가 실수이므로 코시 – 슈바르츠의 부등식에 의하여

$(3^2+1^2)(x^2+y^2)\ge(3x+y)^2$

이때 $x^2+y^2=10$이므로

$10\times10\ge(3x+y)^2$, $(3x+y)^2\le100$

$\therefore -10\le3x+y\le10$ (단, 등호는 $x=3y$일 때 성립)

즉, $3x+y$의 최댓값은 10이다.

이때 $x=3y$를 $x^2+y^2=10$에 대입하면

$(3y)^2+y^2=10$, $10y^2=10$

$y^2=1$ $\quad\therefore y=\pm1$

$x=3y$이므로 $x=\pm3$

따라서 $3x+y$는 $x=3$, $y=1$일 때 최댓값 10을 가지므로

$M=10$, $\alpha=3$, $\beta=1$

$\therefore M+\alpha+\beta=14$

08

x, y가 실수이므로 코시 – 슈바르츠의 부등식에 의하여

$\left\{\left(\frac{1}{2}\right)^2+1^2\right\}(x^2+y^2)\ge\left(\frac{x}{2}+y\right)^2$

이때 $\frac{x}{2}+y=\sqrt{5}$이므로

$\frac{5}{4}(x^2+y^2)\ge(\sqrt{5})^2$

$\therefore x^2+y^2\ge4$ (단, 등호는 $y=2x$일 때 성립) ← $x=\frac{y}{2}$, 즉 $y=2x$

따라서 x^2+y^2의 최솟값은 4이다.

09

$\sqrt{n^2-1}$이 유리수라 가정하면

$\sqrt{n^2-1}=\frac{q}{p}$ (p, q는 서로소인 자연수)

로 나타낼 수 있다.

위의 식의 양변을 제곱하여 정리하면

$p^2(n^2-1)=q^2$이다.

p는 q^2의 약수이고 p, q는 서로소인 자연수이므로 $p=1$이다.

즉, $n^2-1=q^2$이므로 $n^2=$ (가) q^2+1 이다.

자연수 k에 대하여

(i) $q=2k$일 때, $n^2=(2k)^2+1$

즉, $(2k)^2<n^2<$ (나) $(2k+1)^2$ 이고

이를 만족시키는 자연수 n이 존재하지 않는다.

(ii) $q=2k+1$일 때, $n^2=(2k+1)^2+1$

즉, (나) $(2k+1)^2$ $<n^2<(2k+2)^2$이고

이를 만족시키는 자연수 n이 존재하지 않는다.

(i), (ii)에서 $\sqrt{n^2-1}=\frac{q}{p}$ (p, q는 서로소인 자연수)를 만족시키는 자연수 n은 존재하지 않는다.

따라서 $\sqrt{n^2-1}$은 무리수이다.

이때 $f(q)=q^2+1$, $g(k)=(2k+1)^2$이므로

$f(2)+g(3)=5+49=54$

10

직육면체의 한 모서리의 길이가 6이므로 세 모서리의 길이를 a, b, 6 (a, b는 양수)이라 하자.

직육면체의 부피가 108이므로

$6ab=108$ $\quad\therefore ab=18$

이때 $a>0$, $b>0$에서 $a^2>0$, $b^2>0$이므로

$\frac{a^2+b^2}{2}\ge\sqrt{a^2b^2}=ab=18$ (단, 등호는 $a=b$일 때 성립)

$\therefore a^2+b^2\ge36$ $\quad\cdots\cdots$ ㉠

따라서 직육면체의 대각선의 길이는

$\sqrt{a^2+b^2+6^2}\ge\sqrt{36+6^2}$ ($\because$ ㉠)

$=6\sqrt{2}$

이므로 직육면체의 대각선의 길이의 최솟값은 $6\sqrt{2}$이다.

개념으로 단원 마무리

• 본문 094쪽

1 답 (1) 정의, 증명, 정리 (2) 대우 (3) 귀류법 (4) 절대부등식 (5) $a+b$, $a=b$ (6) $(ax+by)^2$, $ay=bx$

2 답 (1) ○ (2) × (3) ○ (4) × (5) × (6) ○

(2) 주어진 문장은 정리이다.

(4) 귀류법은 명제의 결론을 부정하여 주어진 명제의 가정 또는 이미 알려진 사실에 모순됨을 보여서 그 결론이 성립함을 보이는 것이다.

(5) $2x+1>x$에서 $x+1>0$

이 부등식은 x의 값에 따라 부등식이 성립하므로 절대부등식이 아니다.

09 함수

교과서 개념 확인하기

본문 097쪽

1 답 (1) ㄴ
(2) ㄴ의 정의역: {1, 2, 3}, ㄴ의 공역: {2, 4, 6},
ㄴ의 치역: {2, 4}

(1) ㄱ. X의 원소 2에 Y의 원소가 4, 6으로 두 개 대응하므로 이 대응은 함수가 아니다.
ㄴ. X의 각 원소에 Y의 원소가 오직 하나씩 대응하므로 이 대응은 함수이다.
따라서 함수인 대응은 ㄴ이다.

2 답 (1) $\{-1, 0, 3\}$ (2) $\{1, 2, 3\}$

(1) $f(-1)=(-1)^2-1=0$, $f(0)=0^2-1=-1$,
$f(1)=1^2-1=0$, $f(2)=2^2-1=3$
-1, 0, 3은 모두 집합 Y의 원소이므로 함수 $f(x)=x^2-1$의 치역은 $\{-1, 0, 3\}$이다.

(2) $f(-1)=|-1|+1=2$, $f(0)=|0|+1=1$,
$f(1)=|1|+1=2$, $f(2)=|2|+1=3$
1, 2, 3은 모두 집합 Y의 원소이므로 함수 $f(x)=|x|+1$의 치역은 $\{1, 2, 3\}$이다.

3 답 (1) ㄱ, ㄷ, ㄹ (2) ㄱ, ㄷ (3) ㄱ (4) ㄴ

(1) 정의역의 서로 다른 원소에 공역의 서로 다른 원소가 대응하는 일대일함수는 ㄱ, ㄷ, ㄹ이다.
(2) 일대일함수이면서 (공역)=(치역)인 일대일대응은 ㄱ, ㄷ이다.
(3) 정의역과 공역이 같고 정의역의 각 원소에 자기 자신이 대응하는 항등함수는 ㄱ이다.
(4) 정의역의 모든 원소에 공역의 단 하나의 원소가 대응하는 상수함수는 ㄴ이다.

4 답 (1) 8 (2) 17

(1) $(g\circ f)(-1)=g(f(-1))$
$=g(-2)=8$
(2) $(f\circ g)(3)=f(g(3))$
$=f(18)=17$

5 답 (1) 3 (2) 1 (3) 4

교과서 예제로 개념 익히기

• 본문 098~103쪽

필수 예제 1 답 ㄱ, ㄹ

각 대응을 그림으로 나타내면 다음과 같다.

ㄱ.
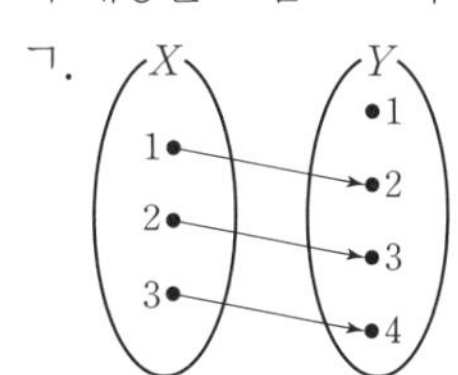

ㄴ.
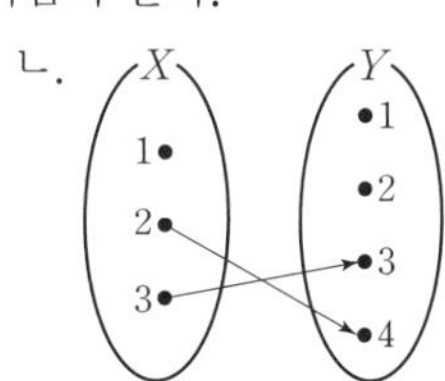

ㄷ.
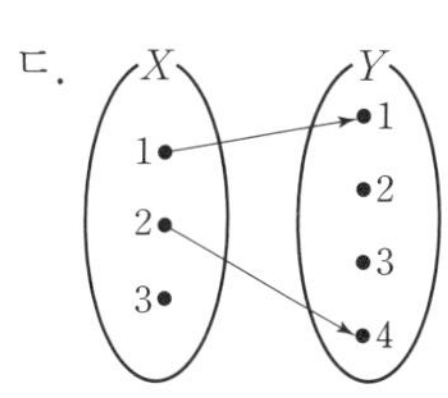

ㄹ.
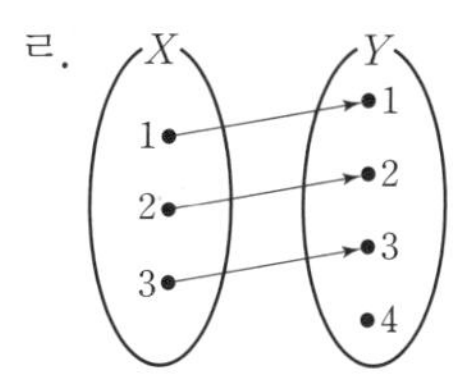

ㄱ, ㄹ. X의 각 원소에 Y의 원소가 오직 하나씩 대응하므로 이 대응은 함수이다.
ㄴ, ㄷ. X의 원소에 대응하는 Y의 원소가 없으므로 이 대응은 함수가 아니다.
따라서 함수인 것은 ㄱ, ㄹ이다.

1-1 답 ⑤

각 대응을 그림으로 나타내면 다음과 같다.

①
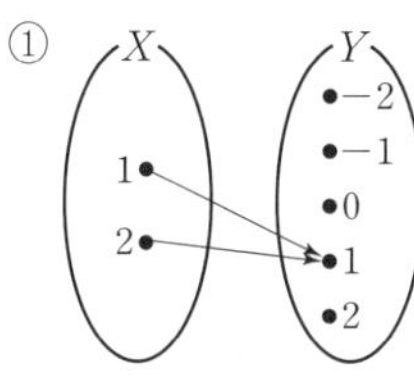

②
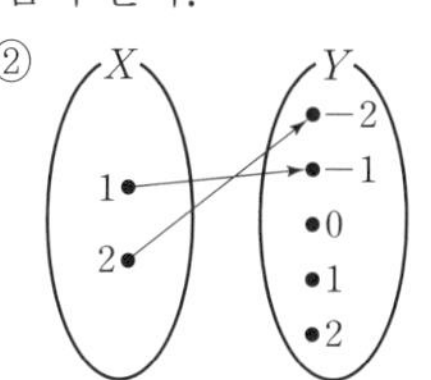

③
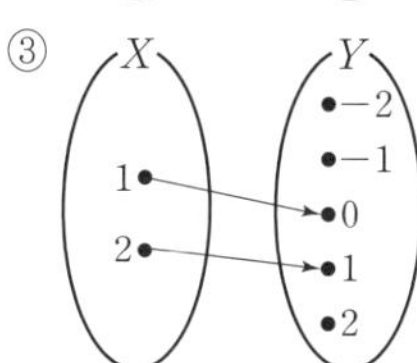

④
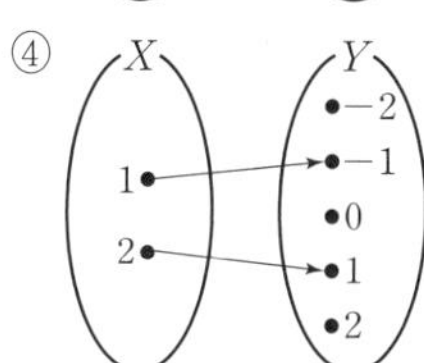

⑤
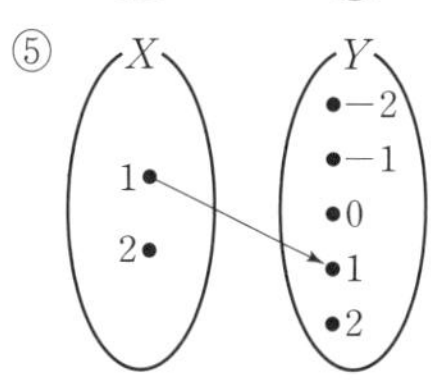

①, ②, ③, ④ X의 각 원소에 Y의 원소가 오직 하나씩 대응하므로 이 대응은 함수이다.
⑤ X의 원소 2에 대응하는 Y의 원소가 없으므로 이 대응은 함수가 아니다.
따라서 함수가 아닌 것은 ⑤이다.

1-2 답 $\{-5, -3, -1, 2, 4, 6, 8\}$

x가 홀수인 1, 3, 5, 7일 때, $f(x)=x+1$이므로
$f(1)=1+1=2$, $f(3)=3+1=4$, $f(5)=5+1=6$,
$f(7)=7+1=8$
x가 짝수인 2, 4, 6일 때, $f(x)=-x+1$이므로
$f(2)=-2+1=-1$, $f(4)=-4+1=-3$,
$f(6)=-6+1=-5$
따라서 함수 f의 치역은 $\{-5, -3, -1, 2, 4, 6, 8\}$이다.

1-3 답 -1

$f=g$이려면 정의역의 각 원소 1, 2에 대한 함숫값이 서로 같아야 하므로
$f(1)=g(1)$, $f(2)=g(2)$
$f(1)=g(1)$에서
$1+a+1=4+b \quad \therefore a-b=2 \quad \cdots\cdots$ ㉠
$f(2)=g(2)$에서
$4+2a+1=8+b \quad \therefore 2a-b=3 \quad \cdots\cdots$ ㉡
㉠, ㉡을 연립하여 풀면
$a=1$, $b=-1 \quad \therefore ab=1\times(-1)=-1$

필수 예제 2 답 (1) ㄱ, ㄷ, ㄹ (2) ㄱ, ㄷ, ㄹ (3) ㄱ, ㄹ (4) ㄹ

주어진 그래프 위에 직선 $x=k$(k는 상수), $y=a$(a는 상수)를 그어 교점을 나타내면 다음 그림과 같다.

ㄱ.
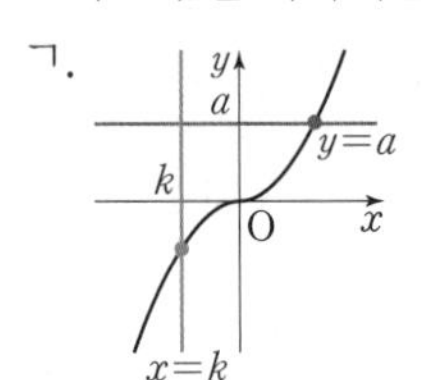

ㄴ.
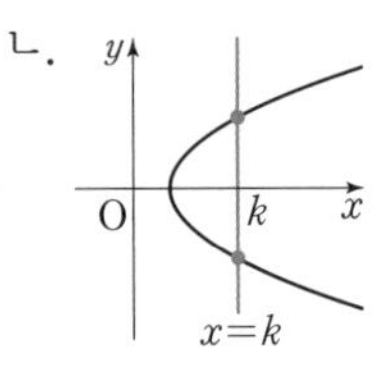

ㄷ.
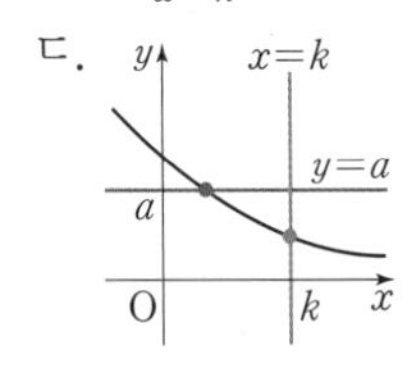

ㄹ.
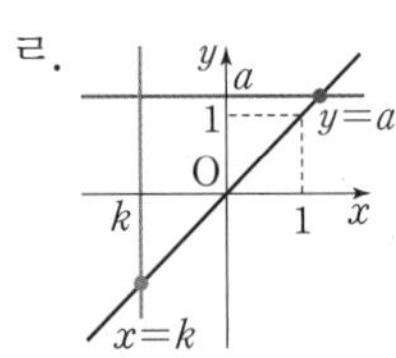

(1) 함수의 그래프는 직선 $x=k$와의 교점이 1개이므로 함수인 그래프는 ㄱ, ㄷ, ㄹ이다.

(2) 일대일함수의 그래프는 직선 $x=k$와의 교점이 1개, 직선 $y=a$와의 교점이 1개이므로 일대일함수의 그래프는 ㄱ, ㄷ, ㄹ이다.

(3) 일대일대응의 그래프는 직선 $x=k$와의 교점이 1개, 직선 $y=a$와의 교점이 1개이면서 (치역)=(공역)이므로 일대일대응의 그래프는 ㄱ, ㄹ이다.

(4) 항등함수의 그래프는 직선 $y=x$이므로 항등함수의 그래프는 ㄹ이다.

2-1 답 (1) ㄱ, ㄴ, ㄹ (2) ㄴ (3) ㄴ (4) ㄹ

주어진 그래프 위에 직선 $x=k$ (k는 상수), $y=a$ (a는 상수)를 그어 교점을 나타내면 다음 그림과 같다.

ㄱ.
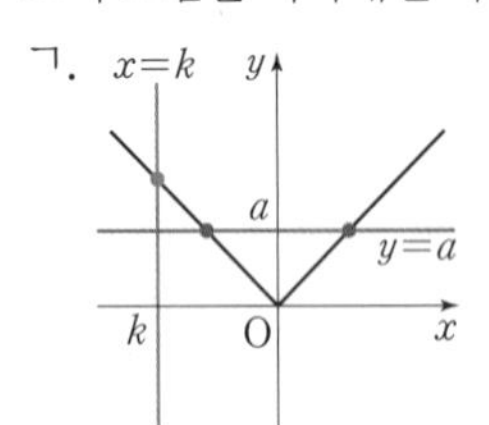

ㄴ.
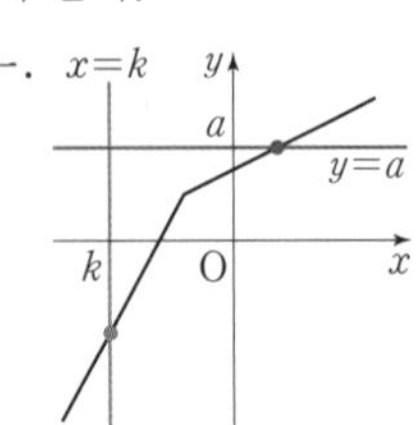

ㄷ.
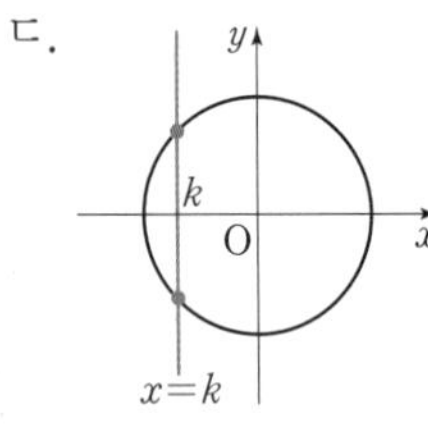

ㄹ.
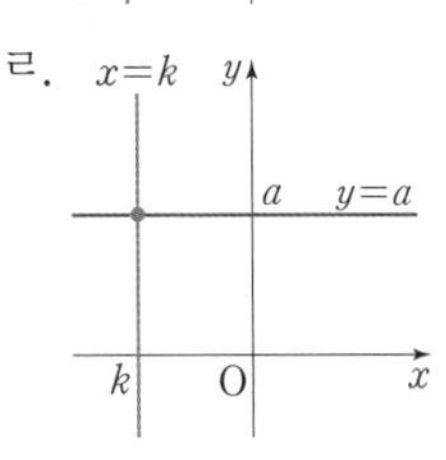

(1) 함수의 그래프는 직선 $x=k$와의 교점이 1개이므로 함수인 그래프는 ㄱ, ㄴ, ㄹ이다.

(2) 일대일함수의 그래프는 직선 $x=k$와의 교점이 1개, 직선 $y=a$와의 교점이 1개이므로 일대일함수의 그래프는 ㄴ이다.

(3) 일대일대응의 그래프는 직선 $x=k$와의 교점이 1개, 직선 $y=a$와의 교점이 1개이면서 (치역)=(공역)이므로 일대일대응의 그래프는 ㄴ이다.

(4) 상수함수의 그래프는 x축에 평행한 직선이므로 상수함수의 그래프는 ㄹ이다.

2-2 답 ①, ④

주어진 함수를 그래프로 나타낸 후, 그래프 위에 직선 $y=a$ (a는 상수)를 그어 교점을 나타내면 다음 그림과 같다.

①
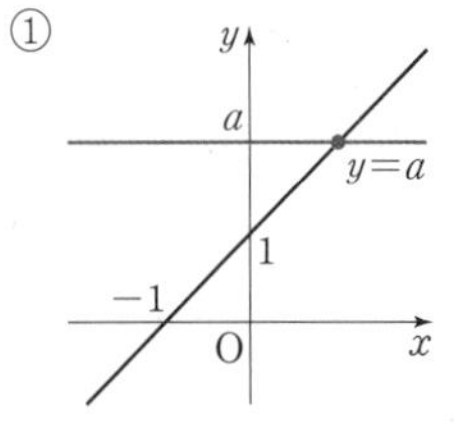

②
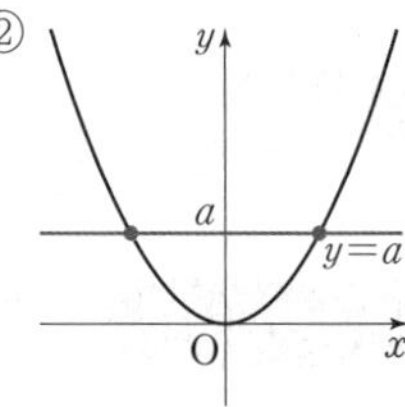

③
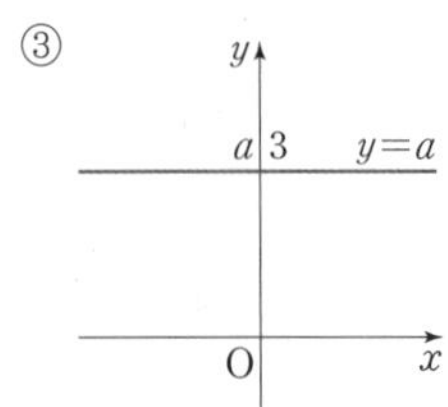

④
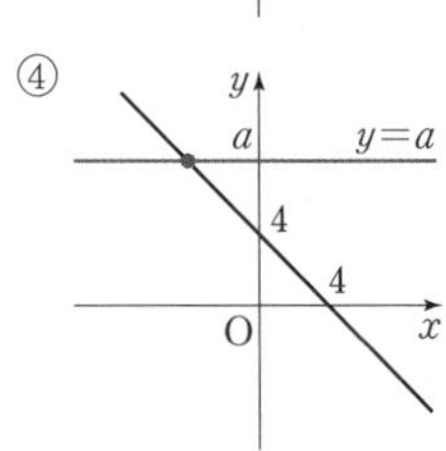

⑤
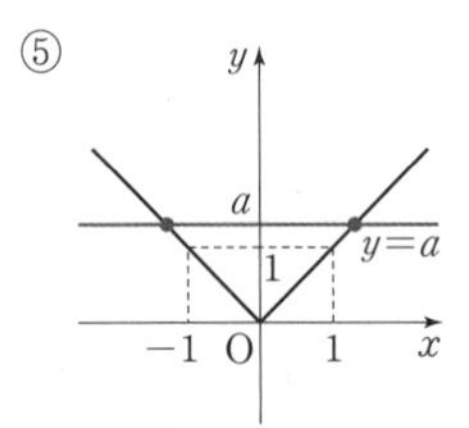

따라서 일대일대응의 그래프는 직선 $y=a$와의 교점이 1개이면서 (치역)=(공역)이므로 일대일대응의 그래프는 ①, ④이다.

2-3 답 5

주어진 보기를 집합 X에서 X로의 대응으로 나타내면 다음 그림과 같다.

ㄱ.
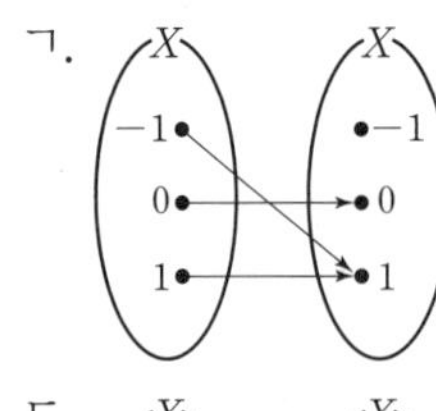

ㄴ.
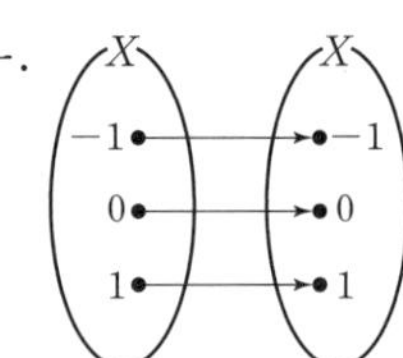

ㄷ.
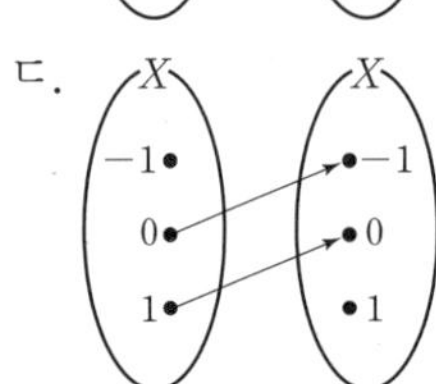

ㄹ.
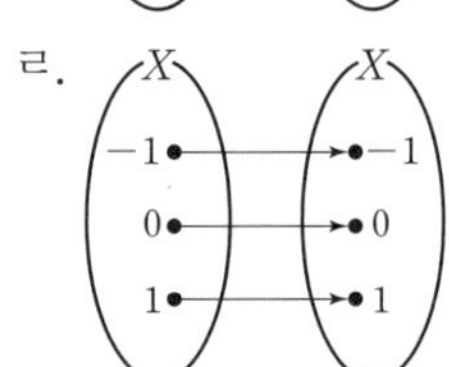

X의 각 원소에 X의 원소가 오직 하나씩 대응하는 함수는 ㄱ, ㄴ, ㄹ로 3개이므로 $m=3$

정의역의 서로 다른 원소에 공역의 서로 다른 원소가 대응하면서 (공역)=(치역)인 일대일대응은 ㄴ, ㄹ로 2개이므로 $n=2$

$\therefore m+n=3+2=5$

필수 예제 3 답 4

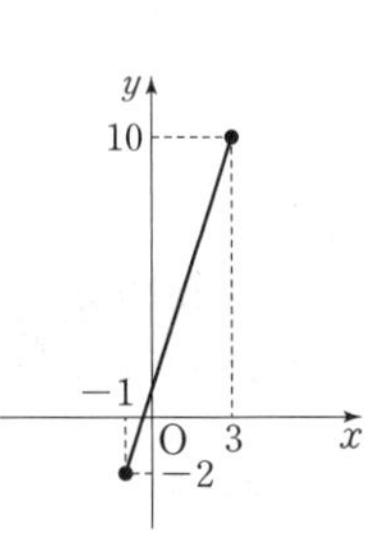

$a>0$이므로 x의 값이 증가할 때 $f(x)$의 값도 증가한다.

함수 $f(x)=ax+b$가 일대일대응이 되려면 그 그래프는 오른쪽 그림과 같이 두 점 $(-1, -2)$, $(3, 10)$을 양 끝 점으로 하는 선분이어야 하므로

$f(-1)=-2$에서

$-a+b=-2$ …… ㉠

$f(3)=10$에서

$3a+b=10$ …… ㉡

㉠, ㉡을 연립하여 풀면 $a=3$, $b=1$

$\therefore a+b=3+1=4$

3-1 답 -6

$a<0$이므로 x의 값이 증가할 때 $f(x)$의 값은 감소한다.

함수 $f(x)=ax+b$가 일대일대응이 되려면 그 그래프는 오른쪽 그림과 같이 두 점 $(-1, 5)$, $(2, -1)$을 양 끝 점으로 하는 선분이어야 하므로

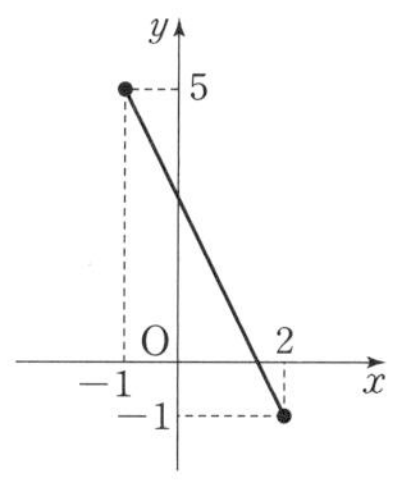

$f(-1)=5$에서

$-a+b=5$ ...... ㉠

$f(2)=-1$에서

$2a+b=-1$ ...... ㉡

㉠, ㉡을 연립하여 풀면

$a=-2$, $b=3$

$\therefore ab=-2\times3=-6$

3-2 답 2

함수 $f(x)=(x-1)^2+a$가 일대일대응이 되려면 그 그래프는 오른쪽 그림과 같이 점 $(2, 3)$을 지나야 하므로

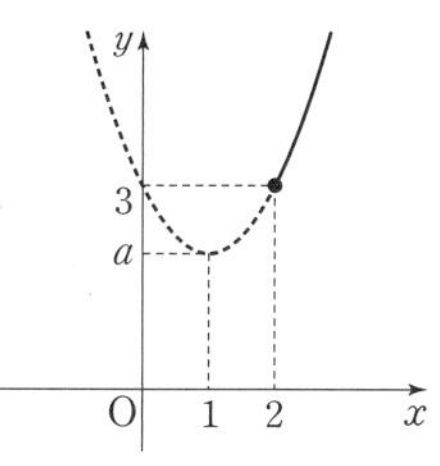

$f(2)=3$에서

$3=1+a$

$\therefore a=2$

3-3 답 2

함수 $f(x)$는 항등함수이므로

$f(x)=x$

$\therefore f(3)=3$, $f(-1)=-1$

이때 $f(3)=3$이므로 주어진 조건 $f(3)=g(3)$에서

$g(3)=f(3)=3$

함수 $g(x)$는 상수함수이고 $g(3)=3$이므로

$g(x)=3$ $\quad\therefore g(1)=3$

$\therefore f(-1)+g(1)=-1+3=2$

필수 예제 4 답 -5

$(g\circ f)(1)=g(f(1))=g(4)=3$

$(f\circ g)(4)=f(g(4))=f(3)=-8$

$\therefore (g\circ f)(1)+(f\circ g)(4)=3+(-8)=-5$

4-1 답 -11

$(f\circ g)(0)=f(g(0))=f(1)=4$

$(g\circ f)(0)=g(f(0))=g(4)=-15$

$\therefore (f\circ g)(0)+(g\circ f)(0)=4+(-15)=-11$

4-2 답 4

주어진 대응에서 $f(1)=3$, $f(2)=1$, $f(3)=2$이므로

$(f\circ f)(1)=f(f(1))=f(3)=2$

$(f\circ f\circ f)(2)=f(f(f(2)))=f(f(1))$
$=f(3)=2$

$\therefore (f\circ f)(1)+(f\circ f\circ f)(2)=2+2=4$

필수 예제 5 답 (1) $h(x)=3x-1$ (2) $h(x)=3x-5$

(1) $(f\circ h)(x)$를 구하면

$(f\circ h)(x)=f(h(x))=h(x)+2$

주어진 조건 $f\circ h=g$에서

$h(x)+2=3x+1$ $\quad\therefore h(x)=3x-1$

(2) $(h\circ f)(x)$를 구하면

$(h\circ f)(x)=h(f(x))=h(x+2)$

주어진 조건 $h\circ f=g$에서

$h(x+2)=3x+1$ ...... ㉠

$x+2=t$라 하면 $x=t-2$

이를 ㉠에 대입하면

$h(t)=3(t-2)+1=3t-5$

t를 x로 바꾸어 나타내면

$h(x)=3x-5$

5-1 답 (1) $h(x)=2x^2+4$ (2) $h(x)=2x^2+12x+19$

(1) $(f\circ h)(x)$를 구하면

$(f\circ h)(x)=f(h(x))=h(x)-3$

주어진 조건 $f\circ h=g$에서

$h(x)-3=2x^2+1$ $\quad\therefore h(x)=2x^2+4$

(2) $(h\circ f)(x)$를 구하면

$(h\circ f)(x)=h(f(x))=h(x-3)$

주어진 조건 $h\circ f=g$에서

$h(x-3)=2x^2+1$ ...... ㉠

$x-3=t$라 하면 $x=t+3$

이를 ㉠에 대입하면

$h(t)=2(t+3)^2+1=2t^2+12t+19$

t를 x로 바꾸어 나타내면

$h(x)=2x^2+12x+19$

5-2 답 -2

$(f\circ g)(x)$를 구하면

$(f\circ g)(x)=f(g(x))$
$=f(-x+a)$
$=2(-x+a)+1$
$=-2x+2a+1$

$(g\circ f)(x)$를 구하면

$(g\circ f)(x)=g(f(x))$
$=g(2x+1)$
$=-(2x+1)+a$
$=-2x-1+a$

주어진 조건 $f\circ g=g\circ f$에서

$-2x+2a+1=-2x-1+a$

$2a+1=-1+a$ $\quad\therefore a=-2$

필수 예제 6 답 -3

$f^{-1}(2)=-1$에서 $f(-1)=2$

$f(-1)=2$에서 $1+a=2$ $\quad\therefore a=1$

$\therefore f(x)=-x+1$

$f^{-1}(4)=k$ (k는 상수)로 놓으면 $f(k)=4$

$f(k)=4$에서 $-k+1=4$ $\quad\therefore k=-3$

이때 $f^{-1}(4)=k$이므로 $f^{-1}(4)=-3$

6-1 답 $\frac{1}{2}$

$f^{-1}(4)=1$에서 $f(1)=4$

$f(1)=4$에서 $2+a=4$ $\quad\therefore a=2$

$\therefore f(x)=2x+2$

$f^{-1}(3)=k$ (k는 상수)로 놓으면 $f(k)=3$

$f(k)=3$에서 $2k+2=3$ $\quad\therefore k=\frac{1}{2}$

이때 $f^{-1}(3)=k$이므로 $f^{-1}(3)=\frac{1}{2}$

6-2 답 12

함수 $f(x)$의 역함수가 존재하려면 $f(x)$가 일대일대응이어야 한다.

직선 $y=f(x)$의 기울기가 양수이므로 함수 $f(x)$는 $x=a$일 때 최솟값 5, $x=3$일 때 최댓값 b를 가져야 한다. 즉,

(x의 값이 증가하면 $f(x)$의 값도 증가한다.)

$f(a)=5$에서 $3a+2=5$ $\quad\therefore a=1$

$f(3)=b$에서 $9+2=b$ $\quad\therefore b=11$

$\therefore a+b=1+11=12$

필수 예제 7 답 1

$f(x)=5x-6$에서 $y=5x-6$이라 하고 x를 y에 대한 식으로 나타내면

$5x=y+6$ $\quad\therefore x=\frac{1}{5}y+\frac{6}{5}$

x와 y를 서로 바꾸면

$y=\frac{1}{5}x+\frac{6}{5}$

따라서 $f^{-1}(x)=\frac{1}{5}x+\frac{6}{5}$이므로

$a=\frac{1}{5}$, $b=\frac{6}{5}$ $\quad\therefore b-a=\frac{6}{5}-\frac{1}{5}=1$

7-1 답 8

$f(x)=ax-8$에서 $y=ax-8$이라 하고 x를 y에 대한 식으로 나타내면

$ax=y+8$ $\quad\therefore x=\frac{1}{a}y+\frac{8}{a}$ ($\because a\neq0$)

(함수 $f(x)$가 일차함수)

x와 y를 서로 바꾸면

$y=\frac{1}{a}x+\frac{8}{a}$

따라서 $f^{-1}(x)=\frac{1}{a}x+\frac{8}{a}$이므로

$\frac{1}{a}=\frac{1}{2}$, $\frac{8}{a}=b$ $\quad\therefore a=2,\ b=4$

$\therefore ab=2\times4=8$

7-2 답 1

$(g\circ f)^{-1}=f^{-1}\circ g^{-1}$이므로

$(f\circ(g\circ f)^{-1}\circ f)(6)=(f\circ f^{-1}\circ g^{-1}\circ f)(6)$

$f\circ f^{-1}=I$ (I는 항등함수)이므로

$(f\circ f^{-1}\circ g^{-1}\circ f)(6)=(g^{-1}\circ f)(6)$

$=g^{-1}(f(6))=g^{-1}(4)$

$g^{-1}(4)=k$ (k는 상수)로 놓으면 $g(k)=4$

$g(k)=4$에서 $3k+1=4$ $\quad\therefore k=1$

$g^{-1}(4)=k$이므로 $g^{-1}(4)=1$

$\therefore (f\circ(g\circ f)^{-1}\circ f)(6)=1$

필수 예제 8 답 e

$(f\circ f)^{-1}(c)$에서

$(f\circ f)^{-1}(c)=(f^{-1}\circ f^{-1})(c)$

$=f^{-1}(f^{-1}(c))$ ······ ㉠

$f^{-1}(c)=k$ (k는 상수)로 놓으면

$f(k)=c$

주어진 그림에서 $f(d)=c$이므로

$k=d$ $\quad\therefore f^{-1}(c)=d$

이것을 ㉠에 대입하면

$(f\circ f)^{-1}(c)=f^{-1}(d)$ ······ ㉡

$f^{-1}(d)=l$ (l은 상수)로 놓으면

$f(l)=d$

주어진 그림에서 $f(e)=d$이므로

$l=e$ $\quad\therefore f^{-1}(d)=e$

이것을 ㉡에 대입하면

$(f\circ f)^{-1}(c)=e$

8-1 답 d

$(f\circ f)^{-1}(b)$에서

$(f\circ f)^{-1}(b)=(f^{-1}\circ f^{-1})(b)$

$=f^{-1}(f^{-1}(b))$ ······ ㉠

$f^{-1}(b)=k$ (k는 상수)로 놓으면

$f(k)=b$

주어진 그림에서 $f(c)=b$이므로

$k=c$ $\quad\therefore f^{-1}(b)=c$

이것을 ㉠에 대입하면

$(f\circ f)^{-1}(b)=f^{-1}(c)$ ······ ㉡

$f^{-1}(c)=l$ (l은 상수)로 놓으면

$f(l)=c$

주어진 그림에서 $f(d)=c$이므로

$l=d$ $\quad\therefore f^{-1}(c)=d$

이것을 ㉡에 대입하면

$(f\circ f)^{-1}(b)=d$

8-2 답 $b+c$

주어진 그림에서 $f(a)=b$ ······ ㉠

$(f^{-1}\circ f^{-1})(e)$에서

$(f^{-1}\circ f^{-1})(e)=f^{-1}(f^{-1}(e))$ ······ ㉡

$f^{-1}(e)=k$ (k는 상수)로 놓으면

$f(k)=e$

주어진 그림에서 $f(d)=e$이므로

$k=d$ $\quad\therefore f^{-1}(e)=d$

이것을 ㉡에 대입하면

$(f^{-1}\circ f^{-1})(e)=f^{-1}(d)$ ······ ㉢

$f^{-1}(d)=l$ (l은 상수)로 놓으면

$f(l)=d$

주어진 그림에서 $f(c)=d$이므로

$l=c$ $\quad\therefore f^{-1}(d)=c$

이것을 ㉢에 대입하면

$(f\circ f)^{-1}(e)=c$ ······ ㉣

$\therefore f(a)+(f^{-1}\circ f^{-1})(e)=b+c$ ($\because$ ㉠, ㉣)

8-3 답 6

함수 $f(x)=-\frac{1}{3}x+4$의 그래프와 직선 $y=x$의 교점은 함수 $y=f(x)$의 그래프와 그 역함수 $y=f^{-1}(x)$의 그래프의 교점과 같으므로

$-\frac{1}{3}x+4=x$, $\frac{4}{3}x=4$ $\therefore x=3$

즉, 함수 $y=f(x)$의 그래프와 직선 $y=x$의 교점은 $(3, 3)$이므로 $a=3$, $b=3$

$\therefore a+b=3+3=6$

플러스 강의

함수 $y=f(x)$의 그래프와 그 역함수 $y=f^{-1}(x)$의 그래프는 직선 $y=x$에 대하여 대칭이므로 함수 $y=f(x)$의 그래프와 직선 $y=x$의 교점은 함수 $y=f(x)$의 그래프와 그 역함수 $y=f^{-1}(x)$의 그래프의 교점과 같다.

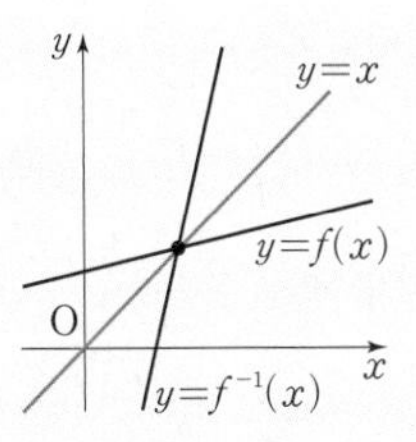

실전 문제로 단원 마무리 • 본문 104~105쪽

01 f와 h	**02** ㄴ, ㄹ	**03** -1	**04** 16
05 7	**06** -3	**07** 12	**08** $\sqrt{2}$
09 4	**10** 7		

01

서로 같은 함수는 정의역의 각 원소에 대한 함숫값이 서로 같으므로 정의역의 원소 -1, 0, 1에 대한 함숫값을 각각 구하면

$f(-1)=0$, $g(-1)=2$, $h(-1)=0$

$f(0)=1$, $g(0)=1$, $h(0)=1$

$f(1)=2$, $g(1)=2$, $h(1)=2$

따라서 서로 같은 함수를 짝 지으면 f와 h이다.

02

주어진 그래프 위에 직선 $y=a$ (a는 상수)를 그어 교점을 나타내면 다음 그림과 같다.

ㄱ.

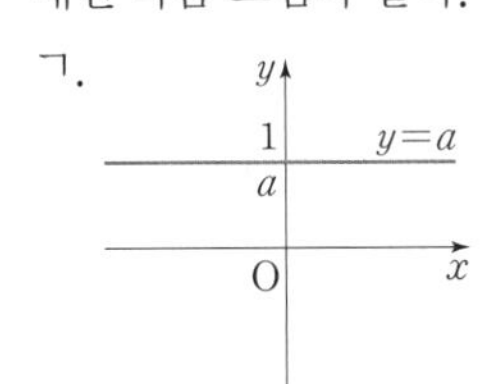

ㄴ.

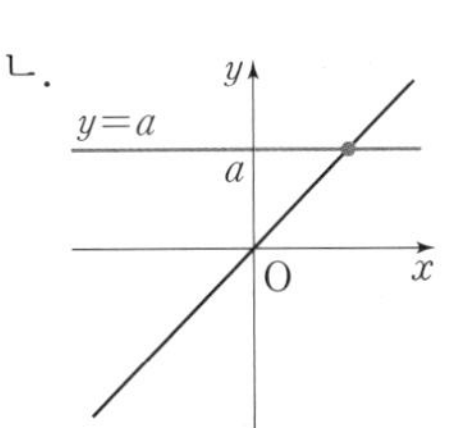

ㄷ.

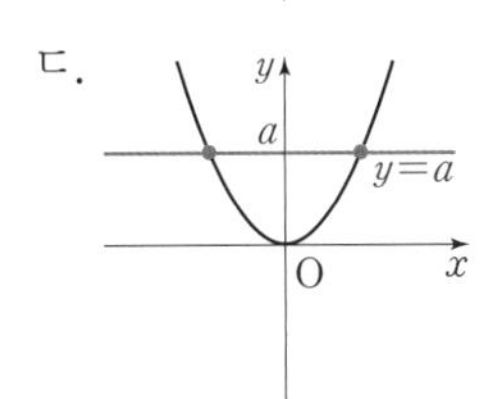

ㄹ.

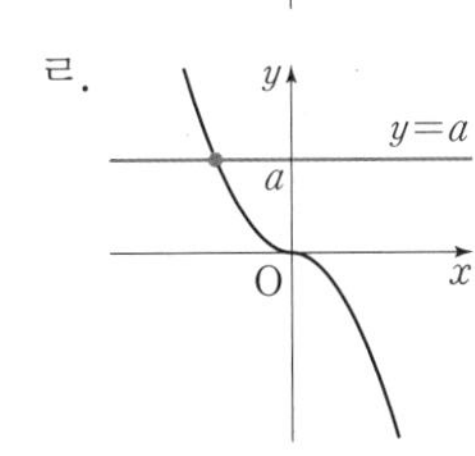

따라서 일대일대응의 그래프는 직선 $y=a$와의 교점이 1개이면서 (치역)=(공역)이므로 일대일대응의 그래프는 ㄴ, ㄹ이다.

03

함수 g는 항등함수이므로

$g(-1)=-1$

$f(1)=g(-1)=h(2)$에서

$f(1)=h(2)=-1$

이때 함수 h는 상수함수이므로

$h(x)=-1$

또한, $f(1)=-1$이므로

$f(1)+f(-1)=0$에서

$-1+f(-1)=0$

$\therefore f(-1)=1$

따라서 $f(-1)=1$, $g(1)=1$, $h(3)=-1$이므로

$f(-1)g(1)h(3)=1\times1\times(-1)=-1$

04

$(f\circ f)(2)=f(f(2))=f(3)=5$

$(f\circ g\circ h)(-1)=f(g(h(-1)))$
$=f(g(3))$
$=f(6)$
$=11$

$\therefore (f\circ f)(2)+(f\circ g\circ h)(-1)=5+11=16$

05

$(f\circ g)(x)$를 구하면

$(f\circ g)(x)=f(g(x))$
$=f(2x+b)$
$=a(2x+b)-4$
$=2ax+ab-4$

이므로

$2ax+ab-4=6x+8$

위의 식은 x에 대한 항등식이므로

$2a=6$, $ab-4=8$

$\therefore a=3$, $b=4$

$\therefore a+b=3+4=7$

06

$f^{-1}(-1)=1$에서 $f(1)=-1$

$f(1)=-1$에서 $1+a=-1$

$\therefore a=-2$

$\therefore f(x)=x-2$, $g(x)=-2x-3$

$f(2)$의 값을 구하면

$f(2)=2-2=0$ …… ㉠

$g^{-1}(3)=k$ (k는 상수)로 놓으면

$g(k)=3$

$g(k)=3$에서 $-2k-3=3$

$\therefore k=-3$

이때 $g^{-1}(3)=k$이므로

$g^{-1}(3)=-3$ …… ㉡

㉠, ㉡에서

$f(2)+g^{-1}(3)=0+(-3)=-3$

07

$(f \circ g)^{-1} = g^{-1} \circ f^{-1}$이므로

$(f \circ (f \circ g)^{-1} \circ f)(-5) = (f \circ g^{-1} \circ f^{-1} \circ f)(-5)$

$f \circ f^{-1} = I$ (I는 항등함수)이므로

$(f \circ (f \circ g)^{-1} \circ f)(-5) = (f \circ g^{-1})(-5)$

$= f(g^{-1}(-5))$

$g^{-1}(-5) = k$ (k는 상수)로 놓으면

$g(k) = -5$

$g(k) = -5$에서 $-3k+1=-5$ $\therefore k=2$

$g^{-1}(-5) = k$이므로 $g^{-1}(-5) = 2$

$\therefore (f \circ (f \circ g)^{-1} \circ f)(-5) = f(g^{-1}(-5))$

$= f(2)$

$= 12$

08

함수 $f(x) = x^2 - 4x + 6$ $(x \geq 2)$의 그래프와 그 역함수 $y = g(x)$의 그래프의 교점은 함수 $y = f(x)$의 그래프와 직선 $y = x$의 교점과 같으므로

$x^2 - 4x + 6 = x$, $x^2 - 5x + 6 = 0$

$(x-2)(x-3) = 0$

$\therefore x = 2$ 또는 $x = 3$

즉, 함수 $y = f(x)$의 그래프와 직선 $y = x$의 교점은 $(2, 2)$, $(3, 3)$이므로 두 교점 사이의 거리는

$\sqrt{(3-2)^2 + (3-2)^2} = \sqrt{2}$

09

함수 $f(x) = \begin{cases} (a+3)x+1 & (x<0) \\ (2-a)x+1 & (x \geq 0) \end{cases}$이 일대일대응이 되려면 x의 값의 범위에 따른 각 직선의 기울기의 부호가 같아야 한다.

$x<0$에서 직선 $y=(a+3)x+1$의 기울기가 양수이면 $x \geq 0$에서 직선 $y=(2-a)x+1$의 기울기도 양수이어야 한다.

또한, $x<0$에서 직선 $y=(a+3)x+1$의 기울기가 음수이면 $x \geq 0$에서 직선 $y=(2-a)x+1$의 기울기도 음수이어야 한다.

즉, 함수 $f(x)$가 일대일대응이 되려면 두 직선의 기울기의 곱의 부호는 항상 양수이어야 하므로

$(a+3)(2-a) > 0$, $(a+3)(a-2) < 0$

$\therefore -3 < a < 2$

따라서 $-3 < a < 2$를 만족시키는 모든 정수 a의 개수는 -2, -1, 0, 1의 4이다.

10

$g^{-1}(1) = 3$에서 $g(3) = 1$

$f(2) = 1$이므로 $(g \circ f)(2) = 2$에서

$(g \circ f)(2) = g(f(2)) = g(1)$

$(g \circ f)(2) = 2$이므로 $g(1) = 2$

$\therefore g(1) = 2$, $g(2) = 3$, $g(3) = 1$ ······ ㉠

이때 함수 $g: X \longrightarrow X$는 역함수가 존재하므로 함수 g는 일대일대응이고, 함수 g에서 (치역)=(공역)이다.

$\therefore g(4) = 4$ ($\because$ ㉠) $\therefore g^{-1}(4) = 4$

$(f \circ g)(2)$의 값을 구하면

$(f \circ g)(2) = f(g(2)) = f(3) = 3$

$\therefore g^{-1}(4) + (f \circ g)(2) = 4 + 3 = 7$

개념으로 단원 마무리

• 본문 106쪽

1 답 (1) 함수, $f: X \longrightarrow Y$, X, Y, 함숫값

(2) $f(x) = g(x)$, $f = g$ (3) 일대일함수 (4) 일대일대응

(5) 항등함수 (6) 합성함수, $g \circ f$ (7) 역함수, f^{-1}

2 답 (1) ○ (2) × (3) ○ (4) × (5) ○ (6) ×

(2) 함수 $f(x) = x$가 항등함수이다.

함수 $f(x) = 2x$는 일대일대응이다.

(4) 합성함수는 교환법칙이 성립하지 않는다.

(6) 두 함수 f, g의 역함수를 각각 f^{-1}, g^{-1}라 하면 $(g \circ f)^{-1} = f^{-1} \circ g^{-1}$이다.

10 유리함수

교과서 개념 확인하기

본문 109쪽

1 답 (1) $\frac{x^2z}{xyz}$, $\frac{xy^2}{xyz}$, $\frac{yz^2}{xyz}$
(2) $\frac{x-1}{x(x-1)}$, $\frac{x}{x(x-1)}$, $\frac{1}{x(x-1)}$

(1) 분모가 같아지도록 주어진 분수식의 분자, 분모에 같은 문자를 곱하면

$\frac{x}{y}$, $\frac{y}{z}$, $\frac{z}{x}$

$\frac{x\times zx}{y\times zx}$, $\frac{y\times xy}{z\times xy}$, $\frac{z\times yz}{x\times yz}$

$\therefore \frac{x^2z}{xyz}$, $\frac{xy^2}{xyz}$, $\frac{yz^2}{xyz}$

(2) 분모가 같아지도록 주어진 분수식의 분자, 분모에 같은 문자를 곱하면

$\frac{1}{x}$, $\frac{1}{x-1}$, $\frac{1}{x(x-1)}$

$\frac{1\times(x-1)}{x\times(x-1)}$, $\frac{1\times x}{(x-1)\times x}$, $\frac{1}{x(x-1)}$

$\therefore \frac{x-1}{x(x-1)}$, $\frac{x}{x(x-1)}$, $\frac{1}{x(x-1)}$

2 답 (1) $\frac{xz}{y}$ (2) $\frac{x+1}{2x-3}$

(1) 분자, 분모에 xyz^2이 공통이므로 $\frac{x^2yz^3}{xy^2z^2}=\frac{xz}{y}$

(2) 분자, 분모를 인수분해하면 분자, 분모에 $x-1$이 공통이므로

$$\frac{x^2-1}{2x^2-5x+3}=\frac{(x+1)(x-1)}{(2x-3)(x-1)}=\frac{x+1}{2x-3}$$

3 답 ㄱ, ㄹ

플러스 강의

예를 들어, 다항함수 $y=x+1$과 유리함수 $y=\frac{x^2-1}{x-1}$에 대하여 $\frac{x^2-1}{x-1}=x+1$이므로 두 함수를 같은 함수로 생각하기 쉽지만 다항함수 $y=x+1$의 정의역은 $\{x|x$는 모든 실수$\}$, 유리함수 $y=\frac{x^2-1}{x-1}$의 정의역은 $\{x|x\neq1$인 모든 실수$\}$이므로 서로 다른 함수이다.

4 답 해설 참조

(1)

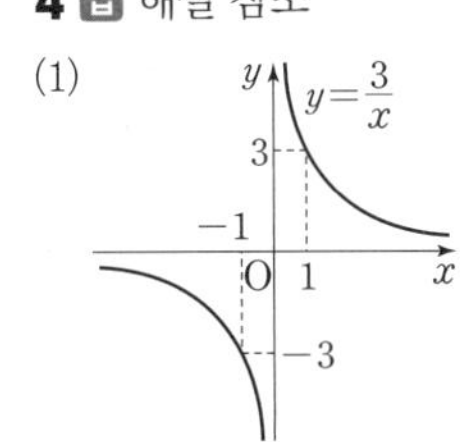

정의역: $\{x|x\neq0$인 실수$\}$
치역: $\{y|y\neq0$인 실수$\}$
점근선의 방정식: $x=0$, $y=0$

(2)

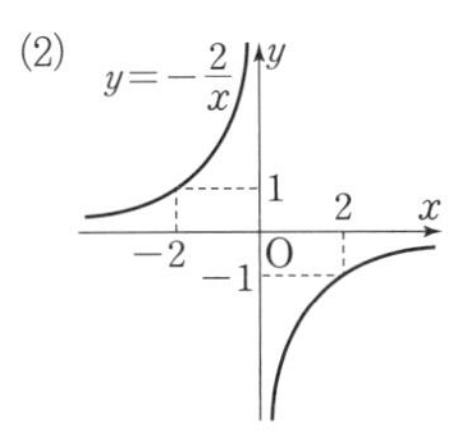

정의역: $\{x|x\neq0$인 실수$\}$
치역: $\{y|y\neq0$인 실수$\}$
점근선의 방정식: $x=0$, $y=0$

5 답 해설 참조

(1) 함수 $y=\frac{1}{x}$의 그래프를 x축의 방향으로 1만큼, y축의 방향으로 2만큼 평행이동한 그래프의 식은 $y=\frac{1}{x}$에 x 대신 $x-1$, y 대신 $y-2$를 대입한 것이므로

$y-2=\frac{1}{x-1}$

$\therefore y=\frac{1}{x-1}+2$

따라서 유리함수 $y=\frac{1}{x-1}+2$의 그래프는 오른쪽 그림과 같다.

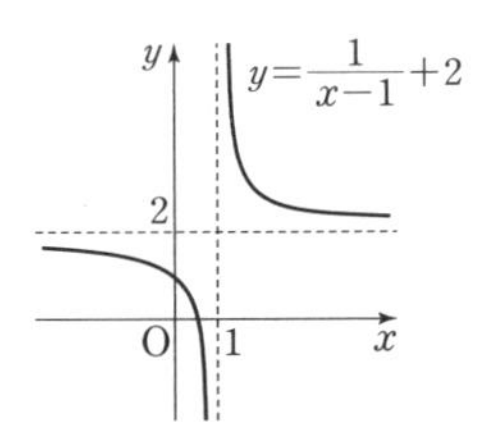

(2) 함수 $y=\frac{1}{x}$의 그래프를 x축의 방향으로 -2만큼, y축의 방향으로 -5만큼 평행이동한 그래프의 식은 $y=\frac{1}{x}$에 x 대신 $x+2$, y 대신 $y+5$를 대입한 것이므로

$y+5=\frac{1}{x+2}$

$\therefore y=\frac{1}{x+2}-5$

따라서 유리함수 $y=\frac{1}{x+2}-5$의 그래프는 오른쪽 그림과 같다.

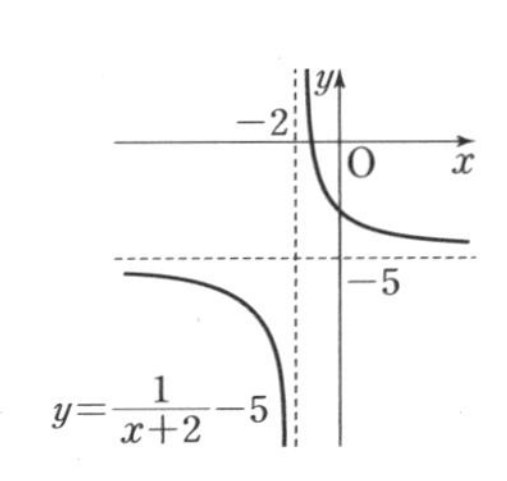

6 답 (1) $y=-\frac{1}{x-1}+2$ (2) $y=\frac{5}{x+1}-3$

(1) $y=\frac{2x-3}{x-1}=\frac{2(x-1)-1}{x-1}=-\frac{1}{x-1}+2$

(2) $y=\frac{-3x+2}{x+1}=\frac{-3(x+1)+5}{x+1}=\frac{5}{x+1}-3$

교과서 예제로 개념 익히기

• 본문 110~113쪽

필수 예제 1 답 (1) $\frac{x+1}{x-1}$ (2) $\frac{1}{x-y}$

(1) 주어진 식을 통분하여 계산하면

$$\frac{x+3}{x-1}-\frac{2x+6}{x^2+2x-3}$$
$$=\frac{x+3}{x-1}-\frac{2x+6}{(x+3)(x-1)}$$
$$=\frac{(x+3)^2}{(x+3)(x-1)}-\frac{2x+6}{(x+3)(x-1)}$$
$$=\frac{x^2+4x+3}{(x+3)(x-1)}$$
$$=\frac{(x+1)(x+3)}{(x+3)(x-1)}$$
$$=\frac{x+1}{x-1}$$

(2) 나누는 식의 분자, 분모를 바꾸어 곱하여 계산하면

$$\frac{x^2+5xy+6y^2}{x^2-4y^2}\div\frac{x^2+2xy-3y^2}{x-2y}$$
$$=\frac{x^2+5xy+6y^2}{x^2-4y^2}\times\frac{x-2y}{x^2+2xy-3y^2}$$
$$=\frac{(x+2y)(x+3y)}{(x+2y)(x-2y)}\times\frac{x-2y}{(x+3y)(x-y)}$$
$$=\frac{1}{x-y}$$

1-1 답 (1) $\frac{x+1}{x-1}$ (2) $\frac{x+1}{x+3}$

(1) 주어진 식을 통분하여 계산하면

$$\frac{x}{x-1}-\frac{1}{x+1}+\frac{2x}{x^2-1}$$
$$=\frac{x}{x-1}-\frac{1}{x+1}+\frac{2x}{(x+1)(x-1)}$$
$$=\frac{x(x+1)}{(x+1)(x-1)}-\frac{x-1}{(x+1)(x-1)}+\frac{2x}{(x+1)(x-1)}$$
$$=\frac{x^2+x-x+1+2x}{(x+1)(x-1)}$$
$$=\frac{x^2+2x+1}{(x+1)(x-1)}$$
$$=\frac{(x+1)^2}{(x+1)(x-1)}$$
$$=\frac{x+1}{x-1}$$

(2) 나누는 식의 분자, 분모를 바꾸어 곱하여 계산하면

$$\frac{x^2+2x+1}{x^2-1}\div\frac{x^2+6x+9}{x^2+2x-3}$$
$$=\frac{x^2+2x+1}{x^2-1}\times\frac{x^2+2x-3}{x^2+6x+9}$$
$$=\frac{(x+1)^2}{(x+1)(x-1)}\times\frac{(x+3)(x-1)}{(x+3)^2}$$
$$=\frac{x+1}{x+3}$$

1-2 답 (1) $\frac{x^2+4x}{(x-1)(x^2+x+1)}$ (2) $\frac{8}{1-x^8}$

(1) 주어진 식을 통분하여 계산하면

$$\frac{x^2+1}{x^3-1}-\frac{x-2}{x^2+x+1}+\frac{1}{x-1}$$
$$=\frac{x^2+1}{(x-1)(x^2+x+1)}-\frac{x-2}{x^2+x+1}+\frac{1}{x-1}$$
$$=\frac{x^2+1}{(x-1)(x^2+x+1)}-\frac{(x-1)(x-2)}{(x-1)(x^2+x+1)}+\frac{x^2+x+1}{(x-1)(x^2+x+1)}$$
$$=\frac{x^2+1-(x^2-3x+2)+x^2+x+1}{(x-1)(x^2+x+1)}$$
$$=\frac{x^2+4x}{(x-1)(x^2+x+1)}$$

(2) 주어진 식에서 왼쪽에서 오른쪽으로 분수식을 차례로 통분하여 계산하면

$$\frac{1}{1-x}+\frac{1}{1+x}+\frac{2}{1+x^2}+\frac{4}{1+x^4}$$
$$=\frac{1+x+1-x}{(1-x)(1+x)}+\frac{2}{1+x^2}+\frac{4}{1+x^4}$$
$$=\frac{2}{1-x^2}+\frac{2}{1+x^2}+\frac{4}{1+x^4}$$
$$=\frac{2(1+x^2)+2(1-x^2)}{(1-x^2)(1+x^2)}+\frac{4}{1+x^4}$$
$$=\frac{4}{1-x^4}+\frac{4}{1+x^4}$$
$$=\frac{4(1+x^4)+4(1-x^4)}{(1-x^4)(1+x^4)}$$
$$=\frac{8}{1-x^8}$$

1-3 답 -2

주어진 등식의 좌변을 통분하면

$$\frac{a}{x-1}+\frac{x+b}{x^2+x+1}=\frac{3x+c}{x^3-1}$$
$$\frac{a(x^2+x+1)}{(x-1)(x^2+x+1)}+\frac{(x-1)(x+b)}{(x-1)(x^2+x+1)}=\frac{3x+c}{x^3-1}$$
$$\frac{a(x^2+x+1)}{(x-1)(x^2+x+1)}+\frac{x^2+(b-1)x-b}{(x-1)(x^2+x+1)}=\frac{3x+c}{x^3-1}$$
$$\frac{(a+1)x^2+(a+b-1)x+a-b}{x^3-1}=\frac{3x+c}{x^3-1}$$

위의 등식은 x에 대한 항등식이므로 양변의 분자의 동류항의 계수를 비교하면

$a+1=0$, $a+b-1=3$, $a-b=c$

$a=-1$을 나머지 두 식에 대입하여 풀면

$b=5$, $c=-6$이므로

$a+b+c=-1+5+(-6)=-2$

필수 예제 2 답 (1) $\frac{3}{x(x+6)}$ (2) $\frac{x-1}{x}$

(1) 주어진 식을 부분분수로 변형하여 간단히 정리하여 계산하면

$$\frac{1}{x(x+2)}+\frac{1}{(x+2)(x+4)}+\frac{1}{(x+4)(x+6)}$$
$$=\frac{1}{2}\left(\frac{1}{x}-\frac{1}{x+2}\right)+\frac{1}{2}\left(\frac{1}{x+2}-\frac{1}{x+4}\right)+\frac{1}{2}\left(\frac{1}{x+4}-\frac{1}{x+6}\right)$$
$$=\frac{1}{2}\left(\frac{1}{x}-\frac{1}{x+6}\right)$$
$$=\frac{1}{2}\times\frac{(x+6)-x}{x(x+6)}$$
$$=\frac{3}{x(x+6)}$$

(2) 분모의 분수식을 통분한 후, 분자를 분모로 나누어 간단히 정리하여 계산하면

$$\frac{1}{1+\frac{1}{x-1}}=\frac{1}{\frac{(x-1)+1}{x-1}}=\frac{1}{\frac{x}{x-1}}$$
$$=1\div\frac{x}{x-1}=1\times\frac{x-1}{x}$$
$$=\frac{x-1}{x}$$

2-1 답 (1) $\frac{7}{2x(x+7)}$ (2) $\frac{x+6}{x}$

(1) 주어진 식을 부분분수로 변형하여 간단히 정리하여 계산하면

$$\frac{1}{(x+1)(x+3)}+\frac{1}{(x+3)(x+5)}+\frac{1}{(x+5)(x+7)}$$
$$=\frac{1}{2}\left(\frac{1}{x}-\frac{1}{x+3}\right)+\frac{1}{2}\left(\frac{1}{x+3}-\frac{1}{x+5}\right)+\frac{1}{2}\left(\frac{1}{x+5}-\frac{1}{x+7}\right)$$
$$=\frac{1}{2}\left(\frac{1}{x}-\frac{1}{x+7}\right)=\frac{1}{2}\times\frac{(x+7)-x}{x(x+7)}$$
$$=\frac{7}{2x(x+7)}$$

(2) 분모의 분수식을 통분한 후, 분자를 분모로 나누어 간단히 정리하여 계산하면

$$\frac{1+\frac{3}{x+3}}{1-\frac{3}{x+3}}=\frac{\frac{(x+3)+3}{x+3}}{\frac{(x+3)-3}{x+3}}=\frac{\frac{x+6}{x+3}}{\frac{x}{x+3}}$$
$$=\frac{x+6}{x+3}\div\frac{x}{x+3}=\frac{x+6}{x+3}\times\frac{x+3}{x}=\frac{x+6}{x}$$

2-2 답 (1) $\frac{18}{x(x+9)}$ (2) $\frac{2x-1}{3x-2}$

(1) 주어진 식을 부분분수로 변형하여 간단히 정리하여 계산하면

$$\frac{4}{x(x+2)}+\frac{6}{(x+2)(x+5)}+\frac{8}{(x+5)(x+9)}$$
$$=\frac{4}{2}\left(\frac{1}{x}-\frac{1}{x+2}\right)+\frac{6}{3}\left(\frac{1}{x+2}-\frac{1}{x+5}\right)+\frac{8}{4}\left(\frac{1}{x+5}-\frac{1}{x+9}\right)$$
$$=2\left(\frac{1}{x}-\frac{1}{x+2}\right)+2\left(\frac{1}{x+2}-\frac{1}{x+5}\right)+2\left(\frac{1}{x+5}-\frac{1}{x+9}\right)$$
$$=2\left(\frac{1}{x}-\frac{1}{x+9}\right)=2\times\frac{(x+9)-x}{x(x+9)}$$
$$=\frac{18}{x(x+9)}$$

(2) 분모의 분수식을 통분한 후, 분자를 분모로 나누어 간단히 정리하여 계산하면

$$\frac{1}{2-\frac{1}{2-\frac{1}{x}}}=\frac{1}{2-\frac{1}{\frac{2x-1}{x}}}=\frac{1}{2-\left(1\times\frac{x}{2x-1}\right)}$$
$$=\frac{1}{2-\frac{x}{2x-1}}=\frac{1}{\frac{2(2x-1)-x}{2x-1}}$$
$$=\frac{1}{\frac{3x-2}{2x-1}}=1\times\frac{2x-1}{3x-2}$$
$$=\frac{2x-1}{3x-2}$$

2-3 답 18

주어진 등식의 좌변과 우변의 각 분수식의 분모를 인수분해한 후, 좌변을 부분분수로 변형하여 간단히 정리하면

$$\frac{1}{x^2+x}+\frac{3}{x^2+5x+4}+\frac{5}{x^2+13x+36}=\frac{a}{x^2+bx}$$
$$\frac{1}{x(x+1)}+\frac{3}{(x+1)(x+4)}+\frac{5}{(x+4)(x+9)}=\frac{a}{x(x+b)}$$
$$\left(\frac{1}{x}-\frac{1}{x+1}\right)+\frac{3}{3}\left(\frac{1}{x+1}-\frac{1}{x+4}\right)+\frac{5}{5}\left(\frac{1}{x+4}-\frac{1}{x+9}\right)=\frac{a}{x(x+b)}$$
$$\left(\frac{1}{x}-\frac{1}{x+1}\right)+\left(\frac{1}{x+1}-\frac{1}{x+4}\right)+\left(\frac{1}{x+4}-\frac{1}{x+9}\right)=\frac{a}{x(x+b)}$$
$$\frac{1}{x}-\frac{1}{x+9}=\frac{a}{x(x+b)} \qquad \therefore \frac{9}{x(x+9)}=\frac{a}{x(x+b)}$$

위의 등식은 x에 대한 항등식이므로 양변의 분모, 분자의 동류항의 계수를 비교하면

$a=9$, $b=9$

$\therefore a+b=9+9=18$

필수 예제 3 답 해설 참조

(1) 함수 $y=\frac{1}{x+1}+2$의 그래프는 함수 $y=\frac{1}{x}$의 그래프를 x축의 방향으로 -1만큼, y축의 방향으로 2만큼 평행이동한 것이므로 오른쪽 그림과 같다.

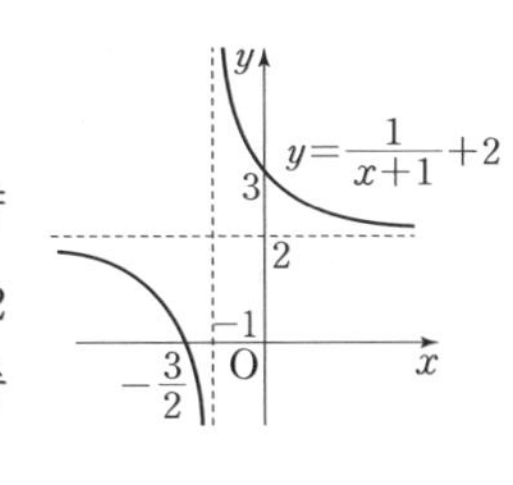

따라서 정의역은 $\{x|x\neq-1$인 실수$\}$,

치역은 $\{y|y\neq2$인 실수$\}$,

점근선의 방정식은 $x=-1$, $y=2$이다.

(2) $y=\frac{-2x-1}{x-3}$에서

$$y=\frac{-2x-1}{x-3}=\frac{-2(x-3)-7}{x-3}=-\frac{7}{x-3}-2$$

즉, 함수 $y=\frac{-2x-1}{x-3}$의 그래프는 함수 $y=-\frac{7}{x}$의 그래프를 x축의 방향으로 3만큼, y축의 방향으로 -2만큼 평행이동한 것이므로 위의 그림과 같다.

따라서 정의역은 $\{x|x\neq3$인 실수$\}$,

치역은 $\{y|y\neq-2$인 실수$\}$,

점근선의 방정식은 $x=3$, $y=-2$이다.

3-1 답 해설 참조

(1) 함수 $y=-\frac{1}{x-2}+1$의 그래프는 함수 $y=-\frac{1}{x}$의 그래프를 x축의 방향으로 2만큼, y축의 방향으로 1만큼 평행이동한 것이므로 오른쪽 그림과 같다.

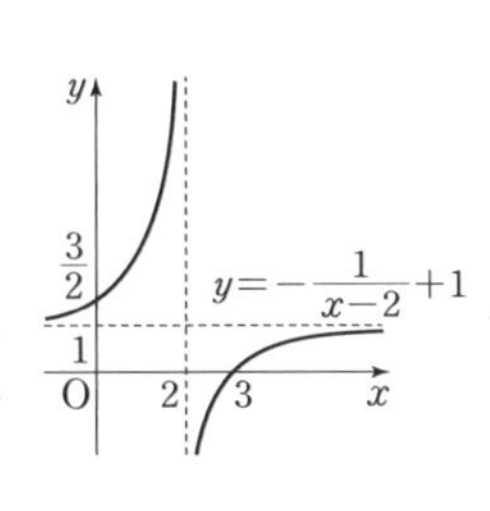

따라서 정의역은 $\{x|x\neq2$인 실수$\}$,

치역은 $\{y|y\neq1$인 실수$\}$,

점근선의 방정식은 $x=2$, $y=1$이다.

(2) $y=\frac{2x+5}{x+2}$에서

$y=\frac{2x+5}{x+2}=\frac{2(x+2)+1}{x+2}=\frac{1}{x+2}+2$

즉, 함수 $y=\frac{2x+5}{x+2}$의 그래프는 함수 $y=\frac{1}{x}$의 그래프를 x축의 방향으로 -2만큼, y축의 방향으로 2만큼 평행이동한 것이므로 오른쪽 그림과 같다.

따라서 정의역은 $\{x|x\neq-2$인 실수$\}$,

치역은 $\{y|y\neq2$인 실수$\}$,

점근선의 방정식은 $x=-2$, $y=2$이다.

3-2 답 12

$y=\frac{4x-7}{x-3}$에서

$y=\frac{4x-7}{x-3}=\frac{4(x-3)+5}{x-3}=\frac{5}{x-3}+4$

즉, 함수 $y=\frac{4x-7}{x-3}$의 그래프는 함수 $y=\frac{5}{x}$의 그래프를 x축의 방향으로 3만큼, y축의 방향으로 4만큼 평행이동한 것이므로

$k=5$, $a=3$, $b=4$

$\therefore a+b+k=3+4+5=12$

3-3 답 5

$y=\frac{-4x-3}{2x+1}$에서

$y=\frac{-4x-3}{2x+1}=\frac{-2(2x+1)-1}{2x+1}=-\frac{1}{2\left(x+\frac{1}{2}\right)}-2$

즉, 함수 $y=\frac{-4x-3}{2x+1}$의 그래프는 함수 $y=-\frac{1}{2x}$의 그래프를 x축의 방향으로 $-\frac{1}{2}$만큼, y축의 방향으로 -2만큼 평행이동한 것이므로 $1\leq x\leq3$에서

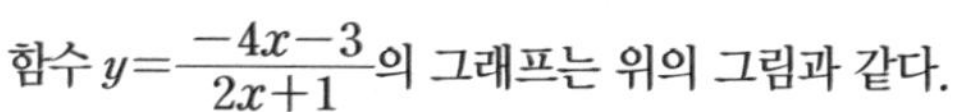
함수 $y=\frac{-4x-3}{2x+1}$의 그래프는 위의 그림과 같다.

따라서 주어진 함수는 $x=3$에서 최댓값 a를 가지므로

$a=\frac{-12-3}{6+1}=-\frac{15}{7}$

$x=1$에서 최솟값 b를 가지므로

$b=\frac{-4-3}{2+1}=-\frac{7}{3}$

$\therefore ab=-\frac{15}{7}\times\left(-\frac{7}{3}\right)=5$

필수 예제 4 답 $g(x)=\frac{x-3}{x-2}$

$(g\circ f)(x)=x$이므로 함수 g는 함수 f의 역함수이다.

$f(x)=\frac{2x-3}{x-1}$에서 $y=\frac{2x-3}{x-1}$이라 하고 x에 대한 식으로 나타내면

$y(x-1)=2x-3$, $x(y-2)=y-3$

$\therefore x=\frac{y-3}{y-2}$

x와 y를 서로 바꾸면

$y=\frac{x-3}{x-2}$ $\quad\therefore g(x)=\frac{x-3}{x-2}$

4-1 답 $g(x)=\frac{x+4}{2x+1}$

$(g\circ f)(x)=x$이므로 함수 g는 함수 f의 역함수이다.

$f(x)=\frac{-x+4}{2x-1}$에서 $y=\frac{-x+4}{2x-1}$라 하고 x에 대한 식으로 나타내면

$y(2x-1)=-x+4$, $x(2y+1)=y+4$

$\therefore x=\frac{y+4}{2y+1}$

x와 y를 서로 바꾸면

$y=\frac{x+4}{2x+1}$ $\quad\therefore g(x)=\frac{x+4}{2x+1}$

4-2 답 -2

$f(x)=\frac{kx}{3x+2}$에서 $y=\frac{kx}{3x+2}$라 하고 x에 대한 식으로 나타내면

$y(3x+2)=kx$, $x(3y-k)=-2y$

$\therefore x=\frac{-2y}{3y-k}$

x와 y를 서로 바꾸면

$y=\frac{-2x}{3x-k}$ $\quad\therefore f^{-1}(x)=\frac{-2x}{3x-k}$

$f(x)=f^{-1}(x)$이므로

$\frac{kx}{3x+2}=\frac{-2x}{3x-k}$

$\therefore k=-2$

4-3 답 -4

$f(x)=\frac{ax-8}{x+b}$의 그래프가 점 $(-2, 3)$을 지나므로

$f(-2)=3$에서

$\frac{-2a-8}{-2+b}=3$, $-2a-8=3(-2+b)$

$\therefore 2a+3b=-2$ …… ㉠

$f(x)=\frac{ax-8}{x+b}$에서 $y=\frac{ax-8}{x+b}$이라 하고 x에 대한 식으로 나타내면

$y(x+b)=ax-8$, $x(y-a)=-by-8$

$\therefore x=\frac{-by-8}{y-a}$

x와 y를 서로 바꾸면

$y=\frac{-bx-8}{x-a}$ $\quad\therefore f^{-1}(x)=\frac{-bx-8}{x-a}$

$f^{-1}(x)=\frac{-bx-8}{x-a}$의 그래프가 점 $(-2, 3)$을 지나므로

$f^{-1}(-2)=3$에서

$\frac{2b-8}{-2-a}=3$, $2b-8=3(-2-a)$

$\therefore 3a+2b=2$ …… ㉡

㉠, ㉡을 연립하여 풀면

$a=2$, $b=-2$

$\therefore ab=2\times(-2)=-4$

실전 문제로 단원 마무리

• 본문 114~115쪽

01 $\frac{x}{x-1}$	**02** -1	**03** 14	**04** -2
05 ③	**06** 1	**07** 2	**08** 0
09 5	**10** 14		

01

주어진 각 분수식의 분자와 분모를 인수분해한 후 식을 간단히 하여 계산하면

$$\frac{x^2-5x}{x^2-x-2}\times\frac{x^2+4x+3}{x-1}\div\frac{x^2-2x-15}{x-2}$$
$$=\frac{x(x-5)}{(x+1)(x-2)}\times\frac{(x+1)(x+3)}{x-1}\div\frac{(x+3)(x-5)}{x-2}$$
$$=\frac{x(x-5)}{(x+1)(x-2)}\times\frac{(x+1)(x+3)}{x-1}\times\frac{x-2}{(x+3)(x-5)}$$
$$=\frac{x}{x-1}$$

02

주어진 등식의 우변을 통분하면

$$\frac{1}{x(x-1)^2}=\frac{a}{x}+\frac{b}{x-1}+\frac{c}{(x-1)^2}$$
$$\frac{1}{x(x-1)^2}=\frac{a(x-1)^2}{x(x-1)^2}+\frac{bx(x-1)}{x(x-1)^2}+\frac{cx}{x(x-1)^2}$$
$$\frac{1}{x(x-1)^2}=\frac{a(x^2-2x+1)}{x(x-1)^2}+\frac{bx^2-bx}{x(x-1)^2}+\frac{cx}{x(x-1)^2}$$
$$\frac{1}{x(x-1)^2}=\frac{(a+b)x^2-(2a+b-c)x+a}{x(x-1)^2}$$

위의 등식은 x에 대한 항등식이므로 양변의 분자의 동류항의 계수를 비교하면

$a+b=0,\ 2a+b-c=0,\ a=1$

$a=1$을 나머지 두 식에 대입하면

$a=1,\ b=-1,\ c=1$

$\therefore abc=1\times(-1)\times1=-1$

03

주어진 등식의 좌변과 우변의 각 분수식의 분모를 인수분해한 후, 좌변을 부분분수로 변형하여 간단히 정리하면

$$\frac{2}{x^2+4x+3}+\frac{2}{x^2+8x+15}+\frac{2}{x^2+12x+35}$$
$$=\frac{a}{x^2+(b+c)x+bc}$$
$$\frac{2}{(x+1)(x+3)}+\frac{2}{(x+3)(x+5)}+\frac{2}{(x+5)(x+7)}$$
$$=\frac{a}{(x+b)(x+c)}$$
$$\frac{2}{2}\left(\frac{1}{x+1}-\frac{1}{x+3}\right)+\frac{2}{2}\left(\frac{1}{x+3}-\frac{1}{x+5}\right)+\frac{2}{2}\left(\frac{1}{x+5}-\frac{1}{x+7}\right)$$
$$=\frac{a}{(x+b)(x+c)}$$
$$\frac{1}{x+1}-\frac{1}{x+7}=\frac{a}{(x+b)(x+c)}$$
$$\frac{(x+7)-(x+1)}{(x+1)(x+7)}=\frac{a}{(x+b)(x+c)}$$

따라서 $\frac{6}{(x+1)(x+7)}=\frac{a}{(x+b)(x+c)}$이므로

$a=6,\ b=1,\ c=7$ 또는 $a=6,\ b=7,\ c=1$

$\therefore a+b+c=14$

04

주어진 분수를 '자연수+진분수' 꼴로 변형한 후 진분수의 분모를 분자로 나누어 번분수 꼴로 만드는 과정을 반복하면

$$\frac{43}{30}=1+\frac{13}{30}=1+\cfrac{1}{\frac{30}{13}}$$
$$=1+\cfrac{1}{1+\frac{17}{13}}=1+\cfrac{1}{2+\frac{4}{13}}$$
$$=1+\cfrac{1}{2+\cfrac{1}{\frac{13}{4}}}=1+\cfrac{1}{2+\cfrac{1}{3+\frac{1}{4}}}$$

따라서 $a=1,\ b=2,\ c=3,\ d=4$이므로

$a-b+c-d=1-2+3-4=-2$

05

$y=\frac{3x+1}{x+1}$에서

$$y=\frac{3x+1}{x+1}=\frac{3(x+1)-2}{x+1}=-\frac{2}{x+1}+3$$

즉, 함수 $y=\frac{3x+1}{x+1}$의 그래프는 함수 $y=-\frac{2}{x}$의 그래프를 x축의 방향으로 -1만큼, y축의 방향으로 3만큼 평행이동한 것이므로 오른쪽 그림과 같다.

① 정의역은 $\{x\,|\,x\neq-1$인 실수$\}$이다.

② 점근선의 방정식은 $x=-1,\ y=3$이다.

③ 그래프는 $y=-\frac{2}{x}$의 그래프를 평행이동한 것이다.

④ 직선 $y=-x+2$의 기울기가 -1이고, 두 점근선의 교점 $(-1,\ 3)$을 지나므로 그래프는 직선 $y=-x+2$에 대하여 대칭이다.

⑤ 그래프는 제1, 2, 3사분면을 지난다.

따라서 옳지 않은 것은 ③이다.

06

$y=\frac{-2x+2}{x+1}$에서

$$y=\frac{-2x+2}{x+1}=\frac{-2(x+1)+4}{x+1}=\frac{4}{x+1}-2$$

즉, 함수 $y=\frac{-2x+2}{x+1}$의 그래프는 함수 $y=\frac{4}{x}$의 그래프를 x축의 방향으로 -1만큼, y축의 방향으로 -2만큼 평행이동한 것이므로 $a\le x\le-2$에서 함수 $y=\frac{-2x+2}{x+1}$의 그래프는 오른쪽 그림과 같다.

따라서 주어진 함수는 $x=a$에서 최댓값 -3을 가지므로

$\frac{-2a+2}{a+1}=-3$, $-2a+2=-3(a+1)$

$\therefore a=-5$

$x=-2$에서 최솟값 b를 가지므로

$b=\frac{-2\times(-2)+2}{-2+1}=-6$

$\therefore a-b=-5-(-6)=1$

07

$f(x)=\frac{-2x+1}{x-3}$에서 $y=\frac{-2x+1}{x-3}$이라 하고 x에 대한 식으로 나타내면

$y(x-3)=-2x+1$, $(y+2)x=3y+1$

$\therefore x=\frac{3y+1}{y+2}$

x와 y를 서로 바꾸면

$y=\frac{3x+1}{x+2}$ $\quad\therefore f^{-1}(x)=\frac{3x+1}{x+2}$

따라서 $\frac{3x+a}{bx+2}=\frac{3x+1}{x+2}$이므로

$a=1$, $b=1$

$\therefore a+b=1+1=2$

08

$f(x)=\frac{2x+5}{x-1}$에서

$f(x)=\frac{2x+5}{x-1}=\frac{2(x-1)+7}{x-1}=\frac{7}{x-1}+2$

이 그래프를 x축의 방향으로 a만큼, y축의 방향으로 b만큼 평행이동한 그래프를 나타내는 식은

$y=\frac{7}{x-a-1}+b+2$ $\quad\cdots\cdots$ ㉠

한편, $f(x)=\frac{2x+5}{x-1}$에서 $y=\frac{2x+5}{x-1}$라 하고 x에 대한 식으로 나타내면

$(x-1)y=2x+5$, $(y-2)x=y+5$

$\therefore x=\frac{y+5}{y-2}$

x와 y를 서로 바꾸면

$y=\frac{x+5}{x-2}$ $\quad\therefore f^{-1}(x)=\frac{x+5}{x-2}$

즉, $f^{-1}(x)=\frac{x+5}{x-2}=\frac{(x-2)+7}{x-2}=\frac{7}{x-2}+1$ $\quad\cdots\cdots$ ㉡

㉠, ㉡의 그래프가 일치하므로

$-a-1=-2$, $b+2=1$

따라서 $a=1$, $b=-1$이므로

$a+b=1+(-1)=0$

09

$f(x)=\frac{ax}{x+1}$에서

$f(x)=\frac{ax}{x+1}=\frac{a(x+1)-a}{x+1}=\frac{-a}{x+1}+a$

즉, 함수 $f(x)=\frac{ax}{x+1}$의 그래프의 점근선의 방정식은

$x=-1$, $y=a\ (a>0)$

두 직선 $y=x$, $y=a$의 교점을 A,
두 직선 $y=a$, $x=-1$의 교점을 B,
두 직선 $y=x$, $x=-1$의 교점을 C라 하면 세 직선으로 둘러싸인 부분은 오른쪽 그림과 같은 직각삼각형이다.

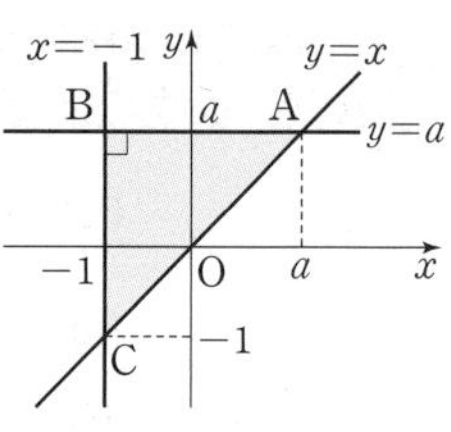

삼각형 ABC의 넓이는

$\frac{1}{2}\times\overline{AB}\times\overline{BC}=\frac{1}{2}\times\{a-(-1)\}\times\{a-(-1)\}$

$=\frac{1}{2}(a+1)^2$

주어진 조건에서 세 직선으로 둘러싸인 부분의 넓이가 18이므로

$\frac{1}{2}(a+1)^2=18$, $(a+1)^2=36$

$a+1=\pm6$ $\quad\therefore a=5\ (\because a>0)$

10

$f(x)=\frac{4x+9}{x-1}$에서

$f(x)=\frac{4x+9}{x-1}=\frac{4(x-1)+13}{x-1}=\frac{13}{x-1}+4$

즉, 함수 $y=f(x)$의 그래프의 점근선의 방정식은 $x=1$, $y=4$이므로

$a=1$, $b=4$

이때 $f^{-1}(a+b)=f^{-1}(5)$이므로

$f^{-1}(5)=k$로 놓으면 $f(k)=5$

$f(k)=5$에서 $\frac{4k+9}{k-1}=5$, $4k+9=5(k-1)$

$-k=-14$ $\quad\therefore k=14$

$\therefore f^{-1}(a+b)=f^{-1}(5)=14$

개념으로 단원 마무리

• 본문 116쪽

1 답 (1) 유리식, 유리식 (2) $A+B$, $A-B$, AC, AD
(3) 0, 3, 2, 원점, y축, 원점 (4) p, q, p, q, (p, q), p, q

2 답 (1) ○ (2) ○ (3) ○ (4) × (5) ×

(3) $y=\frac{x^2-4}{x-2}=\frac{(x+2)(x-2)}{x-2}=x+2$로 다항함수 $y=x+2$와 같은 함수라고 생각할 수 있지만 유리함수의 정의역은 $\{x|x\neq2$인 실수$\}$이고 다항함수 $y=x+2$의 정의역은 $\{x|x$는 모든 실수$\}$이므로 서로 다른 함수이다.

(4) 주어진 함수의 치역은 $\{y|y\neq q$인 실수$\}$이다.

(5) 유리함수 $y=\frac{ax+b}{cx+d}$는 정의역 $\left\{x \middle| x\neq-\frac{d}{c}\text{인 실수}\right\}$에서 공역 $\left\{y \middle| y\neq\frac{a}{c}\text{인 실수}\right\}$로의 일대일대응이므로 역함수가 존재한다.

11 무리함수

교과서 개념 확인하기

본문 119쪽

1 답 (1) $x\le3$ (2) $x>3$ (3) $2\le x\le5$ (4) $0\le x<1$

(1) $3-x\ge0$이어야 하므로 $x\le3$

(2) $x-3\ge0$, $x\ne3$이어야 하므로 $x>3$

(3) $\frac{x}{2}-1\ge0$, $5-x\ge0$이어야 하므로 $2\le x\le5$

(4) $x\ge0$, $1-x\ge0$, $1-x\ne0$이어야 하므로 $0\le x<1$

2 답 (1) 1 (2) -4 (3) $\sqrt{x}-\sqrt{x-1}$ (4) $\sqrt{x+1}+\sqrt{x-1}$

(1) $(\sqrt{x+1}-\sqrt{x})(\sqrt{x+1}+\sqrt{x})$
$=(\sqrt{x+1})^2-(\sqrt{x})^2$
$=x+1-x=1$

(2) $(\sqrt{x-1}+\sqrt{x+3})(\sqrt{x-1}-\sqrt{x+3})$
$=(\sqrt{x-1})^2-(\sqrt{x+3})^2$
$=x-1-(x+3)=-4$

(3) $\frac{1}{\sqrt{x-1}+\sqrt{x}}=\frac{\sqrt{x-1}-\sqrt{x}}{(\sqrt{x-1}+\sqrt{x})(\sqrt{x-1}-\sqrt{x})}$
$=\frac{\sqrt{x-1}-\sqrt{x}}{x-1-x}=\sqrt{x}-\sqrt{x-1}$

(4) $\frac{2}{\sqrt{x+1}-\sqrt{x-1}}$
$=\frac{2(\sqrt{x+1}+\sqrt{x-1})}{(\sqrt{x+1}-\sqrt{x-1})(\sqrt{x+1}+\sqrt{x-1})}$
$=\frac{2(\sqrt{x+1}+\sqrt{x-1})}{x+1-(x-1)}$
$=\frac{2(\sqrt{x+1}+\sqrt{x-1})}{2}$
$=\sqrt{x+1}+\sqrt{x-1}$

3 답 해설 참조

(1)

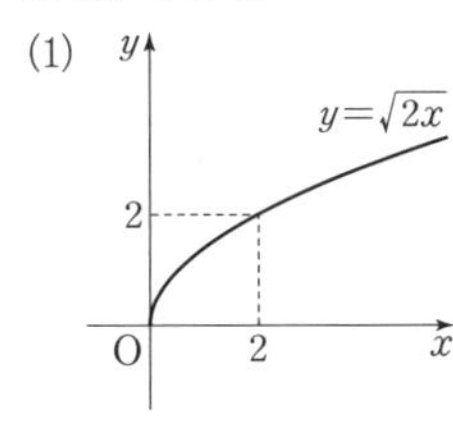

정의역: $\{x|x\ge0\}$
치역: $\{y|y\ge0\}$

(2)

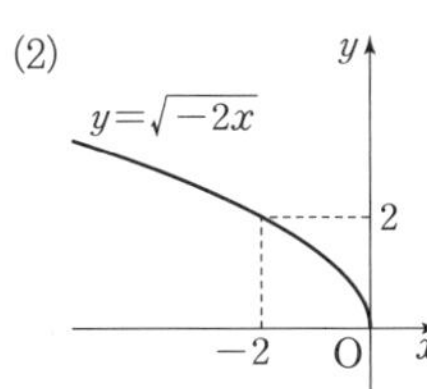

정의역: $\{x|x\le0\}$
치역: $\{y|y\ge0\}$

(3)

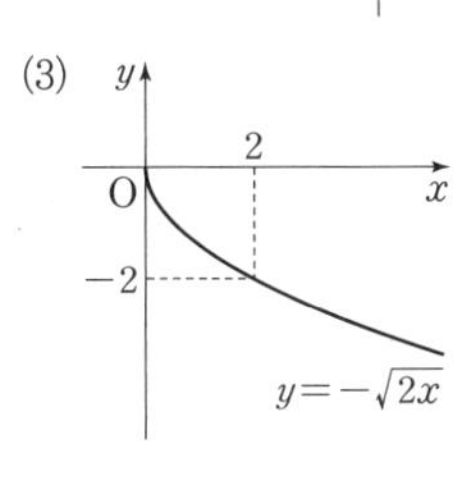

정의역: $\{x|x\ge0\}$
치역: $\{y|y\le0\}$

(4)

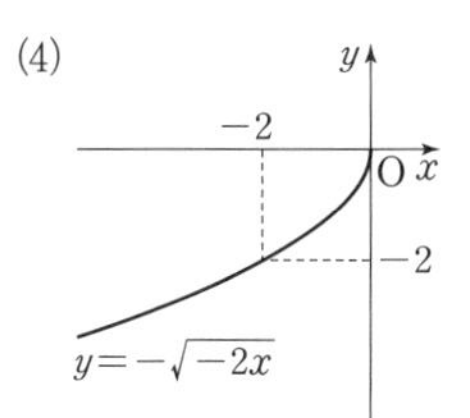

정의역: $\{x|x\le0\}$
치역: $\{y|y\le0\}$

4 답 해설 참조

(1) 무리함수 $y=\sqrt{3x}$의 그래프를 x축의 방향으로 1만큼, y축의 방향으로 2만큼 평행이동한 그래프의 식은
$y=\sqrt{3x}$에 x 대신 $x-1$, y 대신 $y-2$를 대입한 것이므로
$y-2=\sqrt{3(x-1)}$
$\therefore y=\sqrt{3(x-1)}+2$
따라서 무리함수 $y=\sqrt{3(x-1)}+2$의 그래프는 오른쪽 그림과 같다.

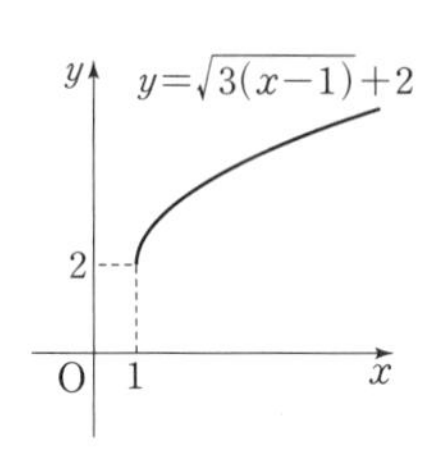

(2) 무리함수 $y=\sqrt{3x}$의 그래프를 x축의 방향으로 -2만큼, y축의 방향으로 -5만큼 평행이동한 그래프의 식은
$y=\sqrt{3x}$에 x 대신 $x+2$, y 대신 $y+5$를 대입한 것이므로
$y+5=\sqrt{3(x+2)}$
$\therefore y=\sqrt{3(x+2)}-5$
따라서 무리함수 $y=\sqrt{3(x+2)}-5$의 그래프는 오른쪽 그림과 같다.

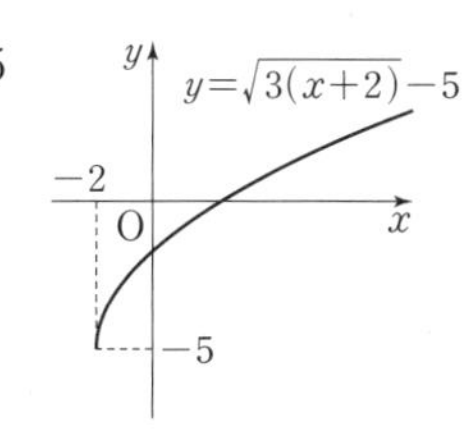

5 답 (1) $y=\sqrt{2(x+3)}+1$ (2) $y=-\sqrt{-3(x-3)}-2$

(1) $y=\sqrt{2x+6}+1$
$=\sqrt{2(x+3)}+1$

(2) $y=-\sqrt{-3x+9}-2$
$=-\sqrt{-3(x-3)}-2$

교과서 예제로 개념 익히기

• 본문 120~123쪽

필수 예제 1 답 $-\sqrt{2}$

주어진 식을 통분하여 간단히 하면

$\frac{1}{1-\sqrt{x}}+\frac{1}{1+\sqrt{x}}$
$=\frac{1+\sqrt{x}}{(1-\sqrt{x})(1+\sqrt{x})}+\frac{1-\sqrt{x}}{(1+\sqrt{x})(1-\sqrt{x})}$
$=\frac{1+\sqrt{x}+1-\sqrt{x}}{1-x}=\frac{2}{1-x}$

위의 식에 $x=\frac{1}{\sqrt{2}-1}=\sqrt{2}+1$을 대입하면

$\frac{2}{1-x}=\frac{2}{1-(\sqrt{2}+1)}=-\frac{2}{\sqrt{2}}=-\sqrt{2}$

1-1 답 $-\frac{2\sqrt{6}}{3}$

주어진 식을 통분하여 간단히 하면

$$\frac{1}{\sqrt{x}-\sqrt{2}}-\frac{1}{\sqrt{x}+\sqrt{2}}$$
$$=\frac{\sqrt{x}+\sqrt{2}}{(\sqrt{x}-\sqrt{2})(\sqrt{x}+\sqrt{2})}-\frac{\sqrt{x}-\sqrt{2}}{(\sqrt{x}+\sqrt{2})(\sqrt{x}-\sqrt{2})}$$
$$=\frac{\sqrt{x}+\sqrt{2}-(\sqrt{x}-\sqrt{2})}{x-2}=\frac{2\sqrt{2}}{x-2}$$

위의 식에 $x=\frac{1}{2+\sqrt{3}}=2-\sqrt{3}$을 대입하면

$$\frac{2\sqrt{2}}{x-2}=\frac{2\sqrt{2}}{(2-\sqrt{3})-2}=-\frac{2\sqrt{2}}{\sqrt{3}}=-\frac{2\sqrt{6}}{3}$$

1-2 답 $\frac{\sqrt{5}-1}{2}$

주어진 식의 분모를 유리화하면

$$\frac{\sqrt{x}-\sqrt{y}}{\sqrt{x}+\sqrt{y}}=\frac{(\sqrt{x}-\sqrt{y})^2}{(\sqrt{x}+\sqrt{y})(\sqrt{x}-\sqrt{y})}$$
$$=\frac{x+y-2\sqrt{xy}}{x-y}$$

이때 $x+y=(\sqrt{5}+2)+(\sqrt{5}-2)=2\sqrt{5}$

$xy=(\sqrt{5}+2)(\sqrt{5}-2)=5-4=1$,

$x-y=(\sqrt{5}+2)-(\sqrt{5}-2)=4$이므로

$$\frac{x+y-2\sqrt{xy}}{x-y}=\frac{2\sqrt{5}-2\times1}{4}=\frac{\sqrt{5}-1}{2}$$

1-3 답 $\frac{\sqrt{x+5}-\sqrt{x-1}}{2}$

주어진 식의 분모를 유리화하면

$$\frac{1}{\sqrt{x-1}+\sqrt{x+1}}+\frac{1}{\sqrt{x+1}+\sqrt{x+3}}+\frac{1}{\sqrt{x+3}+\sqrt{x+5}}$$
$$=\frac{\sqrt{x-1}-\sqrt{x+1}}{(\sqrt{x-1}+\sqrt{x+1})(\sqrt{x-1}-\sqrt{x+1})}$$
$$+\frac{\sqrt{x+1}-\sqrt{x+3}}{(\sqrt{x+1}+\sqrt{x+3})(\sqrt{x+1}-\sqrt{x+3})}$$
$$+\frac{\sqrt{x+3}-\sqrt{x+5}}{(\sqrt{x+3}+\sqrt{x+5})(\sqrt{x+3}-\sqrt{x+5})}$$
$$=\frac{\sqrt{x-1}-\sqrt{x+1}}{x-1-(x+1)}+\frac{\sqrt{x+1}-\sqrt{x+3}}{x+1-(x+3)}+\frac{\sqrt{x+3}-\sqrt{x+5}}{x+3-(x+5)}$$
$$=-\frac{\sqrt{x-1}-\sqrt{x+1}}{2}-\frac{\sqrt{x+1}-\sqrt{x+3}}{2}-\frac{\sqrt{x+3}-\sqrt{x+5}}{2}$$
$$=\frac{-\sqrt{x-1}+\sqrt{x+1}-\sqrt{x+1}+\sqrt{x+3}-\sqrt{x+3}+\sqrt{x+5}}{2}$$
$$=\frac{\sqrt{x+5}-\sqrt{x-1}}{2}$$

필수 예제 2 답 해설 참조

(1) 함수 $y=\sqrt{x-1}-2$의 그래프는 함수 $y=\sqrt{x}$의 그래프를 x축의 방향으로 1만큼, y축의 방향으로 -2만큼 평행이동한 것이므로 오른쪽 그림과 같다.

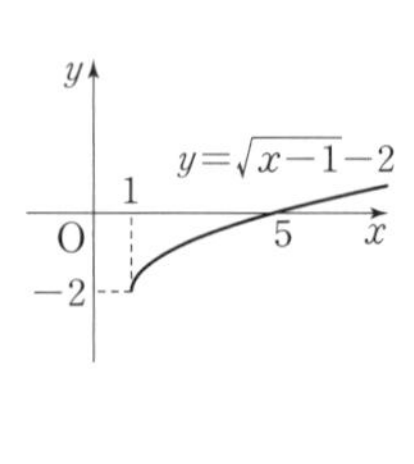

따라서 정의역은 $\{x|x\geq1\}$,
치역은 $\{y|y\geq-2\}$이다.

(2) $y=\sqrt{-2x-4}+1$에서

$y=\sqrt{-2x-4}+1=\sqrt{-2(x+2)}+1$

즉, 함수 $y=\sqrt{-2x-4}+1$의 그래프는 함수 $y=\sqrt{-2x}$의 그래프를 x축의 방향으로 -2만큼, y축의 방향으로 1만큼 평행이동한 것이므로 오른쪽 그림과 같다.

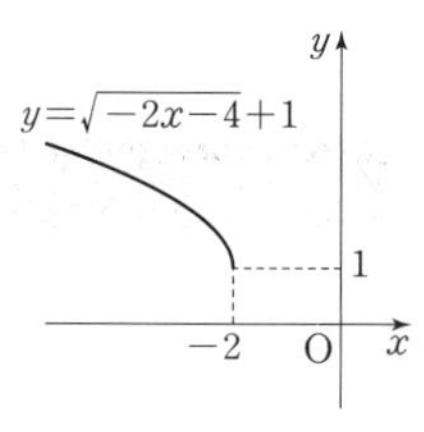

따라서 정의역은 $\{x|x\leq-2\}$,
치역은 $\{y|y\geq1\}$이다.

2-1 답 해설 참조

(1) $y=\sqrt{2-x}+3$에서

$y=\sqrt{2-x}+3=\sqrt{-(x-2)}+3$

즉, 함수 $y=\sqrt{2-x}+3$의 그래프는 함수 $y=\sqrt{-x}$의 그래프를 x축의 방향으로 2만큼, y축의 방향으로 3만큼 평행이동한 것이므로 오른쪽 그림과 같다.

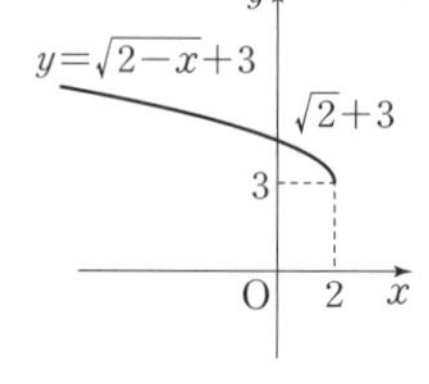

따라서 정의역은 $\{x|x\leq2\}$,
치역은 $\{y|y\geq3\}$이다.

(2) $y=-\sqrt{3x-3}-1$에서

$y=-\sqrt{3x-3}-1=-\sqrt{3(x-1)}-1$

즉, 함수 $y=-\sqrt{3x-3}-1$의 그래프는 함수 $y=-\sqrt{3x}$의 그래프를 x축의 방향으로 1만큼, y축의 방향으로 -1만큼 평행이동한 것이므로 오른쪽 그림과 같다.

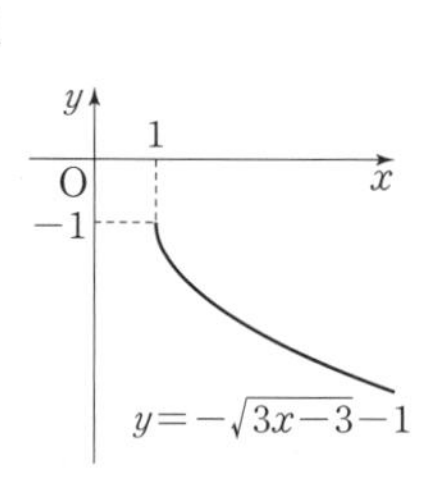

따라서 정의역은 $\{x|x\geq1\}$,
치역은 $\{y|y\leq-1\}$이다.

2-2 답 -10

함수 $y=\sqrt{2x-1}+1$의 그래프를 x축의 방향으로 3만큼, y축의 방향으로 -2만큼 평행이동한 그래프의 식은

$y=\sqrt{2(x-3)-1}+1-2 \qquad \therefore y=\sqrt{2x-7}-1$

함수 $y=\sqrt{2x-7}-1$의 그래프를 y축에 대하여 대칭이동한 그래프의 식은

$y=\sqrt{-2x-7}-1$

이 함수의 그래프가 함수 $y=\sqrt{ax+b}+c$의 그래프와 일치하므로

$a=-2$, $b=-7$, $c=-1$

$\therefore a+b+c=-2+(-7)+(-1)=-10$

2-3 답 ⑤

함수 $y=\sqrt{x+1}$의 그래프는 함수 $y=\sqrt{x}$의 그래프를 x축의 방향으로 -1만큼 평행이동한 것이고, 직선 $y=x+k$는 기울기가 1이고 y절편이 k인 직선이다.

오른쪽 그림과 같이 함수 $y=\sqrt{x+1}$의 그래프와 직선 $y=x+k$가 접할 때, $\sqrt{x+1}=x+k$의 양변을 제곱하면

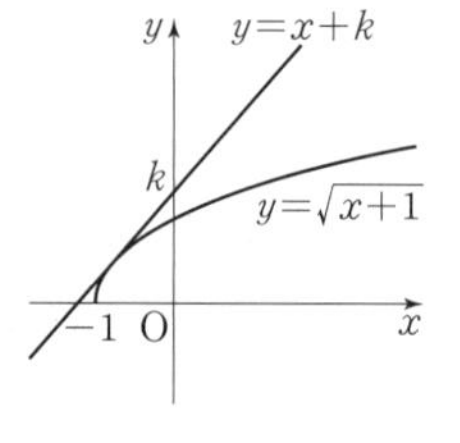

$x+1=x^2+2kx+k^2$

$\therefore x^2+(2k-1)x+k^2-1=0$ ······ ㉠

x에 대한 이차방정식 ㉠의 판별식을 D라 하면

$D=(2k-1)^2-4(k^2-1)=0$

$-4k+5=0 \quad \therefore k=\frac{5}{4}$

따라서 함수 $y=\sqrt{x+1}$의 그래프와 직선 $y=x+k$가 만나려면 $k\le\frac{5}{4}$이어야 하므로 실수 k의 값이 아닌 것은 ⑤이다.

플러스 강의

무리함수의 그래프와 직선의 위치 관계

① 무리함수 $y=f(x)$의 그래프와 직선 $y=g(x)$의 위치 관계
➡ 그래프를 직접 그려 본다.

② 무리함수 $y=f(x)$의 그래프와 직선 $y=g(x)$가 접한다.
➡ 이차방정식 $\{f(x)\}^2=\{g(x)\}^2$의 판별식을 D라 하면 $D=0$일 때 접한다.

필수 예제 3 답 8

함수 $y=\sqrt{x-2}+3$의 치역은 $\{y\mid y\ge3\}$이므로 그 역함수의 정의역은 $\{x\mid x\ge3\}$이다.

$y=\sqrt{x-2}+3$에서 $\sqrt{x-2}=y-3$

양변을 제곱하면

$x-2=y^2-6y+9 \quad \therefore x=y^2-6y+11$

x와 y를 서로 바꾸면

$y=x^2-6x+11\ (x\ge3)$

주어진 함수의 역함수는 $y=x^2+ax+b\ (x\ge c)$이므로

$a=-6,\ b=11,\ c=3$

$\therefore a+b+c=-6+11+3=8$

참고 일반적으로 무리함수의 치역은 실수 전체의 집합이 아니므로 그 역함수의 정의역도 실수 전체의 집합이 아니다. 즉, 무리함수의 역함수를 구할 때는 정의역에 주의해야 한다.

3-1 답 1

함수 $y=-\sqrt{2x-1}+1$의 치역은 $\{y\mid y\le1\}$이므로 그 역함수의 정의역은 $\{x\mid x\le1\}$이다.

$y=-\sqrt{2x-1}+1$에서 $\sqrt{2x-1}=1-y$

양변을 제곱하면

$2x-1=y^2-2y+1 \quad \therefore x=\frac{1}{2}y^2-y+1$

x와 y를 서로 바꾸면

$y=\frac{1}{2}x^2-x+1\ (x\le1)$

주어진 함수의 역함수는 $y=\frac{1}{2}x^2+ax+b\ (x\le c)$이므로

$a=-1,\ b=1,\ c=1$

$\therefore a+b+c=-1+1+1=1$

3-2 답 $g(x)=x^2-1\ (x\ge0)$

함수 $y=\sqrt{ax+b}$의 치역은 $\{y\mid y\ge0\}$이므로 그 역함수의 정의역은 $\{x\mid x\ge0\}$이다.

$y=\sqrt{ax+b}$의 양변을 제곱하면

$ax+b=y^2 \quad \therefore x=\frac{1}{a}y^2-\frac{b}{a}$

x와 y를 서로 바꾸면

$y=\frac{1}{a}x^2-\frac{b}{a}\ (x\ge0)$

이때 함수 $y=\frac{1}{a}x^2-\frac{b}{a}\ (x\ge0)$의 그래프가 점 $(1,\ 0)$을 지나므로

$0=\frac{1}{a}-\frac{b}{a},\ \frac{1}{a}=\frac{b}{a} \quad \therefore b=1$

$\therefore y=\frac{1}{a}x^2-\frac{1}{a}\ (x\ge0)$

함수 $y=\frac{1}{a}x^2-\frac{1}{a}\ (x\ge0)$의 그래프가 점 $(3,\ 8)$을 지나므로

$8=\frac{9}{a}-\frac{1}{a},\ 8a=8 \quad \therefore a=1$

$\therefore g(x)=x^2-1\ (x\ge0)$

3-3 답 3

$(g\circ f^{-1})^{-1}=f\circ g^{-1}$이므로

$$\begin{aligned}(f^{-1}\circ(g\circ f^{-1})^{-1}\circ f)(6)&=(f^{-1}\circ f\circ g^{-1}\circ f)(6)\\&=(g^{-1}\circ f)(6)\\&=g^{-1}(f(6))\end{aligned}$$

이때 $f(6)=\frac{6+2}{6-2}=2$이므로

$g^{-1}(f(6))=g^{-1}(2)$

$g^{-1}(2)=k$로 놓으면 $g(k)=2$

$\sqrt{k+1}=2$의 양변을 제곱하면

$k+1=4 \quad \therefore k=3$

$\therefore (f^{-1}\circ(g\circ f^{-1})^{-1}\circ f)(6)=3$

필수 예제 4 답 (2, 2)

함수 $f(x)=\sqrt{x+2}$의 그래프와 그 역함수의 그래프는 직선 $y=x$에 대하여 대칭이므로 오른쪽 그림과 같다.

함수 $f(x)=\sqrt{x+2}$의 그래프와 직선 $y=x$의 교점은 두 함수 $y=f(x)$, $y=f^{-1}(x)$의 그래프의 교점과 같으므로

$\sqrt{x+2}=x$

위의 식의 양변을 제곱하면

$x+2=x^2$

$x^2-x-2=0,\ (x+1)(x-2)=0$

$\therefore x=-1$ 또는 $x=2$

그런데 함수 $f(x)=\sqrt{x+2}$의 치역은 $\{y\mid y\ge0\}$이므로 그 역함수의 정의역은 $\{x\mid x\ge0\}$이다.

즉, $x=-1$은 역함수의 정의역에 포함되지 않으므로

$x=2$

따라서 구하는 교점의 좌표는 $(2,\ 2)$이다.

4-1 답 (6, 6)

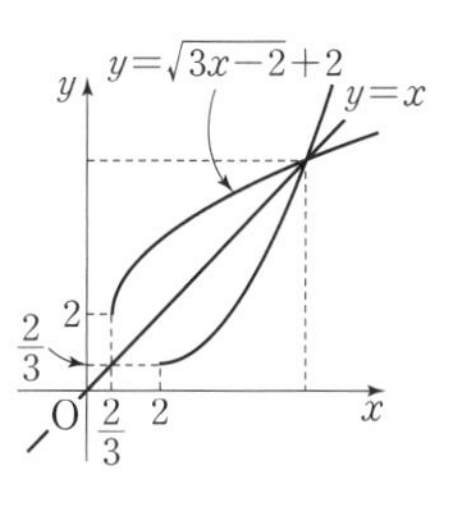

함수 $f(x)=\sqrt{3x-2}+2$의 그래프와 그 역함수의 그래프는 직선 $y=x$에 대하여 대칭이므로 오른쪽 그림과 같다.

함수 $f(x)=\sqrt{3x-2}+2$의 그래프와 직선 $y=x$의 교점은 두 함수 $y=f(x)$, $y=f^{-1}(x)$의 그래프의 교점과 같으므로

$\sqrt{3x-2}+2=x,\ \sqrt{3x-2}=x-2$

앞의 식의 양변을 제곱하면

$3x-2=x^2-4x+4$

$x^2-7x+6=0$

$(x-1)(x-6)=0$

$\therefore x=1$ 또는 $x=6$

그런데 함수 $f(x)=\sqrt{3x-2}+2$의 치역은 $\{y|y\geq 2\}$이므로 그 역함수의 정의역은 $\{x|x\geq 2\}$이다.

즉, $x=1$은 역함수의 정의역에 포함되지 않으므로 $x=6$

따라서 구하는 점의 좌표는 $(6, 6)$이다.

4-2 답 $6\sqrt{2}$

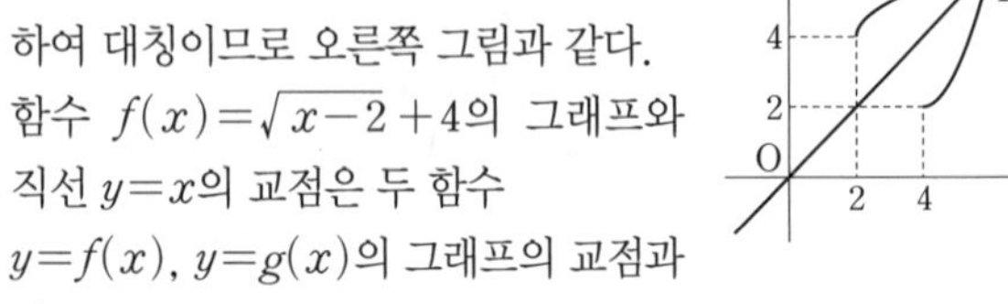

함수 $f(x)=\sqrt{x-2}+4$의 그래프와 그 역함수의 그래프는 직선 $y=x$에 대하여 대칭이므로 오른쪽 그림과 같다.

함수 $f(x)=\sqrt{x-2}+4$의 그래프와 직선 $y=x$의 교점은 두 함수 $y=f(x)$, $y=g(x)$의 그래프의 교점과 같으므로

$\sqrt{x-2}+4=x$, $\sqrt{x-2}=x-4$

위의 식의 양변을 제곱하면

$x-2=x^2-8x+16$

$x^2-9x+18=0$

$(x-3)(x-6)=0$

$\therefore x=3$ 또는 $x=6$

이때 함수 $f(x)=\sqrt{x-2}+4$의 치역은 $\{y|y\geq 4\}$이므로 그 역함수 $g(x)$의 정의역은 $\{x|x\geq 4\}$이다.

즉, $x=3$은 역함수의 정의역에 포함되지 않으므로

$x=6$

따라서 점 P의 좌표는 $(6, 6)$이므로

$\overline{OP}=\sqrt{(6-0)^2+(6-0)^2}=6\sqrt{2}$

4-3 답 $2\sqrt{2}$

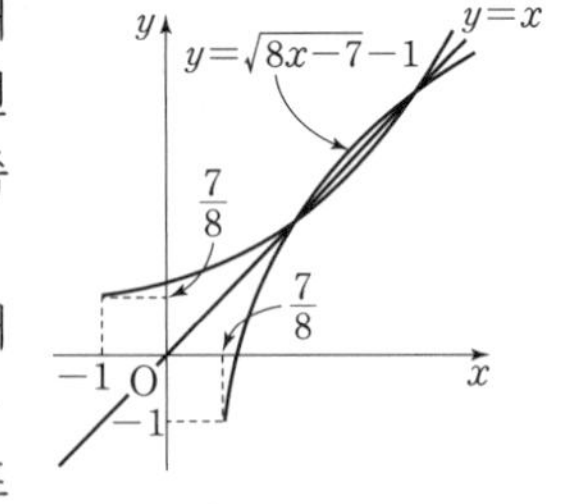

함수 $f(x)=\sqrt{8x-7}-1$의 그래프와 그 역함수의 그래프는 직선 $y=x$에 대하여 대칭이므로 오른쪽 그림과 같다.

함수 $f(x)=\sqrt{8x-7}-1$의 그래프와 직선 $y=x$의 교점은 두 함수 $y=f(x)$, $y=f^{-1}(x)$의 그래프의 교점과 같으므로

$\sqrt{8x-7}-1=x$, $\sqrt{8x-7}=x+1$

위의 식의 양변을 제곱하면

$8x-7=x^2+2x+1$

$x^2-6x+8=0$

$(x-2)(x-4)=0$

$\therefore x=2$ 또는 $x=4$ ← 함수 $f(x)=\sqrt{8x-7}-1$의 역함수의 정의역은 $\{x|x\geq -1\}$이므로

따라서 두 함수의 그래프의 교점의 좌표는 $(2, 2)$, $(4, 4)$이므로 구하는 두 점 사이의 거리는

$\sqrt{(4-2)^2+(4-2)^2}=2\sqrt{2}$

실전 문제로 단원 마무리

• 본문 124~125쪽

01 5	**02** $2\sqrt{2}$	**03** $\frac{3}{2}$	**04** ⑤
05 -2	**06** 21	**07** 7	**08** $\sqrt{2}$
09 15	**10** 5		

01

주어진 무리식의 값이 실수가 되려면

$5-2x\geq 0$, $x+3\geq 0$, $x+3\neq 0$이어야 하므로

$-3<x\leq\frac{5}{2}$

따라서 구하는 정수 x의 개수는 -2, -1, 0, 1, 2의 5이다.

02

주어진 식을 통분하면

$$\sqrt{\frac{1-x}{1+x}}+\sqrt{\frac{1+x}{1-x}}$$

$$=\frac{\sqrt{1-x}}{\sqrt{1+x}}+\frac{\sqrt{1+x}}{\sqrt{1-x}}\quad(\because 1-x>0,\ 1+x>0)$$

$$=\frac{(\sqrt{1-x})^2}{\sqrt{1+x}\sqrt{1-x}}+\frac{(\sqrt{1+x})^2}{\sqrt{1-x}\sqrt{1+x}}$$

$$=\frac{1-x+1+x}{\sqrt{1-x^2}}$$

$$=\frac{2}{\sqrt{1-x^2}}$$

위의 식에 $x=\frac{\sqrt{2}}{2}$를 대입하면

$$\frac{2}{\sqrt{1-x^2}}=\frac{2}{\sqrt{1-\left(\frac{\sqrt{2}}{2}\right)^2}}=\frac{2}{\sqrt{1-\frac{1}{2}}}=\frac{2}{\frac{1}{\sqrt{2}}}=2\sqrt{2}$$

03

함수 $y=\sqrt{2x+k}+3$의 그래프가 점 $(5, 6)$을 지나므로

$6=\sqrt{2\times 5+k}+3$, $\sqrt{10+k}=3$

위의 식의 양변을 제곱하면

$10+k=9\qquad \therefore k=-1$

$\therefore y=\sqrt{2x-1}+3$

$2x-1\geq 0$에서 $x\geq\frac{1}{2}$이므로 주어진 함수의 정의역은

$\left\{x\middle|x\geq\frac{1}{2}\right\}\qquad\therefore a=\frac{1}{2}$

또한, $\sqrt{2x-1}\geq 0$이므로 주어진 함수의 치역은 $\{y|y\geq 3\}$

$\therefore b=3$

$\therefore ab=\frac{1}{2}\times 3=\frac{3}{2}$

04

① $6-2x\geq 0$에서 $x\leq 3$이므로 정의역은 $\{x|x\leq 3\}$이다.

② $\sqrt{6-2x}\geq 0$이므로 치역은 $\{y|y\geq 1\}$이다.

③ $y=\sqrt{6-2x}+1$에 $x=1$을 대입하면 $y=3$이므로 점 $(1, 3)$을 지난다.

④ $y=\sqrt{6-2x}+1=\sqrt{-2(x-3)}+1$

이므로 주어진 함수의 그래프는 함수 $y=\sqrt{-2x}$의 그래프를 x축의 방향으로 3만큼, y축의 방향으로 1만큼 평행이동한 것이다.

⑤ 함수 $y=\sqrt{6-2x}+1$의 그래프는 오른쪽 그림과 같으므로 제1, 2사분면을 지난다.

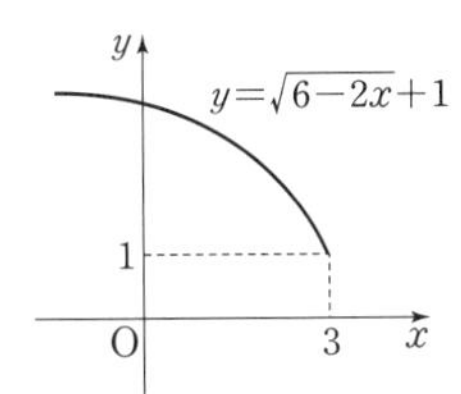

따라서 옳은 것은 ⑤이다.

05

주어진 함수의 그래프는 $y=-\sqrt{ax}$ $(a>0)$의 그래프를 x축의 방향으로 -3만큼, y축의 방향으로 1만큼 평행이동한 것이므로

$f(x)=-\sqrt{a(x+3)}+1$ …… ㉠

이때 함수 ㉠의 그래프가 점 $(-2, 0)$을 지나므로

$0=-\sqrt{a(-2+3)}+1$, $0=-\sqrt{a}+1$

$\sqrt{a}=1$ $\quad\therefore a=1$

따라서 $f(x)=-\sqrt{x+3}+1$이므로

$f(6)=-\sqrt{6+3}+1=-2$

06

$y=\sqrt{2x+2}+4$에서

$y=\sqrt{2x+2}+4=\sqrt{2(x+1)}+4$

즉, 함수 $y=\sqrt{2x+2}+4$의 그래프는 함수 $y=\sqrt{2x}$의 그래프를 x축의 방향으로 -1만큼, y축의 방향으로 4만큼 평행이동한 것이므로 $1\le x\le a$에서 함수 $y=\sqrt{2x+2}+4$의 그래프는 오른쪽 그림과 같다.

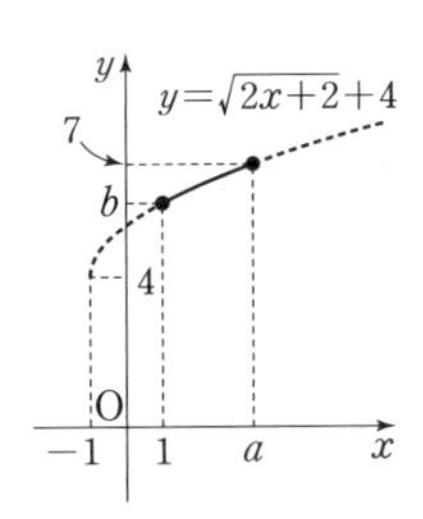

따라서 주어진 함수는 $x=1$에서 최솟값 b를 가지므로

$b=\sqrt{2+2}+4=\sqrt{4}+4=6$

$x=a$에서 최댓값 7을 가지므로

$7=\sqrt{2a+2}+4$, $\sqrt{2a+2}=3$

양변을 제곱하면

$2a+2=9$, $2a=7$

$\therefore a=\frac{7}{2}$

$\therefore ab=\frac{7}{2}\times6=21$

07

$(f\circ g^{-1})^{-1}(4)$에서

$(f\circ g^{-1})^{-1}(4)=(g\circ f^{-1})(4)=g(f^{-1}(4))$

$f^{-1}(4)=k$라 하면 $f(k)=4$이므로

$\sqrt{2-k}+3=4$, $\sqrt{2-k}=1$

양변을 제곱하면

$2-k=1$ $\quad\therefore k=1$

$\therefore (f\circ g^{-1})^{-1}(4)=g(f^{-1}(4))=g(1)=\sqrt{3+1}+5=7$

08

두 함수 $y=\sqrt{x-2}+2$, $x=\sqrt{y-2}+2$는 x, y의 자리가 서로 바뀌어 있으므로 두 함수 $y=\sqrt{x-2}+2$, $x=\sqrt{y-2}+2$는 서로 역함수 관계에 있다.

함수 $y=\sqrt{x-2}+2$의 그래프와 그 역함수의 그래프는 직선 $y=x$에 대하여 대칭이므로 오른쪽 그림과 같다.

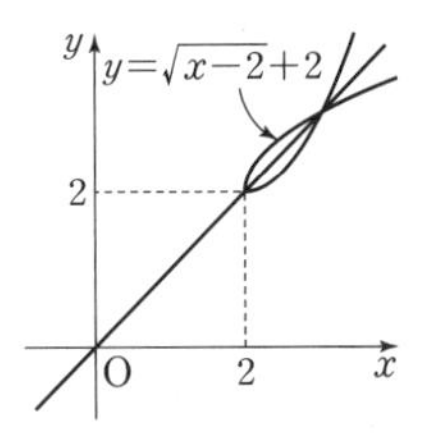

즉, 두 함수의 그래프의 교점은 함수 $y=\sqrt{x-2}+2$의 그래프와 직선 $y=x$의 교점과 같으므로

$\sqrt{x-2}+2=x$에서 $\sqrt{x-2}=x-2$

위의 식의 양변을 제곱하면

$x-2=x^2-4x+4$, $x^2-5x+6=0$

$(x-2)(x-3)=0$

$\therefore x=2$ 또는 $x=3$

따라서 두 함수의 그래프의 교점은 $(2, 2)$ 또는 $(3, 3)$이므로 두 점 사이의 거리는

$\sqrt{(3-2)^2+(3-2)^2}=\sqrt{2}$

09

$y=5-2\sqrt{1-x}$에서

$y=-2\sqrt{-(x-1)}+5$

즉, 함수 $y=-2\sqrt{-(x-1)}+5$의 그래프는 함수 $y=-2\sqrt{-x}$의 그래프를 x축의 방향으로 1만큼, y축의 방향으로 5만큼 평행이동한 것이므로 오른쪽 그림과 같다.

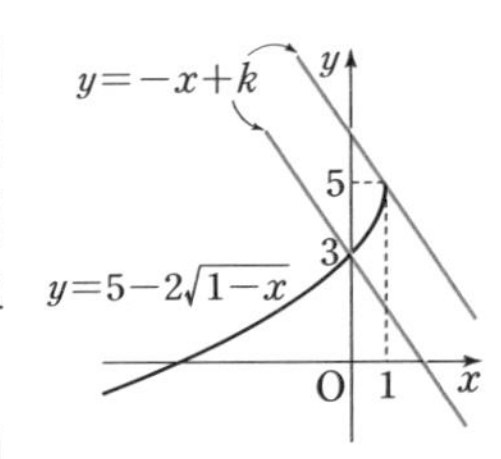

이때 함수 $y=-2\sqrt{-(x-1)}+5$의 그래프와 직선 $y=-x+k$가 제1사분면에서 만나야 하므로 직선 $y=-x+k$는 점 $(1, 5)$를 지나거나 점 $(0, 3)$을 지나는 직선과 점 $(1, 5)$를 지나는 직선 사이에 있어야 한다.

직선 $y=-x+k$가 점 $(1, 5)$를 지날 때

$5=-1+k$ $\quad\therefore k=6$

직선 $y=-x+k$가 점 $(0, 3)$을 지날 때

$k=3$

즉, 함수 $y=-2\sqrt{-(x-1)}+5$의 그래프와 직선 $y=-x+k$가 제1사분면에서 만나도록 하는 실수 k의 값의 범위는

$3<k\le6$

따라서 $3<k\le6$을 만족시키는 정수 k는 4, 5, 6이므로 그 합은

$4+5+6=15$

10

함수 $f(x)=\sqrt{x-k}$의 치역은 $\{y|y\ge0\}$이므로 그 역함수의 정의역은 $\{x|x\ge0\}$이다.

$f(x)=\sqrt{x-k}$에서 $y=\sqrt{x-k}$라 하고 이 식의 양변을 제곱하면

$x-k=y^2$ $\quad\therefore x=y^2+k$

x와 y를 서로 바꾸면

$y=x^2+k$ $(x\ge0)$

$\therefore f^{-1}(x)=x^2+k$ $(x\ge0)$

이때 함수 $f(x)=\sqrt{x-k}$의 그래프와 그 역함수 $f^{-1}(x)=x^2+k\,(x\geq 0)$의 그래프를 주어진 좌표평면 위에 나타내면 다음 그림과 같다.

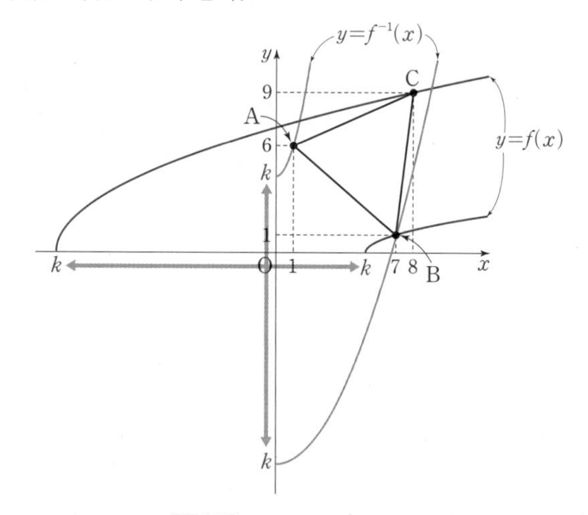

즉, 함수 $f(x)=\sqrt{x-k}$의 그래프와 그 역함수 $f^{-1}(x)=x^2+k\,(x\geq 0)$의 그래프가 삼각형 ABC와 만나려면 함수 $f(x)=\sqrt{x-k}$의 그래프는 점 C(8, 9)를 지나는 곡선 $y=f(x)$와 점 B(7, 1)을 지나는 곡선 $y=f(x)$를 포함하여 두 곡선 사이에 있어야 하므로

점 C(8, 9)를 지날 때, $\sqrt{8-k}=9$

위의 식의 양변을 제곱하면

$8-k=81 \qquad \therefore k=-73$

점 B(7, 1)을 지날 때, $\sqrt{7-k}=1$

위의 식의 양변을 제곱하면

$7-k=1 \qquad \therefore k=6$

즉, 곡선 $f(x)=\sqrt{x-k}$가 삼각형 ABC와 만나도록 하는 실수 k의 값의 범위는

$-73\leq k\leq 6$ …… ㉠

함수 $f^{-1}(x)=x^2+k\,(x\geq 0)$의 그래프는 점 B(7, 1)을 지나는 곡선 $y=f^{-1}(x)$와 점 A(1, 6)을 지나는 곡선 $y=f^{-1}(x)$를 포함하여 두 곡선 사이에 있어야 하므로

점 B(7, 1)을 지날 때, $49+k=1 \qquad \therefore k=-48$

점 A(1, 6)을 지날 때, $1+k=6 \qquad \therefore k=5$

즉, 곡선 $f^{-1}(x)=x^2+k\,(x\geq 0)$가 삼각형 ABC와 만나도록 하는 실수 k의 값의 범위는

$-48\leq k\leq 5$ …… ㉡

따라서 ㉠, ㉡을 동시에 만족시키는 k의 값의 범위는

$-48\leq k\leq 5$

이므로 구하는 실수 k의 최댓값은 5이다.

개념으로 단원 마무리

• 본문 126쪽

1 답 (1) 무리식 (2) $\geq$, $\neq$ (3) 유리화, $\sqrt{a}-\sqrt{b}$, $\sqrt{a}+\sqrt{b}$
(4) 무리함수 (5) $\geq$, $\geq$ (6) p, q, $\geq$, $\geq$

2 답 (1) ○ (2) × (3) × (4) × (5) ×

(2) $1-x\geq 0$이어야 하므로 $x\leq 1$

(3) $y=\sqrt{x^2}$에서 $y=|x|$이므로 무리함수가 아니다.

(4) $y=\sqrt{2x+2}=\sqrt{2(x+1)}$이므로 정의역은 $\{x\,|\,x\geq -1\}$, 치역은 $\{y\,|\,y\geq 0\}$이다.

(5) $y=\sqrt{-3x}$에 y 대신 $-y$를 대입하면

$-y=\sqrt{-3x} \qquad \therefore y=-\sqrt{-3x}$

MEMO

MEMO

수학이 쉬워지는
완벽한 솔루션

완쏠

개념 라이트

공통수학 2

메가스터디BOOKS
내용 문의 02-6984-6901 | 구입 문의 02-6984-6868,9 | www.megastudybooks.com